1+X 职业技能等级证书（服务机器人实施与运维）配套教材

服务机器人实施与运维

（中级）

组　编　深圳市优必选科技股份有限公司

主　编　余正泓　卢敦陆　熊友军

副主编　裴昭义　卞青青　黎红源

　　　　张红旗　李晓明　唐欣玮

参　编　冯海杰　庞建新　刘　肖

　　　　李涌嘉　陈泽兰　郭宇虹

　　　　李　亮　张　杨

机械工业出版社
CHINA MACHINE PRESS

本书参照《1+X 服务机器人实施与运维职业技能等级标准》，围绕服务机器人实施与运维的人才需求与岗位能力要求，以任务驱动、项目导向设计了“喜笑颜开”——安装会微笑的服务机器人、“翩翩起舞”——部署善舞的机器人、“对答如流”——部署资讯机器人、“彬彬有礼”——部署迎宾机器人、“胸有成竹”——部署导航机器人、“一览无余”——部署导览机器人、“关怀备至”——照顾好机器人七个项目。

本书是服务机器人实施与运维（中级）职业技能等级证书考试的培训认证配套用书，同时也可作为服务机器人实施与运维从业人员的自学教材。

为方便教学，本书配备电子课件等教学资源。凡选用本书作为授课教材的教师均可登录机械工业出版社教育服务网 www.cmpedu.com 注册后免费下载。如有问题请致信 cmpgaozhi@sina.com，或致电 010-88379375 联系营销人员。

图书在版编目（CIP）数据

服务机器人实施与运维：中级 / 余正泓，卢敦陆，熊友军主编．— 北京：机械工业出版社，2022.5（2023.9 重印）
1+X 职业技能等级证书（服务机器人实施与运维）配套教材
ISBN 978-7-111-70668-7

Ⅰ．①服…　Ⅱ．①余…　②卢…　③熊…　Ⅲ．①服务用机器人–职业技能–鉴定–教材　Ⅳ．① TP242.3

中国版本图书馆CIP数据核字（2022）第073554号

机械工业出版社（北京市百万庄大街22号　邮政编码100037）
策划编辑：赵志鹏　　　　责任编辑：赵志鹏
责任校对：肖　琳　王　延　　封面设计：鞠　杨
责任印制：常天培

北京机工印刷厂有限公司印刷

2023年9月第1版第3次印刷
184mm × 260mm · 15.75印张 · 365千字
标准书号：ISBN 978-7-111-70668-7
定价：53.00元

电话服务
客服电话：010-88361066
010-88379833
010-68326294

网络服务
机　工　官　网：www.cmpbook.com
机　工　官　博：weibo.com/cmp1952
金　　书　　网：www.golden-book.com
机工教育服务网：www.cmpedu.com

前言

党的二十大报告中对“高质量发展是全面建设社会主义现代化国家的首要任务”做了系统阐述，体现了全面建设社会主义现代化国家的建设目标。服务机器人作为现代化产业体系的重要组成部分，随着人工智能、大数据、5G 等新技术的发展，在医疗、商业、教育和家用等众多行业大规模应用场景中随处可见。伴随着人口老龄化程度的加剧和人口红利的逐渐消失，机器人作为未来社会的主要劳动力已成为必然趋势。

为了保障服务机器人产业的良性发展，需要大量高素质高技能人才作为背后支撑。2020 年 6 月，在教育部公布的第四批 1+X 职业技能等级证书中包含了“服务机器人实施与运维”等相关证书；2021 年 3 月，教育部印发《职业教育专业目录（2021 年）》，在装备制造大类自动化类新增“智能机器人技术专业”（专业代码 460304）。这都表明了国家在服务机器人等战略性新兴产业重点领域方面在不断加大人才培养力度。新的百年征程，科技工作者应以党的二十大精神为指引，坚持为国家经济发展打造创新引擎的理念，用科技解放劳动力，重塑美好生活场景，让服务机器人的前沿技术应用于智能生活中，提升人民生活幸福感。

为贯彻落实《国家职业教育改革实施方案》，积极推动 1+X 证书制度的实施，广东科学职业技术学院与深圳市优必选科技股份有限公司联合编写了本书。

本教材的编写以 1+X 职业技能等级标准中《服务机器人实施与运维职业技能等级标准（中级）》为依据，以典型的服务机器人为载体，以学习者为中心，遵循学习者职业能力成长规律，围绕服务机器人实施与运维的人才需求与岗位能力进行学习情境设计。具体包括：“喜笑颜开”——安装会微笑的服务机器人、“翩翩起舞”——部署善舞的机器人、“对答如流”——部署资讯机器人、“彬彬有礼”——部署迎宾机器人、“胸有成竹”——部署导航机器人、“一览无余”——部署导览机器人、“关怀备至”——照顾好机器人七个项目。项目内容由易到难、由简单到综合，完全覆盖服务机器人实施与运维 1+X 职业技能等级证书（中级）全部考核知识点和技能点。实训环节着重强调“服务机器人技术基础”“服务机器人安全操作规范”“服务机器人维修维护”等核心知识在真实项目中的灵活运用，关注学习者认知目标、情感目标、技能目标和团队协作目标的实现，促进了学习者的主动性和职业素养的全面养成。

本书由余正泓、卢敦陆、熊友军担任主编，裴昭义、卞青青、黎红源、张红旗、李晓明、唐欣玮担任副主编，冯海杰、庞建新、刘肖、李涌嘉、陈泽兰、郭宇虹、李亮、张杨参与了编写。

本书可作为“服务机器人实施与运维”1+X 职业技能等级标准（中级）的教学和培训教材，同时也可作为服务机器人实施与运维从业人员的自学参考书。

本书在编写过程中参考了诸多文献及研究成果，在此对文献作者表示诚挚的敬意和衷心的感谢。

由于编者水平有限，书中难免有不妥和错误之处，恳请读者批评指正。

编　者

目 录

项目 1

“喜笑颜开”——安装会微笑的服务机器人

服务机器人产业是一种新兴产业，高度融合了智能、传感、网络、云计算等创新技术，与移动互联网的新业态、新模式相结合，为促进生活智能化及推动产业转型提供了重要的突破口。按照国际机器人联合会IFR（International Federation of Robotics）的定义，服务机器人是一种能完成有益于人类服务工作的半自主或全自主工作的机器人。它能完成有益于人类健康的服务工作，但不包括从事生产的设备。

近年，国家对服务机器人产业大力扶持，机器人作为未来劳动力的一部分已成为趋势。目前，我国服务机器人消费市场仍处于培育期，主要应用于医疗、商业、教育和家用等领域。

作为服务机器人的交付工程师，通过对服务机器人进行一个初步的检查和启动，来认识服务机器人的整体架构，体会服务机器人的工作过程，逐步揭开服务机器人神秘的面纱。

学习情境

针对一位已经购买了服务机器人的客户，你作为交付工程师，请你帮助他完成机器人的拆箱、软硬件检查与配置。

学习目标

知识目标

1. 了解服务机器人的定义、特点、种类；
2. 熟悉服务机器人的软硬件体系结构以及传感器；
3. 熟悉服务机器人的运行流程。

技能目标

1. 熟练掌握机器人的拆箱及开关机的流程；
2. 掌握机器人版本升级及应用安装的操作；
3. 熟练掌握机器人基础操作；
4. 熟练掌握机器人基本功能测试；
5. 熟练运用机器人远程控制工具完成测试；
6. 掌握机器人启动时出现问题的排查流程及解决方案。

职业素养目标

1. 强化学生的职业道德规范；
2. 激发学生爱国情怀和民族自豪感；
3. 培养与客户沟通的技巧。

重难点

重　点

1. 服务机器人的基本操作、基本功能测试；
2. 服务机器人启动流程出现问题的排查流程。

难　点

1. 服务机器人的软硬件体系结构；
2. 服务机器人运行流程。

项目任务

1. 完成机器人外观检查与启动；
2. 熟悉机器人基础操作；
3. 完成机器人应用层版本升级及应用安装；
4. 完成机器人基本功能测试；
5. 完成机器人远程控制测试，使机器人做出微笑表情。

学习准备

表 1–1 学习准备清单

所需软硬件名称	版本号	地址
机器人克鲁泽	教育版	现场
本体 ROM	V3.304	预装
本体 ROS（1S）	V1.4.0	预装
Android	APK V1.0.5	预装
PC 软件	V3.3.20200723.04	/ 工具软件 /PC
机器人克鲁泽手机 APP	V2.02（安卓手机）	/ 工具软件 / 手机 APP
CruzrAdvert_2.2.6_20210205.apk	2.2.6	

知识链接

1.1 服务机器人介绍

1.1.1 服务机器人分类

1. 按照应用场景分类

根据国际机器人联合会 IFR 有关标准，服务机器人按照应用场景不同分为专业服务机器人和家用服务机器人两类。

（1）专业服务机器人 专业服务机器人是指从事某一专业的服务或者专门工作的机器人。大多数专业服务机器人的体系结构及传感器都是为从事一项专一的工作而设计和使用的。这方面的代表有深海工作机器人、教育机器人、安保机器人、室外巡逻机器人、消防机器人、管路勘探机器人、导游机器人、迎宾机器人、地雷探测机器人、太空探测机器人、反恐防暴机器人、小型侦查机器人、伐木机器人、摘果机器人、蔬果嫁接机器人、外科手术辅助机器人、纳米机器人、医用物流机器人等，如图 1–1 所示。

a）深海工作机器人

b）室外巡逻机器人

c）消防机器人

d）管路勘探机器人

e）导游机器人

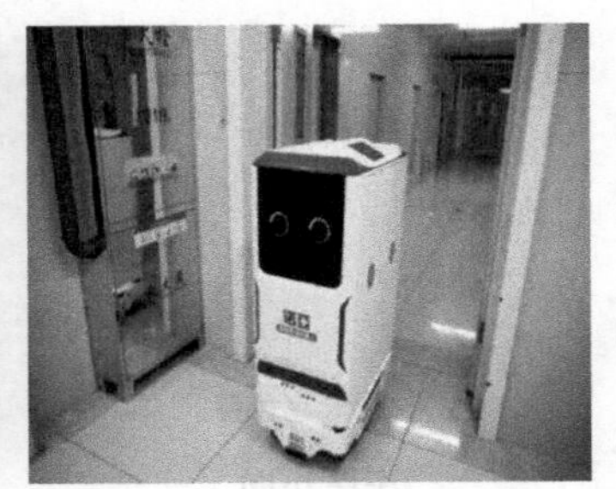

f）迎宾机器人

图 1-1　常见专业服务机器人

（2）家用服务机器人　顾名思义，家用服务机器人就是能在家庭或者其他一些小型的环境中为人类提供服务的特殊机器人，他们能够代替人完成家庭服务工作，大多数采用与人类具有较强亲和力的外形设计并装配家用级传感器，家用机器人通常都是集多种功能于一身，可执行防盗监测、安全检查、清洁卫生、物品搬运、家电控制、家庭娱乐、病况监视、儿童教育等工作。家用机器人的代表性机器人有扫地机器人、除草机器人、窗户清理机器人、叠衣服机器人、做饭机器人、智能音箱、玩具机器人、娱乐机器人等，如图 1-2 所示。

a）扫地机器人

b）除草机器人

c）窗户清理机器人

图 1-2　常见家用服务机器人

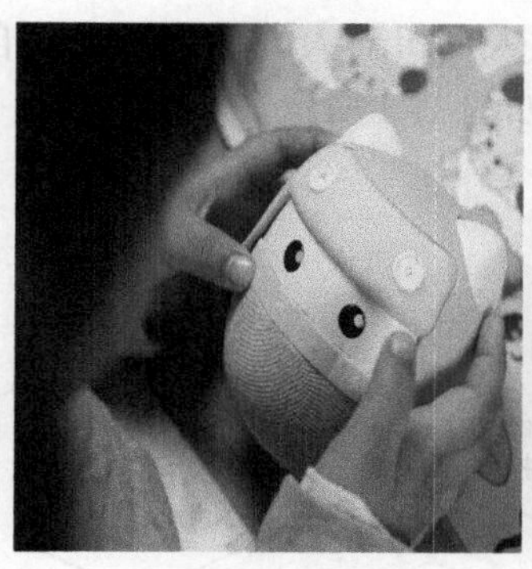

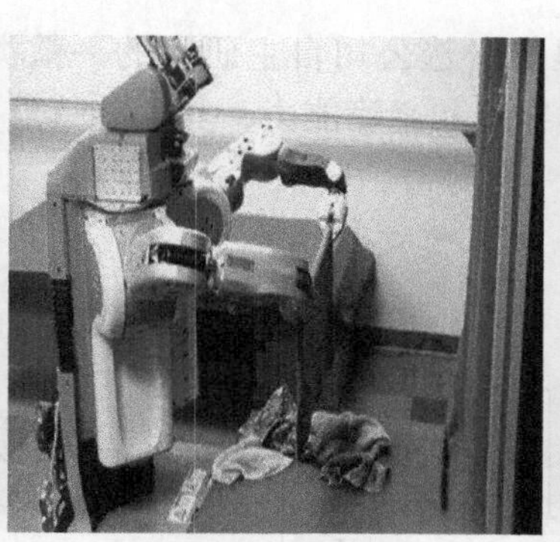

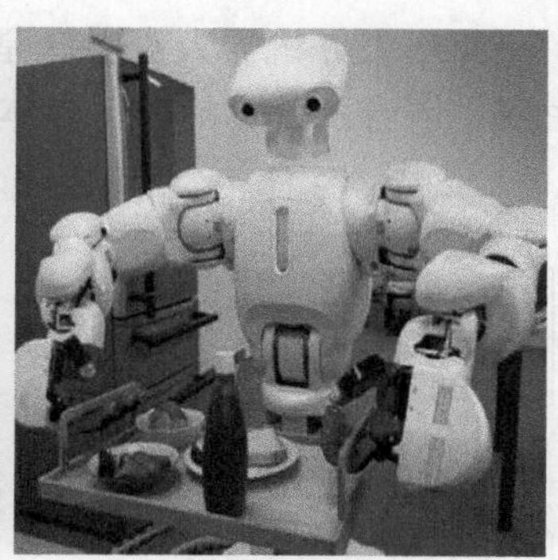

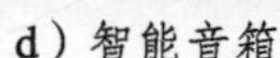

d）智能音箱　e）叠衣服机器人　f）做饭机器人

图 1-2 常见家用服务机器人（续）

2. 依据市场需求分类

相比于工业机器人，服务机器人更靠近下游终端消费者，因此服务机器人的客户群体更加广泛。也正因为其“更加靠近终端消费者”的特点，要求其具备耐用消费品如电子类、家电类产品的属性。

服务机器人依据市场需求分为以下三类：

（1）市场服务类机器人　市场服务类机器人主要在商品零售、物流、电子商务以及中介和咨询等岗位发挥作用，该类岗位体现了一种以客户满意为导向的价值观。广义而言，任何能提高客户满意度的内容都属于客户服务的范围。市场服务类机器人的优势在于可以大幅减少客户等待时间，能根据客户的需求快速做出应答，能在大幅提高客户满意度的同时减少公司人力成本。

（2）个人消费服务类机器人　个人消费服务类机器人的目标服务对象主要是各类消费者群体，个人消费指的是满足个人物质和文化需要的消费行为。个人消费服务类机器人需要根据不同个体的不同需求提出个性化服务，同时满足个体的物质和精神需求。

（3）公共服务类机器人　公共服务类机器人的应用领域主要有基础教育、公共卫生、医疗、旅游、餐饮、文化娱乐以及公益性信息服务。此类机器人的设置主要是为了满足公民生活与发展的某种直接需求，能使公民受益。公共服务类机器人的应用有利于健全公共服务供给的体制机制、提高公共资源整体配置效率、平衡不同地区资源环境差距。

1.1.2 服务机器人功能

服务机器人的应用范围很广，主要从事维护保养、修理、清洗、安保、展示、救援、监护等工作。与工业机器人相比，服务机器人重在人机交互体验，即用户和机器人之间的互动，要求机器人具备高效的反馈速度，对深度学习、自然语言处理、视觉感知、云计算等在内的人工智能技术提出了更高要求。对于移动服务机器人的地图构建、定位、导航、避障、脱困、多机器人协同避障要求较高。

商用服务机器人克鲁泽是优必选公司自主研发的一款类人形机器人，具有灵活的自由度、语音及视觉能力、立体导航和避障能力，其功能特点如图 1–3 所示。

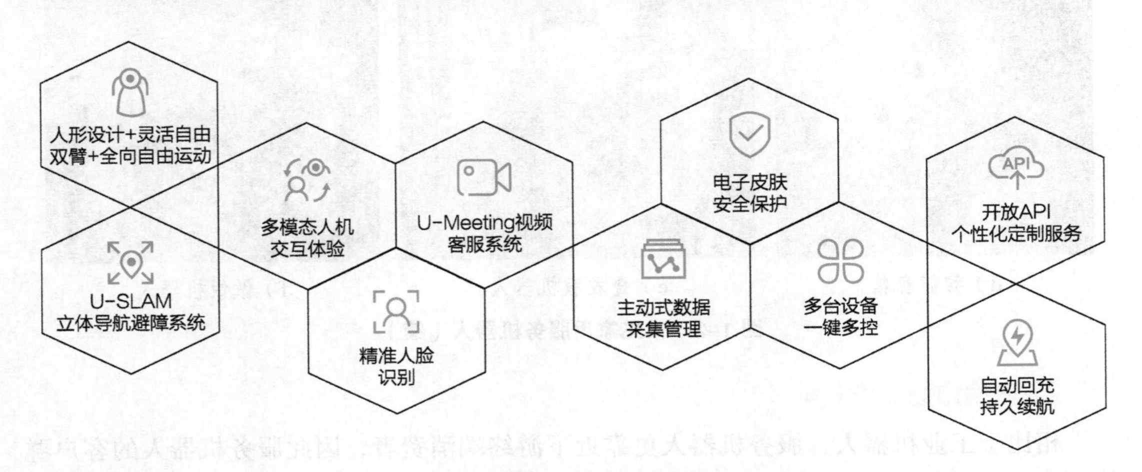

图 1–3　机器人克鲁泽的功能特点

机器人克鲁泽可服务于交通出行、政务大厅、购物中心、银行、星级酒店、展览馆、4S店、医院、商业地产等一系列场景，可以有效地简化工作流程、降低人力成本、挖掘商业价值、减少运营成本，并帮助企业和服务大厅智能转型。

依托机器人的软硬件，机器人克鲁泽提供较多的系统服务。服务机器人的系统功能指服务机器人为了完成服务任务所需要具备的功能。机器人克鲁泽系统服务是指机器人克鲁泽实现基础功能并对机器人应用提供 API 程序。机器人克鲁泽目前提供的主要系统服务功能见表 1–2。

表 1–2　机器人克鲁泽的系统服务功能

服务名称	服务功能
语音服务	语音唤醒、语音识别、语音合成以及自然语言处理
舵机服务	获取舵机设备及控制舵机设备旋转等
动作服务	执行动作、获取姿势
运动服务	转身、直线或曲线移动
表情服务	动画展示机器人情绪
灯光服务	获取灯光设备，控制灯光设备开关、更换色彩、播放灯效
舞蹈服务	利用运动、移动、灯光、情绪等编排出舞蹈，让机器人跳舞
传感器服务	获取传感器设备、监听传感器环境数据
导航服务	管理地图、定位与导航
诊断服务	诊断及监听提供各部件的故障
电源服务	开关机、休眠唤醒、电量及电池状态信息监听
充电服务	自动上下充电桩

1.2 服务机器人的硬件结构

目前市场上主流轮式服务机器人主体架构分三层：人机交互层（Android 系统）、运动控制层（Linux 系统）、传感器层（嵌入式系统），对应硬件分别为 Android 主板及其配套人机交互硬件、X86 主板及其配套传感器、STM32 单片机及其配套传感器。

对于机器人克鲁泽，其人机交互及传感器硬件如图 1–4 所示。

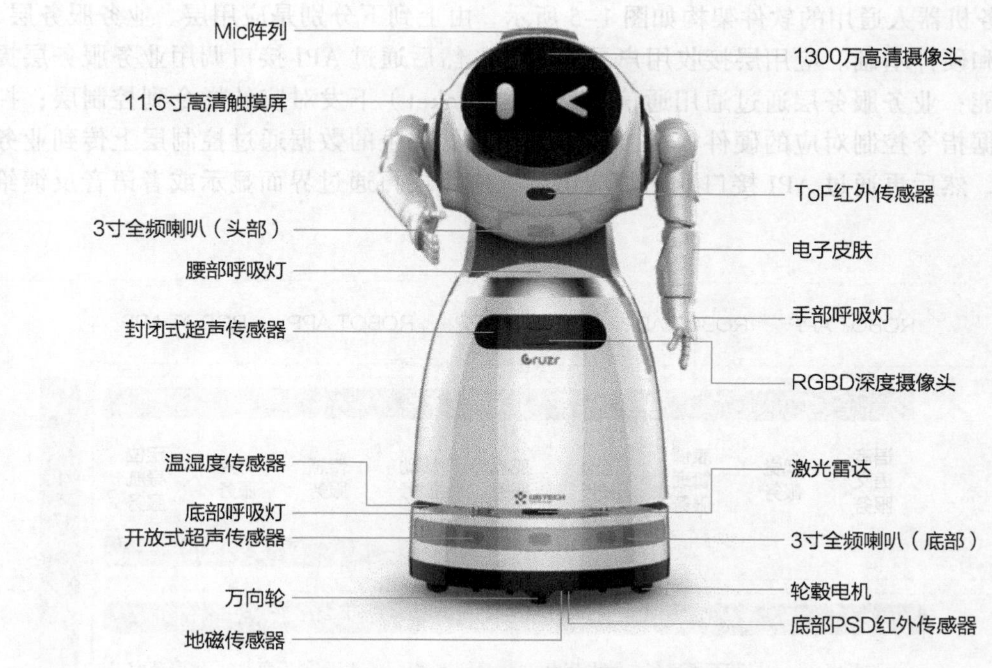

图 1–4　机器人克鲁泽硬件资源

其中：屏幕采用 11.6 寸 TFT 高清触屏，分辨率达 1920 × 1080 像素；摄像头采用 1300 万像素高清摄像头；喇叭位于头部，65dB；机器人传感器有头部 6+0 麦克风阵列 1 个、嘴部 ToF 红外传感器 1 个、腰部 RGBD 深度摄像头 1 个、两个手臂电子皮肤各有 2 块、两个手拿侧面电子皮肤各有 1 块、底盘超声传感器 6 个、PSD 红外传感器 1 个、9 轴陀螺仪传感器 1 个、激光雷达 1 个、温湿度传感器 1 个、地磁传感器 1 个；呼吸灯有腰部呼吸灯、手臂呼吸灯、底部呼吸灯。

电源系统是为服务机器人提供动力的心脏部分，电源系统是否正常工作直接影响到机器人内部设备的稳定运行。服务机器人的移动属性决定其适合采用无缆化的电池供电。目前，常用的可充电电池类型包括铅酸蓄电池、镍镉电池、镍氢电池、锂离子电池、锂聚合物电池等。电池的选用通常需要考虑如下几个因素。

（1）电压等级　决定了机器人内部设备的电压适用范围。

（2）电池容量　决定了机器人的工作时间和续航能力。

（3）尺寸和重量　在某种程度上决定了机器人本体的尺寸和重量。

机器人克鲁泽的电源采用铁锂电池，容量 25A · h，电压 25.6V。

1.3 服务机器人的软件架构及平台

常见机器人采用单板卡，使用 Linux 操作系统；而服务机器人因为增加交互功能，而采用双板卡，交互层是安卓系统，运动控制层是 Linux 操作系统。对于计算量较大、业务较为复杂的情况，可能出现其他多板卡的方案。服务机器人一般都是联网的，多数业务在云端进行处理或配一些边缘服务器。

服务机器人通用的软件架构如图 1-5 所示，由上到下分别是应用层、业务服务层、控制层和硬件基础。应用层接收用户录入事件，然后通过 API 接口调用业务服务层提供的功能；业务服务层通过通用通信接口（如 Socket）下发对应的指令到控制层；控制层根据指令控制对应的硬件模块。同时，传感器产生的数据通过控制层上传到业务服务层，然后再通过 API 接口返回给应用层，应用层再通过界面显示或者语音反馈给用户。

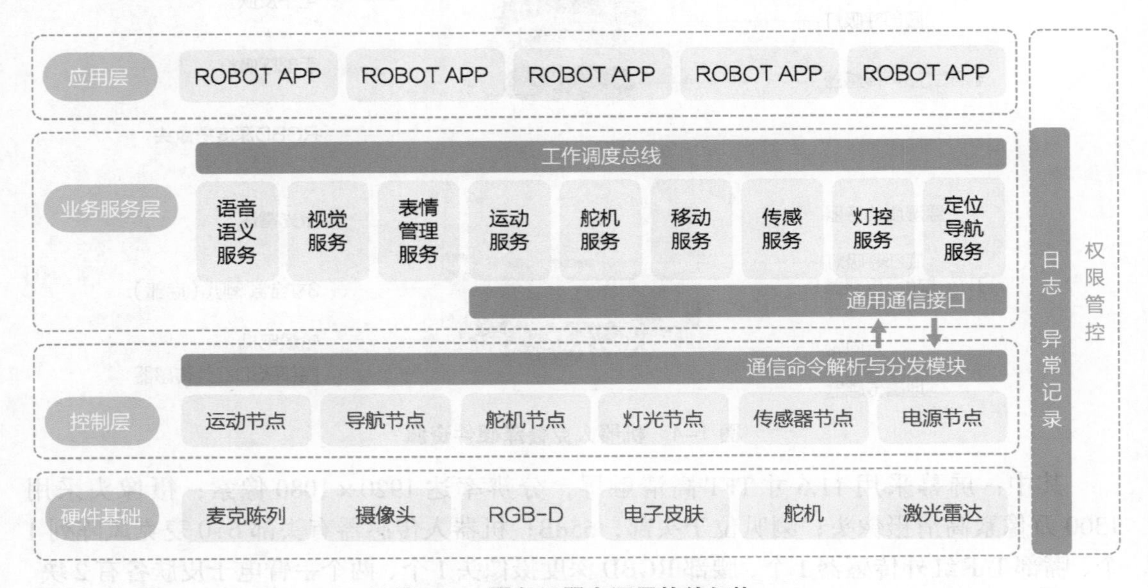

图 1-5 服务机器人通用软件架构

对于机器人克鲁泽，系统平台应用层采用 Android 系统，控制层采用 ROS 系统（Robot Operating System，机器人操作系统）。

1.3.1 应用层

应用层主要是通过一系列的 APP 完成人机交互的相关功能，如传感器数据可视化、手臂动作控制、底盘运动控制等。

1）传感器数据可视化：将激光雷达、RGB-D深度相机、红外传感器、超声波传感器、ToF传感器的数据实时展示到屏幕，如图1-6所示。

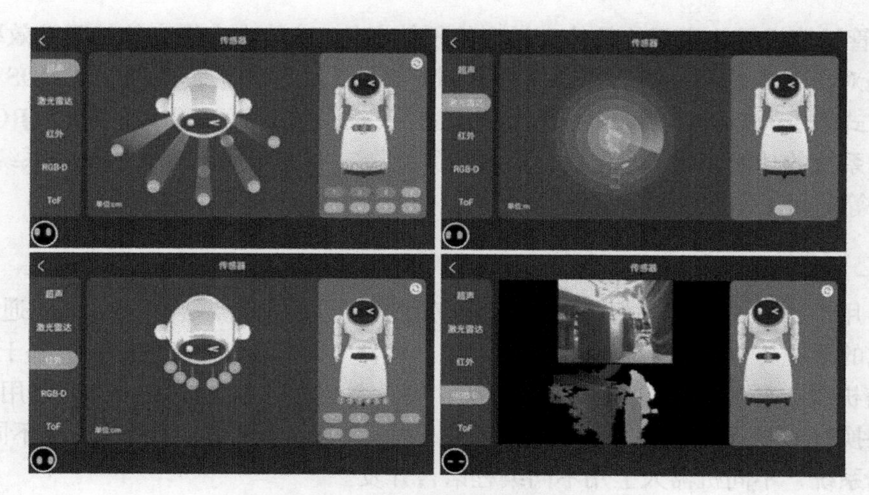

图 1–6　Android 端传感器数据可视化

2）手臂动作控制：机器人克鲁泽有13个舵机，可以进行拟人化的动作表现，该功能展示了不同动作的执行曲线，动作的轨迹拟合方法有平滑（3次样条曲线）和运动（贝塞尔曲线）。

3）底盘运动控制：可以通过界面操作，让机器人前进、后退或者旋转，其行进速度范围为0.2/0.5/0.7m/s，运行速度可调。

1.3.2　控制层

ROS 为 Robot Operating System（机器人操作系统）的简写，是一个面向机器人的开源元操作系统，它具有以下特点：

1. 它是一个元操作系统

操作系统是用来管理计算机硬件与软件资源，并提供一些公用服务的系统软件，如图 1–7 所示。计算机的操作系统将计算机硬件封装起来，而应用软件运行在操作系统之

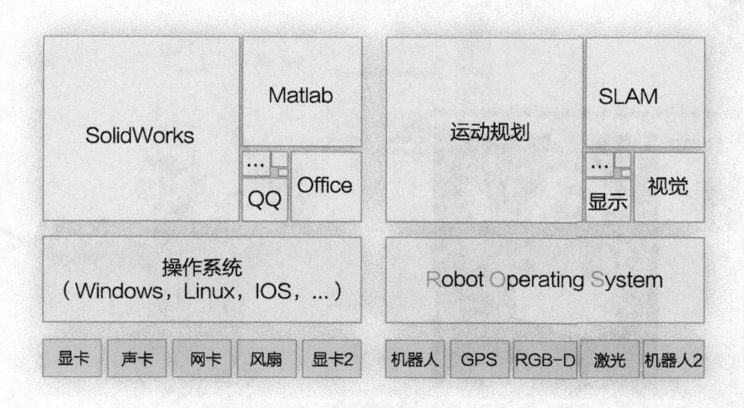

图 1–7　计算机操作系统与机器人操作系统对比示意图

上，不用管计算机具体应用的是什么类型的硬件产品，这能大大提高软件开发效率。同理，ROS 则是对机器人的硬件进行了封装，不同的机器人、不同的传感器，在 ROS 里可以用相同的方式表示（Topic 等），供上层应用程序（运动规划等）调用。因此，ROS 提供了类似操作系统的功能，我们称之为“元操作系统”，它是依赖于现有的操作系统（Linux，Windows 等）而工作的。

2. 它采用跨平台模块化软件通信机制

ROS 用节点（Node）的概念表示一个应用程序，不同节点（Node）之间通过事先定义好格式的话题（Topic）、服务（Service）、动作（Action）来实现连接。基于这种模块化的通信机制，开发者可以很方便地替换、更新系统内的某些模块；也可以用自己编写的节点替换 ROS 的个别模块，十分适合算法开发。此外，ROS 可以跨平台，在不同计算机、不同操作系统、不同机器人上用不同编程语言开发。

3. 它自带一系列开源工具

ROS 为开发者提供了一系列非常有用的工具，可以大大提高开发的效率，如图 1-8 所示。

rqt_plot：可以实时绘制当前任意 Topic 的数值曲线。

rqt_graph：可以绘制出各节点之间的连接状态和正在使用的 Topic 等。

Rviz：超强大的 3D 可视化工具，可以显示机器人模型、3D 电影、各种文字图标，也可以很方便地进行二次开发。

TF：TF 是 Transform 的简写，利用它，可以实时知道各连杆坐标系的位姿，也可以求出两个坐标系的相对位置。

OpenCV：机器视觉开源工具，ROS 提供了 cv_bridge，可以将 OpenCV 的图片与 ROS 的图片格式相互转换。

Gazebo：开源仿真平台，可以实现动力学仿真、传感器仿真等。

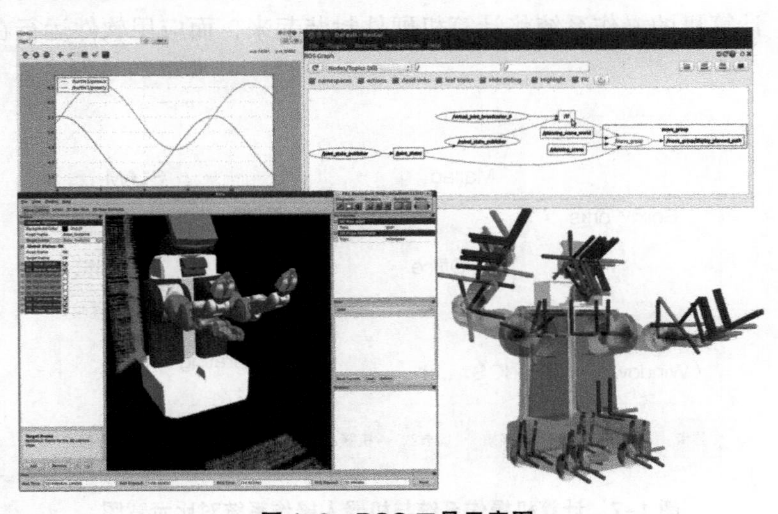

图 1-8　ROS 工具示意图

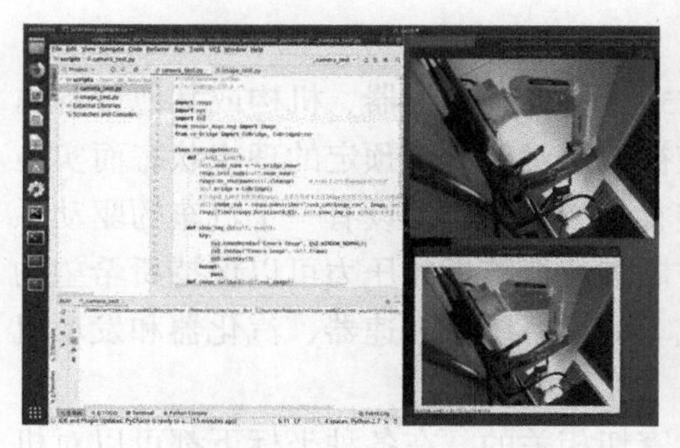

图 1-8 ROS 工具示意图（续）

对于机器人克鲁泽，控制层具备以下特点。

（1）控制层开源　可自定义节点，通过 Topic/Service 控制舵机、底盘、导航、传感器等。

（2）导航模块　内置两套建图导航方案，USLAM为优必选自研方案，与安卓端打通，可被应用层调用；另外，机器人提供了开源导航方案，分别使用建图算法KartoSLAM、定位算法AMCL、导航算法TEB，使用者可以对算法进行参数修改，也可以替换为其他算法，在各种应用场景更为灵活。

（3）3D 模型　提供了实物模型和 URDF 描述文件，参数与机器人克鲁泽硬件完全一致，可以自由导入仿真平台中进行仿真模拟。

1.4 服务机器人的体系结构

服务机器人一般由中央处理单元和具有各个功能模块的子系统组成，包括控制系统、感知系统、执行系统。每一个服务机器人完成任务的工作流程是：感知系统感知外界信息，将信号传递到中央处理器，由中央处理器对信号进行处理后传至控制系统，控制系统控制执行系统动作，如图 1-9 所示。

图 1-9 服务机器人的体系结构

接下来，结合机器人克鲁泽，对服务机器人的控制系统、感知系统、执行系统进行详细介绍。

1.4.1 服务机器人的控制系统

控制系统是指由控制主体、控制客体和控制媒体组成的具有自身目标和功能的管理系统，如图 1-10 所示。控制系统是机器人的重要组成部分，它的作用相当于人脑。拥有一个功能完善、灵敏可靠的控制系统是服务机器人与设备协调动作、共

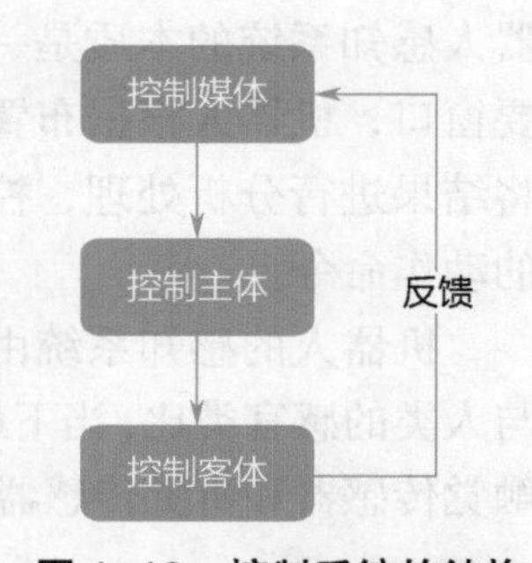

图 1-10 控制系统的结构

同完成作业任务的关键。

控制系统意味着通过它可以按照所希望的方式保持或改变机器、机构或其他设备内任何感兴趣或可变的量。控制系统同时是为了使被控制对象达到预定的理想状态而实施的。控制系统使被控制对象趋于某种需要的稳定状态。例如，假设有一个汽车的驱动系统，汽车的速度是其加速器位置的函数。通过控制加速器踏板的压力可以保持所希望的速度（或可以达到所希望的速度变化）。这个汽车驱动系统（加速器、汽化器和发动机车辆）便组成一个控制系统。

服务机器人的控制是与机构运动学和动力学密切相关的。在各种坐标下都可以对机器人手足的状态进行描述，应根据具体的需要对参考坐标系进行选择，并要做适当的坐标变换。经常需要求解正向运动学和反向运动学的问题，除此之外还需要考虑惯性力、外力（包括重力）和向心力的影响。

机器人控制系统是由计算机来实现多个独立的伺服系统的协调控制并使机器人按照人的意志行动，甚至赋予机器人一定“智能”的任务。

由于描述机器人状态和运动的是一个非线性数学模型，随着状态的改变和外力的变化，其参数也随之变化，并且各变量之间还存在耦合，机器人控制系统也是一个多形式控制方法。所以，只使用位置闭环是不够的，还必须要采用速度甚至加速度闭环。系统中经常使用重力补偿、前馈、解耦或自适应控制等方法。

同时它又是一个多变量控制系统，因为机器人的动作往往可以通过不同的方式和路径来完成，所以存在一个“最优”的问题。对于较高级的机器人可采用人工智能的方法，利用计算机建立庞大的信息库，借助信息库进行控制、决策、管理和操作。根据传感器和模式识别的方法获得对象及环境的工况，按照给定的指标要求，自动地选择最佳的控制规律。

综上所述，机器人的控制系统是一个与运动学和动力学原理密切相关的、有耦合的、非线性的多变量控制系统。因为其具有的特殊性，所以经典控制理论和现代控制理论都不能照搬使用。到目前为止，机器人控制理论还不够完整和系统。

1.4.2 服务机器人的感知系统

服务机器人的感知系统是机器人获取外部环境信息及进行内部反馈控制的工具。机器人感知系统的本质是一个传感器系统。机器人感知系统是其与外界进行信息交换的主要窗口，机器人根据布置在机器人身上的不同传感元件对周围环境状态进行瞬间测量并将结果进行分析处理，控制系统则通过分析结果按预先编写的程序对执行元件下达相应的动作命令。

机器人的感知系统由一些对图像、光线、声音、压力敏感的交换器即传感器组成。与人类的感官类比，当下最关注的移动服务机器人主要有以下三种传感器，即视觉传感器、触觉传感器和听觉传感器。机器人克鲁泽的感知系统如图 1–11 所示。

1. 视觉传感器

视觉传感器通常通过图像的信息方式感知外部环境，一般包括图像获取、图像处理、图像理解这三个过程。目前，视觉传感器有的通过接收可见光变为电信息，有的通过接收红外光变为电信息，有的本身就是通过电磁波形成图像。机器人的视觉感知系统要求可靠性高、分辨力强、维护安装简便。

2. 触觉传感器

触觉是人与外界环境直接接触时的重要感觉功能。触觉传感器是用于机器人中模仿触觉功能的传感器。按功能可分为接触觉传感器、力–力矩觉传感器、压觉传感器和滑觉传感器等。接触觉传感器是用以判断机器人（主要指四肢）是否接触到外界物体或测量被接触物体的特征的传感器。

3. 听觉传感器

听觉传感器是一些高灵敏度的电声变换器，如各种“麦克风”，将声信号转化为电信号，然后进行处理，送入控制系统。机器人听觉使得机器人能听到声音，从而能与人进行自然的人机对话，实现人机交互。

机器人的感知系统是实现其功能的基础，包括定位导航、自主避障以及人机交互等。机器人的准确操作决定于对其自身状态、操作对象以及作业环境的正确认识，这完全依赖于感知系统。

下面以机器人克鲁泽为例对服务机器人所使用的传感器进行具体介绍。

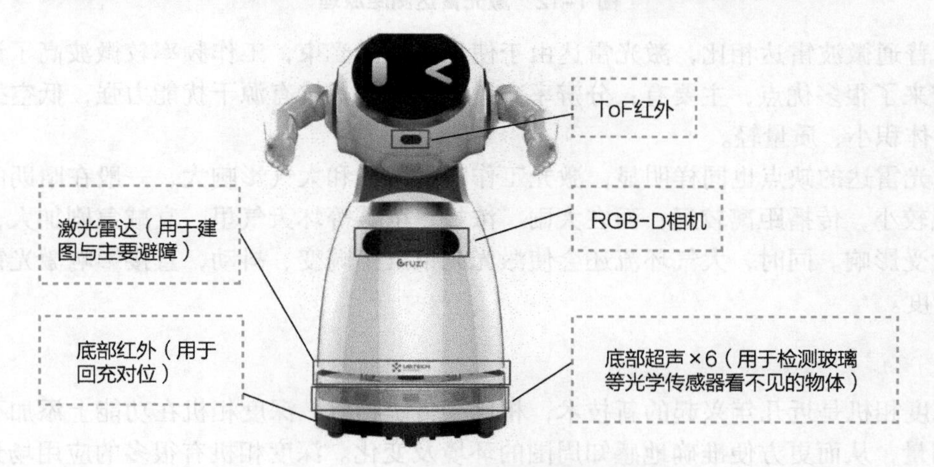

图 1–11 机器人克鲁泽感知系统

1. 激光雷达

激光雷达由激光器、接收器、信号处理单元和旋转机构组成，见表 1–3。其工作原理是向目标发射探测信号（激光束），然后将接收到的从目标反射回来的信号（目标回波）与发射信号进行比较，作适当处理后，就可获得目标的有关信息，如目标距离、方位、高度、速度、姿态等参数。

表 1-3 激光雷达的组成与原理

组件	原理
激光器	激光器是激光雷达中的激光发射机构。在工作过程中，它会以脉冲的方式点亮。每秒钟，它会点亮和熄灭万次以上（如 A3 每秒 16000 次）
接收器	激光器发射的激光照射到障碍物以后，通过障碍物的反射，反射光线会经由镜头组汇聚到接收器上
信号处理单元	信号处理单元负责控制激光器的发射，以及处理接收器收到的信号。根据这些信息计算出目标物体的距离信息
旋转机构	上述 3 个组件构成了测量的核心部件。旋转机构负责将上述核心部件以稳定的转速旋转起来，从而实现对所在平面的扫描，并产生实时的平面图信息

最基本的激光雷达测距原理如图 1-12 所示，根据测距计算方式的不同，激光雷达又可分为三角测距法激光雷达以及 ToF 法激光雷达。

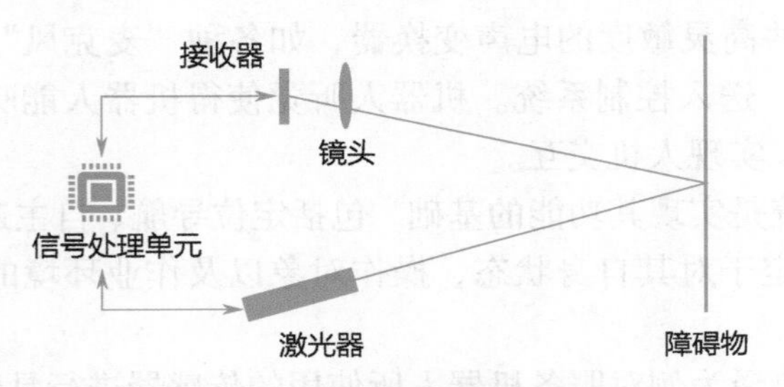

图 1-12 激光雷达测距原理

与普通微波雷达相比，激光雷达由于使用的是激光束，工作频率较微波高了许多，因此带来了很多优点，主要有：分辨率高，隐蔽性好、抗有源干扰能力强，低空探测性能好，体积小、质量轻。

激光雷达的缺点也同样明显，激光工作时受天气和大气影响大，一般在晴朗的天气里衰减较小，传播距离较远；而在大雨、浓烟、浓雾等坏天气里，衰减急剧加大，传播距离大受影响。同时，大气环流还会使激光光束发生畸变、抖动，直接影响激光雷达的测量精度。

2. 深度相机

深度相机是近几年兴起的新技术，相比于传统相机，深度相机在功能上添加了一个深度测量，从而更方便准确地感知周围的环境及变化。深度相机有很多的应用场景，如三维建模、无人驾驶、机器人导航、手机人脸解锁、体感游戏等都用到了深度相机来实现其功能。

现在比较流行的深度相机有结构光深度相机和 ToF 深度相机。

（1）结构光深度相机　通常由一个红外结构光发射器、一个红外结构光接收器和一个 RGB 摄像头组成。通过近红外激光器，将具有一定结构特征的光线投射到被拍摄物体上，再由专门的红外摄像头进行采集。这种具备一定结构的光线，会因被摄物体的不同深度区域而采集不同的图像相位信息，然后通过运算单元将这种结构的变化换算成深度信息，以此来获得三维结构，如图 1–13 所示。简单来说，通过光学手段获取被拍摄物体的三维结构，再将获取到的信息进行更深入的应用。

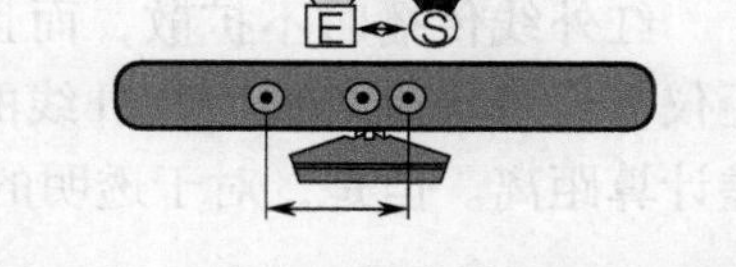

图 1–13　结构光深度相机原理示意图

1）结构光深度相机主要有以下优点：

① 非常适合在光照不足（甚至无光）、缺乏纹理的场景使用。

② 在一定范围内可以达到较高的测量精度。

③ 技术成熟，深度图像可以做到相对较高的分辨率。

2）结构光深度相机主要有以下缺点：

①室外环境基本不能使用。这是因为在室外容易受到强自然光影响。

②测量距离较近。物体距离相机越远，物体上的投影图案越大，精度也越差，相对应的测量精度也越差。

③容易受到光滑平面反光的影响。

（2）ToF 深度相机　通过测量光飞行时间来取得距离，具体而言就是通过给目标连续发射激光脉冲，然后用传感器接收反射光线，通过探测光脉冲的飞行往返时间来得到确切的目标物距离。因为光速极快，通过直接测光飞行时间实际不可行，一般通过检测经一定手段调制后的光波的相位偏移来实现。简单来说就是，发出一道经过处理的光，碰到物体以后会反射回来，捕捉来回的时间，因为已知光速和调制光的波长，所以能快速准确地计算出到物体的距离。

1）ToF 深度相机的优点如下：

①检测距离远，在激光能量够的情况下可达几十米。

②受环境光干扰比较小。

2）ToF 深度相机的缺点如下：

①对设备要求高，特别是时间测量模块。

②在检测相位偏移时需要多次采样积分，运算量大。

③边缘精度低。

3. 红外传感器

红外传感器是利用红外线的物理性质来进行测量的传感器。红外线又称红外光，它具有反射、折射、散射、干涉、吸收等性质。任何物质，只要它本身具有一定的温度（高于绝对零度），都能辐射红外线。红外线传感器测量时不与被测物体直接接触，因而不存在摩擦，并且有灵敏度高、反应快等优点。

红外测距传感器利用红外信号遇到障碍物时，不同的距离有不同的反射强度的原理，进行障碍物远近的检测，距离近则反射光强，距离远则反射光弱。红外测距传感器具有一对红外信号发射与接收的二极管，发射管发射特定频率的红外信号，接收管接收这种频率的红外信号，当红外的检测方向遇到障碍物时，红外信号反射回来被接收管接收，经过处理之后，通过数字传感器接口返回到机器人主机，机器人即可利用红外的返回信号来识别周围环境的变化。

红外线传播时不扩散，而且红外线在穿越其他物质时折射率很小，所以长距离的测距仪都会考虑红外线。红外线的工作原理与激光大体相同，通过发射与反射光束的时间差计算距离。但是，对于透明的或者近似黑体的物体，红外传感器是无法检测距离的。

4. 超声波传感器

超声波是振动频率高于 20kHz 的机械波。它具有频率高、波长短、绕射现象小，特别是方向性好、能够成为射线而定向传播等特点。超声波对液体、固体的穿透本领很大，尤其是在不透明的固体中。

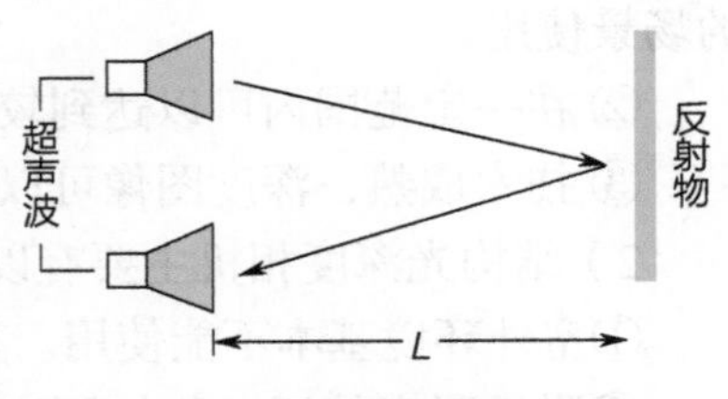

图 1-14　超声波原理解释

超声波传感器工作原理如图 1-14 所示，是利用压电效应的原理将电能和超声波相互转化，即在发射超声波的时候，将电能转换成超声振动；而在接收回波的时候，则将超声振动转换成电信号。

超声波传感器的基本原理是测量超声波的飞行时间，通过以下公式计算测量距离。

$$d=\frac{vt}{2}$$

类似于前面提到的激光测距原理，其中 d 是距离，v 是声速，t 是飞行时间。由于超声波在空气中的速度与温湿度有关，在比较精确的测量中，需把温湿度的变化和其他因素考虑进去。

超声波传感器的特点在于应用原理简单、成本低。但是，超声波传感器容易受到其他频率的噪声干扰，引起传感器接收错误的信号。并且当测量距离太近时，传感器无法分辨发射波束与反射波束，所以普遍的超声波传感器的有效探测距离都在几米，但是会有一个几十毫米左右的最小探测盲区。另外，多次反射在探测墙角或者类似结构的物体时比较常见。声波经过多次反弹才被传感器接收到，因此实际的探测值并不是真实的距离值。

5. 电子皮肤

电子皮肤又称新型可穿戴柔性仿生触觉传感器，结构简单，可被加工成各种形状，是一种可以让机器人产生触觉的系统。电子皮肤能够具备生物皮肤现有的功能，比如感知温度、压力和水流等，还能具备生物皮肤不具有的功能，如感知声波，测量血压、心跳等。

电子皮肤通常由三维界面应力检测单元、局部点微应力检测单元和外围电路组成。其中三维界面应力检测单元由新型平板电容压力传感器组成，用于实时检测三维界面应力的大小，包括与界面垂直的正应力和与界面相切的剪应力。局部点微应力检测单元由新型声表面波压力传感器组成，用于检测局部点的微应力大小。

机器人克鲁泽左右臂前侧各有两块电子皮肤，手掌侧面也有一块，如图 1–15 所示。在机器人的运动过程中，若其中一只手臂上的电子皮肤感知到障碍物，例如触碰到桌角或旁人，机器人克鲁泽手背和腰部的呼吸灯就会亮红灯以提示障碍物。此时电子皮肤接收到的压力信号转换为电信号传给机器人克鲁泽底盘上的控制器，控制器将会控制双臂，使双臂立即掉电、停止运动，从而避免机器人克鲁泽对用户或自身造成伤害。

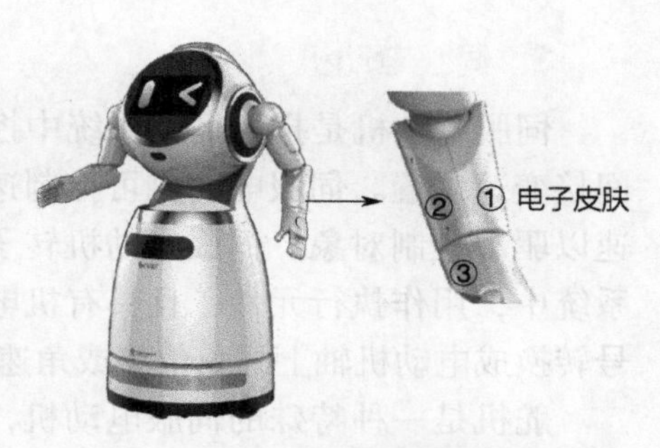

图 1–15 机器人克鲁泽电子皮肤配置情况

6. 麦克风阵列

麦克风阵列主要由一定数目的声学传感器组成，是用于对声场的空间特性进行采样并滤波的系统。麦克风阵列由一组按一定几何结构摆放的麦克风组成，对采集的不同空间方向的声音信号进行空时（即空间时间）处理，实现噪声抑制、混响去除、人声干扰抑制、声源测向、声源跟踪等功能，进而提高语音信号处理质量，以提高真实环境下的语音识别率。

7. 温湿度传感器

温湿度传感器是指能将温度量和湿度量转换成容易被测量处理的电信号的设备或装置。

8. 地磁传感器

地磁传感器可用于检测服务机器人的存在。地磁传感器是数据采集系统的关键部分，传感器的性能对数据采集系统的准确性起决定作用。

1.4.3 服务机器人的执行系统

服务机器人的执行系统主要由各种电动机及机械部件构成。电动机是实现电能转换或传递的一种电磁装置。它的主要作用是产生驱动转矩，作为用电器或各种机械的动力源，电机分无刷直流电动机、步进电动机和伺服电动机，每种电动机有不同的特点。

1. 无刷直流电动机

无刷直流电动机是采用半导体开关器件来实现电子换向的，即用电子开关器件代替传统的接触式换向器和电刷。无刷直流电动机的机械特性和调节特性的线性度好，调速范围广，寿命长，维护方便，噪声小，不存在因电刷而引起的一系列问题。

2. 步进电动机

步进电动机是将电脉冲激励信号转换成相应的角位移或线位移的离散值控制电动机，这种电动机每输入一个电脉冲就动一步，所以又称脉冲电动机。主要用于数字控制系统中，精度高，运行可靠。如采用位置检测和速度反馈，亦可实现闭环控制。

3. 伺服电动机

伺服电动机是指在伺服系统中控制机械元件运转的“发动机”，是一种补助电动机间接变速装置。伺服电动机可控制速度，位置精度高，可以将电压信号转化为转矩和转速以驱动控制对象。伺服电动机转子转速受输入信号控制，并能快速反应，在自动控制系统中，用作执行元件，且具有机电时间常数小、线性度高等特性，可把所收到的电信号转换成电动机轴上的角位移或角速度输出。

舵机是一种特殊的伺服电动机，在机器人领域非常有用，主要是由外壳、电路板、驱动电动机、减速器及位置检测元件所构成。因为舵机有内置的控制电路，它们的尺寸虽然很小，但输出力矩大。通常，舵机消耗的能量与机械负荷成正比。因此，一个轻载的舵机系统不会消耗太多的能量。

当需要设备像人类一样做动作时，通过转动舵机即可实现。转动舵机可以使用相对角度也可以使用绝对角度，转动可以是单一的任务也可以是串行任务。舵机使用相对角度转动时，可只指定相对转动的角度，也可指定相对转动的角度和速度、相对转动的角度和时长。

1.5 服务机器人的运行流程

服务机器人的运行流程主要体现在服务机器人信息和能量的流动，也称为信息流和能量流。信息流在机器人的应用场景中多指大量的电磁信号的传递，如声音、图像等属于信息的一种；能量流指的是能量的转化和传递，如热传递、做功等。

下面通过对机器人的信息流和能量流的分析来了解机器人的运行流程。

1.5.1 服务机器人的信息流

服务机器人的信息流如图 1-16 所示。服务机器人的中央处理单元相当于人类的大脑，

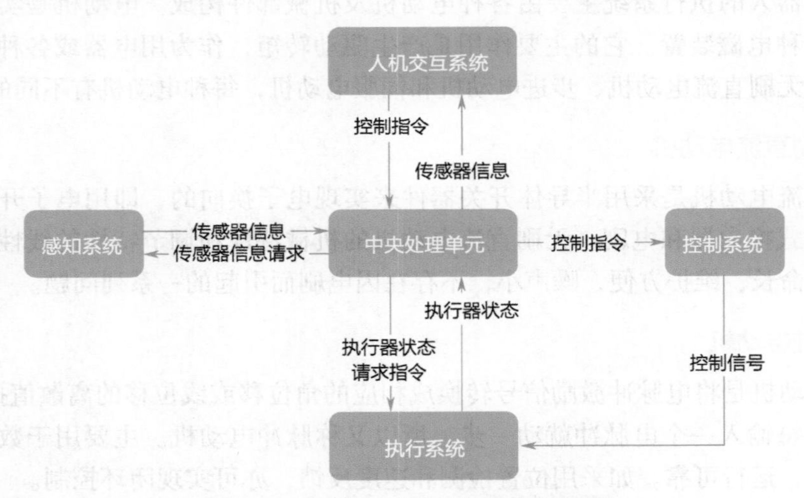

图 1-16 服务机器人的信息流示意图

用来接收各个子系统的数据，并且处理各个系统对各种数据的请求，同时进行控制指令的计算和发送；执行系统相当于人类的关节，控制着个体的行动；控制系统相当于人类的基本控制神经和肌肉，为执行系统提供执行的命令和能源；感知系统相当于人类的感官，获取外界的信息。

1.5.2 服务机器人的能量流

服务机器人的每个子系统都需要供电系统提供电能来完成指定的功能，能量流的具体形式如图 1–17 所示。

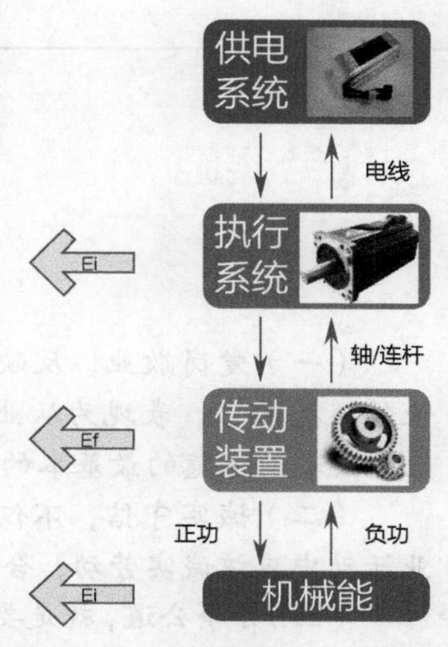

图 1–17 服务机器人的能量流

1.6 用户模式和管理员模式

用户模式：只限设备在某些有限的权限下登录到机器的缺省状态。开机后默认进入用户模式，在此模式下可以使用应用程序完成某些功能。

管理员模式：是指拥有一台机器人的最高权限，如读取 / 写入特定区域的文件、查看传感器状态、设置机器人移动方式等。为保证系统安全，进入管理员模式往往需要密码。

用户模式与管理员模式可以互相切换，切换方式因机器而异，对于机器人克鲁泽，在屏幕顶点采用“三指下滑”方式可以进行模式切换。

计划与决策

1. 小组分工研讨

请根据项目内容及小组成员数量，讨论小组分工，包括但不限于项目管理员、部署实施员、记录员、监督员、检查复核员等。

____

____

2. 工作流程决策

- 作为交付工程师，面对完全不懂使用服务机器人的客户，为了避免客户在使用服务机器人时发生安全事件或损坏设备，你觉得首先需要向客户强调什么内容？

____

____

____

● 作为交付工程师，面对首次接触服务机器人的客户，为了体现服务机器人的友好度，提高客户对服务机器人的满意度，你觉得应该向客户展示什么功能？

____

____

____

任务实施

职业道德的基本规范

（一）爱岗敬业，反映的是从业人员热爱自己的工作岗位，尊重自己所从事的职业的道德操守。表现为从业人员勤奋努力、精益求精，尽职尽责的职业行为。这是社会主义职业道德的最基本的要求。

（二）诚实守信，不仅是做人的准则，也是对从业者的道德要求，即从业者在职业活动中应该诚实劳动，合法经营，信守承诺，讲求信誉。

（三）办事公道，就是要求从业人员在职业活动中做到公平、公正、公道，不谋私利，不徇私情，不以权害公，不以私害民，不假公济私。

（四）服务群众，就是在职业活动中一切从群众的利益出发，为群众着想，为群众办事，为群众提供高质量的服务。

（五）奉献社会，就是要求从业人员在自己的工作岗位上树立起奉献社会的职业理想，并通过兢兢业业地工作，自觉为社会和他人做贡献，尽到力所能及的责任。

作为交付工程师，在对服务机器人进行交付过程中须严格遵守职业道德基本规范，按以下操作步骤规范实施。

1. 产品拆箱

克鲁泽机器人拆箱流程如图 1-18 所示。

【步骤1】用剪刀剪断外箱打包带。
Step 1: Cut the strap outside.

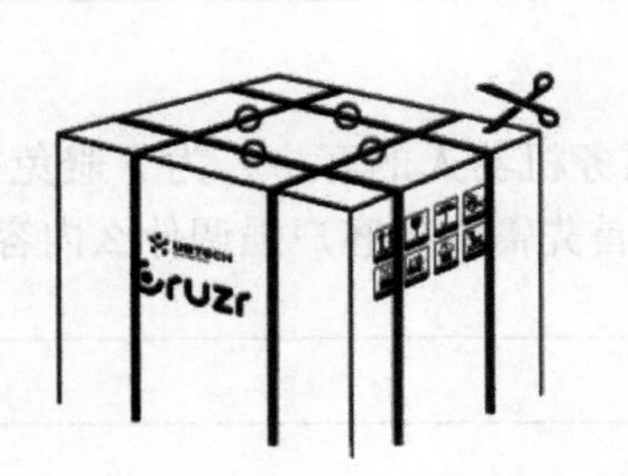

【步骤2】将纸箱从底部打开，再从上方取出纸箱。
Step 2: Open from the bottom，then lift the box.

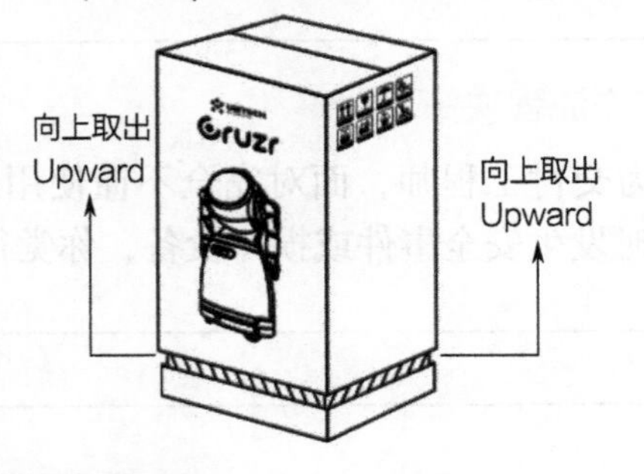

图 1-18 产品拆箱流程图

【步骤3】去下顶盖，从其中取出充电桩、充电器和用户资料。
Step 3：Remove the cover to get the charging dock, the AC adapter and the manual.

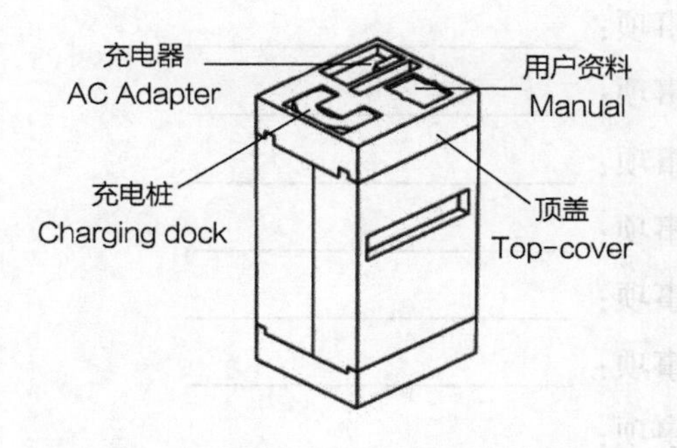

【步骤4】分开前盖和后盖。
Step 4：Remove the front-covers and rear-covers.

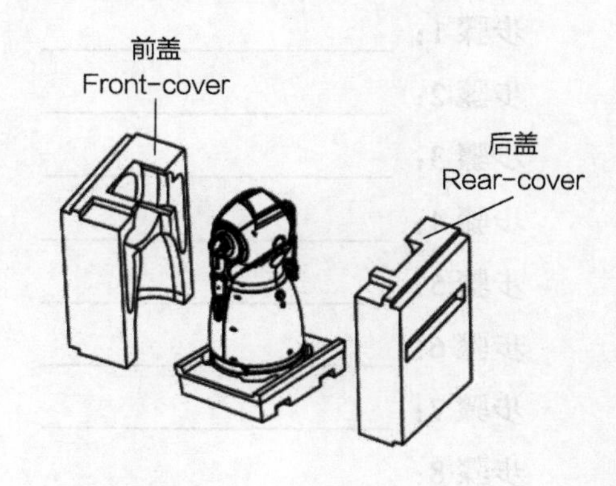

【步骤5】将两个手臂上的包装袋向下取出。
Step 5：Remove the bag along the arms.

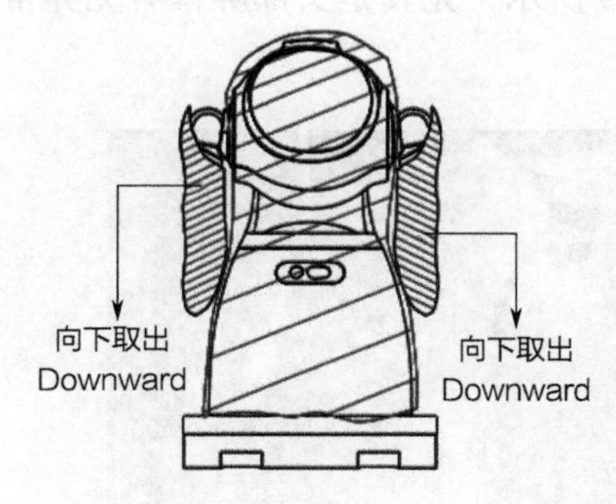

【步骤6】将机器人身体上的透明袋向上取出。
Step 6：Remove the clear bag along the robot body.

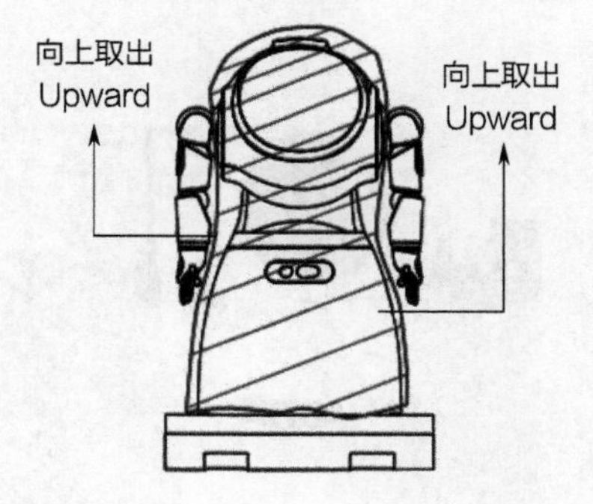

【步骤7】利用底部的扣手位，2~3人一起将机器人从底座上抬出。
Step 7：Lift and remove the robot out of the base. Two or three people are recommend.

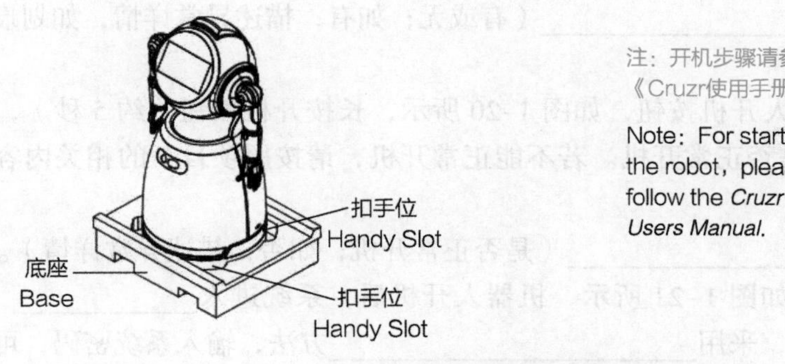

【步骤8】抬出机器人后，按下图最佳姿势摆放，才可以开机。
Step 8：Put down the robot as picture below, and the Robot is all set.

注：开机步骤请参考《Cruzr使用手册》。
Note：For starting the robot，please follow the *Cruzr Users Manual*.

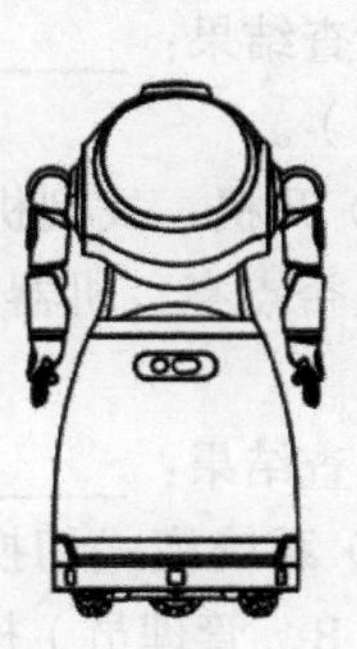

图 1–18　产品拆箱流程图（续）

思考与探索：

请阅读图 1–18，写出产品拆箱步骤，并思考相关步骤的注意事项。

步骤 1：________________ 注意事项：________________

步骤 2：________________ 注意事项：________________

步骤 3：________________ 注意事项：________________

步骤 4：________________ 注意事项：________________

步骤 5：________________ 注意事项：________________

步骤 6：________________ 注意事项：________________

步骤 7：________________ 注意事项：________________

步骤 8：________________ 注意事项：________________

2. 外观检查与启动

1）检查机器人克鲁泽的全身外观，如图 1–19 所示，尤其是头部屏幕有无异常，如划痕等。

a）正面

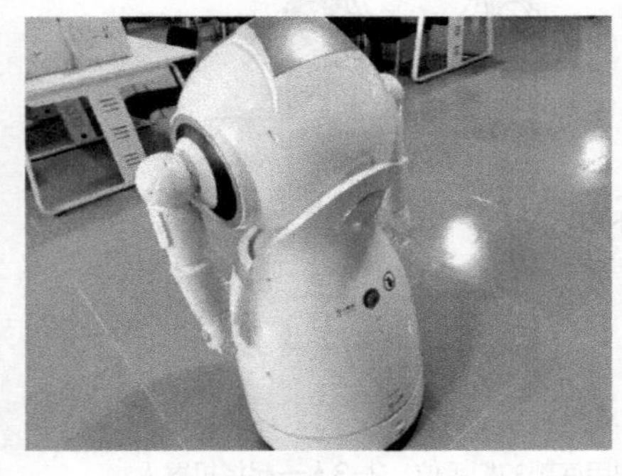

b）背面

图 1–19　机器人克鲁泽外观

检查结果：________________（有或无；如有，描述异常详情，如划痕具体位置等）。

2）开机：找到机器人开机按钮，如图 1–20 所示，长按开机按钮（约 5 秒），观察屏幕是否点亮，机器人是否正常开机。若不能正常开机，请按照项目 7 的相关内容检查故障。

检查结果：________________（是否正常开机；如否，描述异常详情）。

3）系统模式切换。如图 1–21 所示，机器人开机后，系统进入________（A、用户；B、管理员）模式，采用________________方法，输入系统密码，可进入（A、用户；B、管理员）模式。

图 1-20 机器人克鲁泽开关位置图

图 1-21 开机界面图

4）关机：在机器人屏幕右上角单击关机按钮，按照相关提示操作，即可完成关机操作。

3. 基础操作

为确保服务机器人能够安全工作，需要了解与机器人安全相关的基础操作。

（1）手推模式 为确保机器人安全，正常情况下，机器人各个运动部件是被锁定的，用户不可以随便推动机器人。

为便于使用，机器人克鲁泽提供“手推模式”。在“手推模式”下，用户可自由推动机器人底盘移动。进入“手推模式”的方法如下：在________（A、用户；B、管理员）系统模式下，如图 1-22~ 图 1-24 所示，选择“设置”—“手推模式”，当屏幕弹出手推模式对话框即代表手推模式开启成功。

图 1-22 设置按钮

图 1-23 手推模式

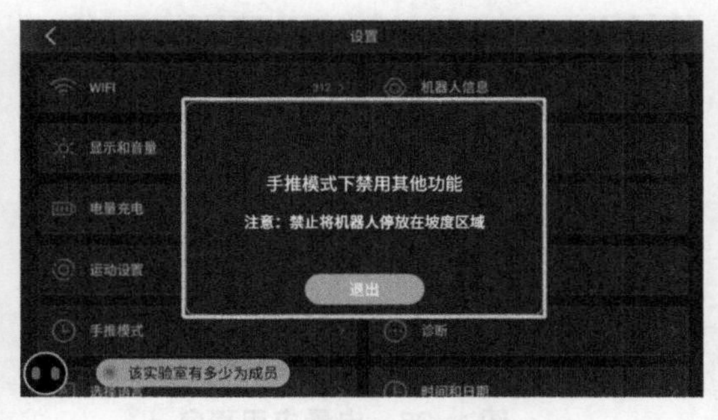

图 1-24 手推模式注意事项

思考与探索：

① 在什么情况下，需要进入手推模式？________________

② 没有进入手推模式，推动机器人会产生什么后果？________________

③ 进入手推模式后，有哪些注意事项？________________

（2）急停　机器人背面中部有个红色的急停按钮，按下该按钮即可进行“急停”操作，如图 1-25 所示。

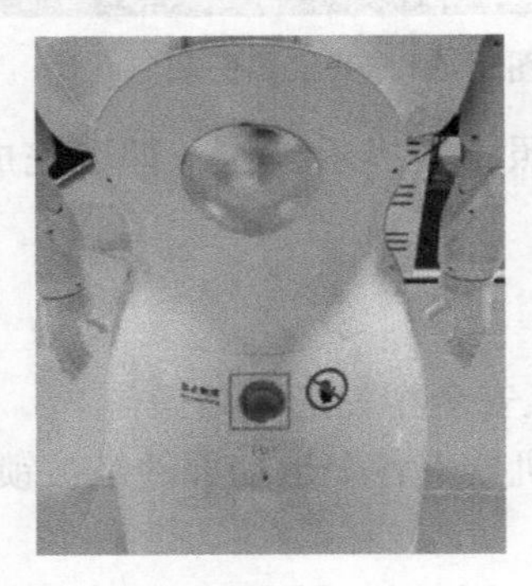

a）急停按钮

b）急停界面显示

图 1-25　机器人克鲁泽外观

思考与探索：

① 在什么情况下，需要进行急停操作？________________

② 急停操作后，请观察机器人有何反应？是否可以继续对机器人开展相关操作？

____

③ 在什么情况下可以解除急停操作？如何解除急停操作？

____

（3）电池电量查看　在________（A、用户；B、管理员）系统模式下，选择“电量”应用程序，可查看剩余电量及使用时长，如图 1-26 和图 1-27 所示。当电池电量变低时，机器人呼吸灯的颜色会变化，读者可自行探索其变化规律。

图 1-26　电量应用程序

图 1-27　当前电量

4. 电池维护

当机器人电池电量较低时，为确保机器人正常运行，需要对机器人进行充电操作。对于机器人克鲁泽，有两种充电方式，分别为充电桩充电和充电器充电。

（1）充电桩充电　使用配套的充电桩对机器人进行充电，如图 1-28 所示。可以采用手推模式将机器人推上充电桩；也可以采用自动回充功能让机器人自动回到充电桩位置开始充电，具体方法详见项目 5 相关内容。

a）未充电状态

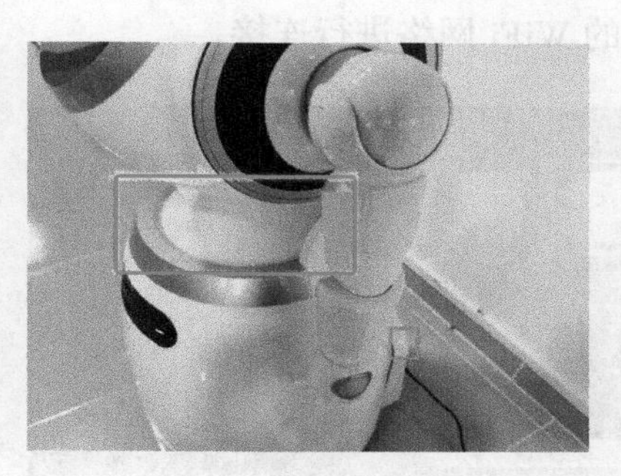

b）充电状态

图 1-28　充电桩充电

（2）充电器充电　机器人克鲁泽背面下方有个充电口，可使用充电器对机器人直接充电，如图 1-29 所示。使用的充电器与充电桩的充电器一致。

a）充电器插头

b）充电状态

图 1-29　充电器充电

思考与探索：

① 机器人在开始充电后，相关系统和部件会发生什么变化？

____

____

② 机器人充电期间是否可以继续对机器人开展相关操作？

____

____

5. 机器人网络配置

服务机器人大部分工作需要在联网状态下完成。根据服务机器人的移动属性，大多采用无缆化的无线网络。

在机器人屏幕上找到“联网状态”应用程序，进入后可以看到当前网络状态，分别如图 1–30 和图 1–31 所示，包括是否连接到网络、网络 IP 等。对于机器人克鲁泽，由于有 Android 系统和 ROS 系统，因此有两个网卡。若机器人尚未联网，可双击相关系统网卡，选择可用的 WiFi 网络进行连接。

图 1–30 联网状态

图 1–31 当前网络状态

思考与探索：

若需要在局域网内通过控制软件控制机器人，需要知道机器人的什么网络信息？

---

6. 版本升级及应用安装

（1）PC 端安装 ADB 环境

1）拷贝克鲁泽常用维护方法说明\工具\adb–4.4.rar 到电脑（如 C:\Users\Administrator），然后解压。

2）进入“高级”后再进入“环境变量”，如图 1–32 所示，在系统变量中找到并编辑“path”

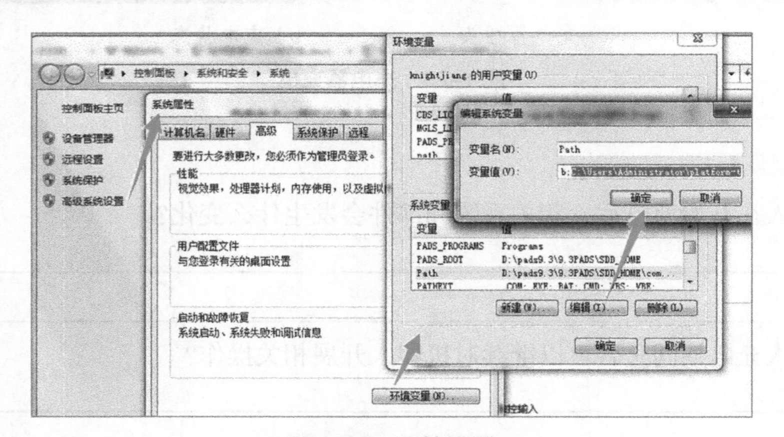

图 1–32 环境设置

项，变量里增加 ADB 在本机上的实际存放路径，例如：“C:\Users\Administrator\adb-4.4”，注意新增变量值与之前的 path 值用分号“;”分隔，分号之前是其他软件添加的，分号后是 ADB 的环境变量值。

3）打开 cmd 窗口，输入“adb version”执行结果“Android Debug Bridge version 1.0.31”，如图 1-33 所示，表示 ADB 环境设置成功。

```
C:\Users\Administrator>adb version
Android Debug Bridge version 1.0.31
```

图 1-33 测试 ADB 安装结果

4）更换 ADB 公密钥文件。克鲁泽需要统一的 adb key 才能 ADB 连接。首先将克鲁泽刷固件，将 \\ 数据 \adb key 下的两个公密钥放到 PC 系统盘用户根目录下的 //.android/ 目录下，类似下面目录：

C:\Users\Administrator\.android

放错是无法生效的。

（2）PC 连接机器人应用层

1）确认克鲁泽 Android 系统 WiFi 网络与电脑网络可以连通（一般在同一个网段）。

2）打开 cmd 窗口，输入“adb connect IP 地址（克鲁泽 Android 系统的 WiFi 网络 IP）”执行结果如图 1-34 所示，一般最后显示连接的设备（device），表示 PC 连接机器人应用层成功。

```
C:\WINDOWS\system32>adb connect 192.168.1.111
* daemon not running. starting it now on port 5037 *
* daemon started successfully *
connected to 192.168.1.111:5555

C:\WINDOWS\system32>adb devices
List of devices attached
192.168.1.111:5555      device
```

图 1-34 测试应用层连接状态

（3）应用 APK 安装

1）在 PC 端找到 APK 文件所存放的目录，并复制目录，如图 1-35 所示。

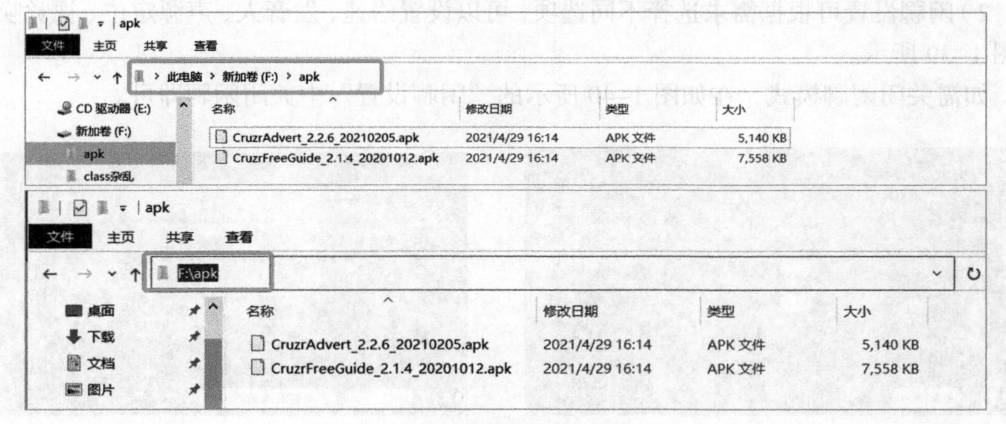

图 1-35 APK 目录

2）复制所需安装的 APK 名称“CruzrAdvert_2.2.6_20210205.apk”。

3）在已经连上机器人应用层的 cmd 命令框中输入命令，如图 1-36 所示。

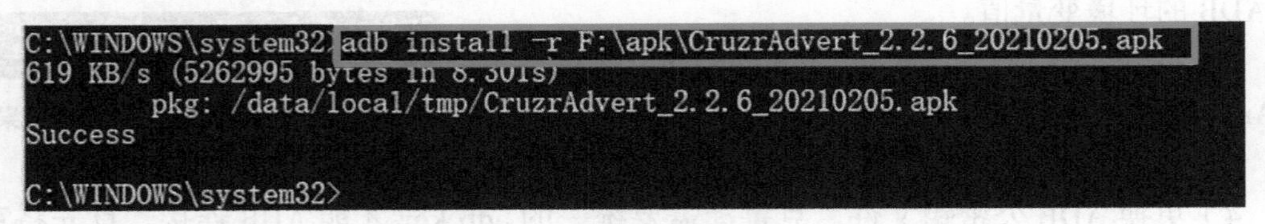

图 1-36　安装 APK

4）安装 APK 成功后，可以看到机器人克鲁泽界面上显示新安装的“宣传广播”APP，如图 1-37 所示。

图 1-37　安装的 APP 程序

7. 机器人基本功能测试

（1）闲聊模式设置

1）打开设置 APP，单击“设置——语音系统”进行设置，如图 1-38 所示。

a）设置

b）语音系统

图 1-38　闲聊模式设置

2）闲聊设置可根据需求选择不同选项，可以设置语速、发音人、声源定位、视觉唤醒，如图 1-39 所示。

如需关闭闲聊模式，在如图 1-40 所示的“闲聊设置”中关闭闲聊即可。

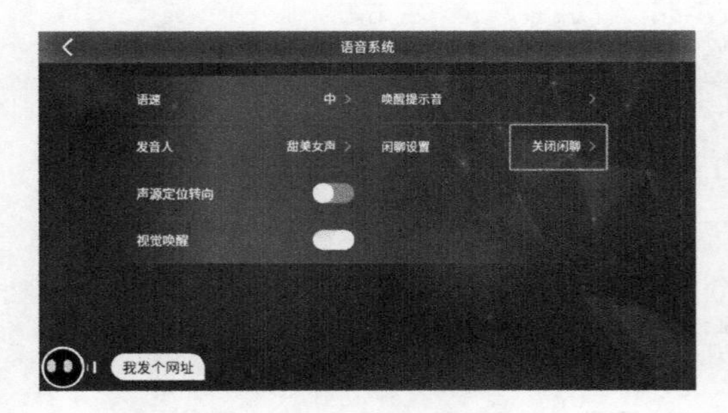

图 1-39　语音设置选项

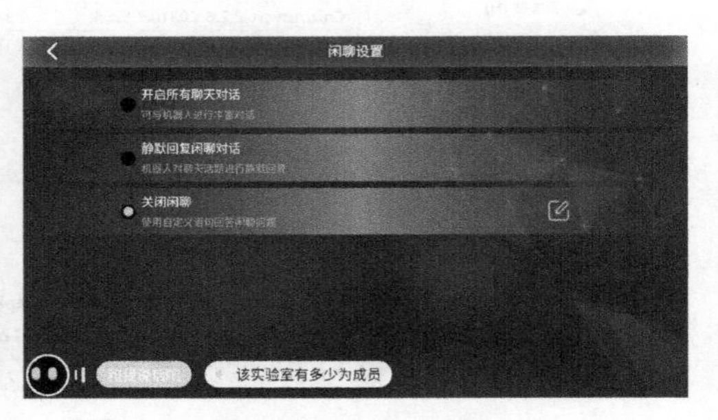

图 1-40　关闭闲聊

（2）语言交互测试　站在机器人前面，通过与机器人对话完成语音交互测试。

（3）底盘测试

1）选择底盘运动 APP，如图 1–41 所示。

2）可以设置“前进后退”与“旋转”，机器人克鲁泽的底盘会前后移动或原地转动，通过拖动如图 1–42 所示的表盘，设置运动速度。

图 1–41　底盘运动

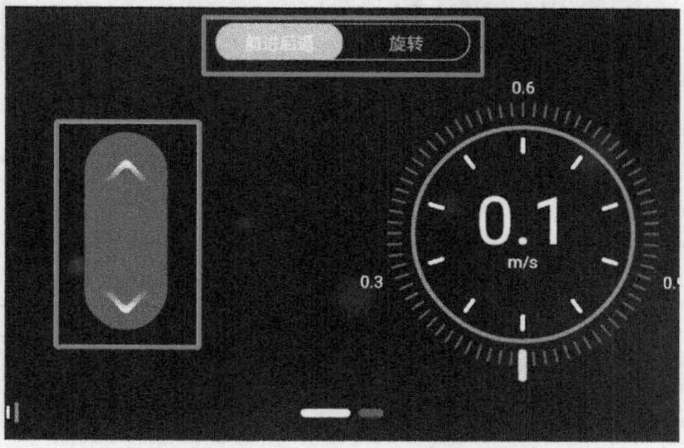

图 1–42　底盘运动控制

（4）传感器测试

1）进入传感器 APP，如图 1–43 所示。

2）APP 里面有机器人克鲁泽每个传感器的位置和功能。

如图 1–44 所示，请认真记录每个超声波传感器的数值。

____

____

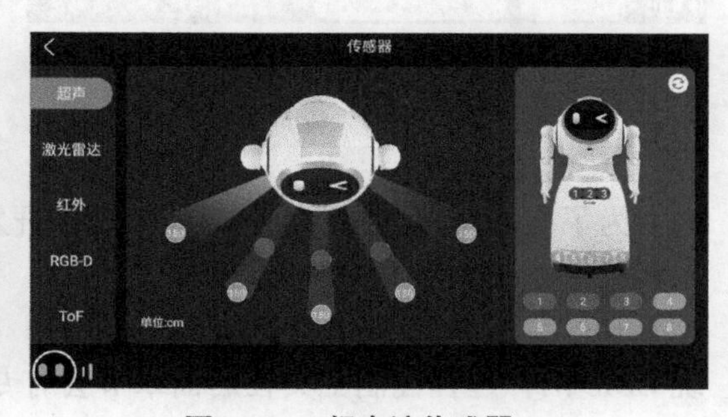

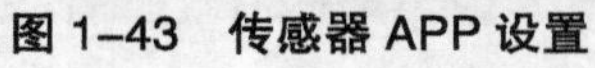

图 1–43　传感器 APP 设置

图 1–44　超声波传感器

如图 1–45 所示，观察现场机器人的激光雷达传感器，都有什么物体被雷达发现了？

____

____

如图 1–46 所示，请认真记录每个红外传感器的数值。

____

____

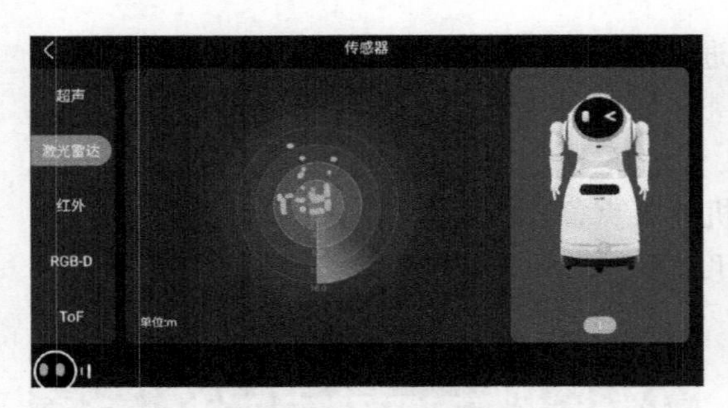

图 1-45　激光雷达

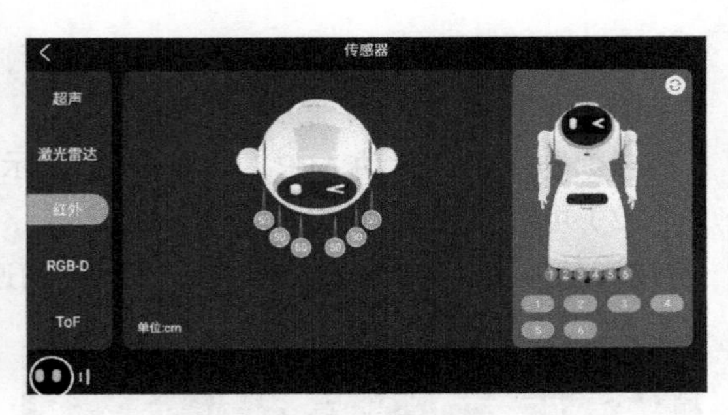

图 1-46　红外传感器

RGB-D 传感器，如图 1-47 所示，可以观测到物体哪些信息？

____

____

如图 1-48 所示，请认真记录 ToF 传感器的数值。

____

____

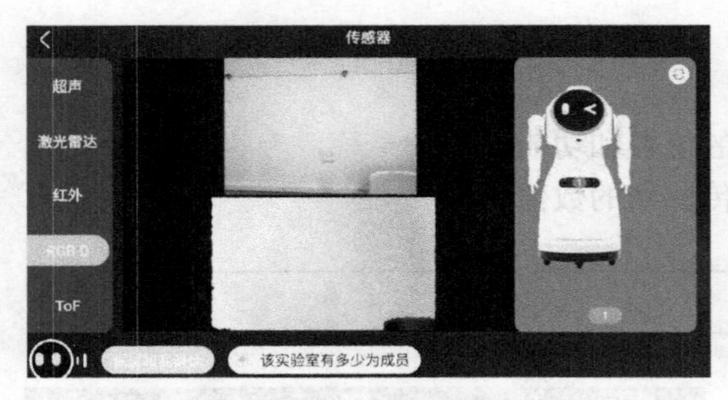

图 1-47　RGB-D 传感器

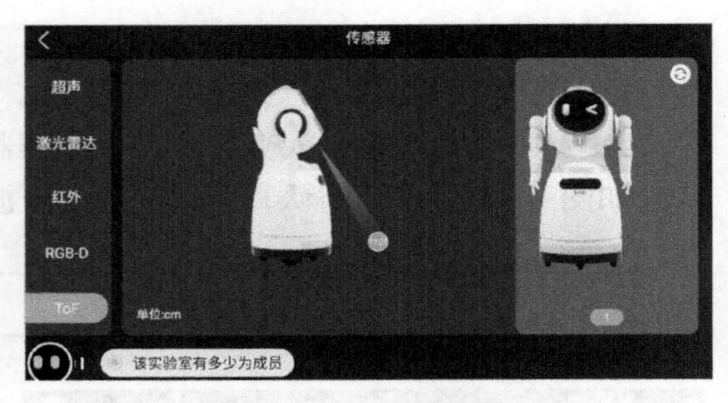

图 1-48　ToF 传感器

8. 机器人远程控制工具及测试

为了方便用户控制，服务机器人往往开发相应的远程控制工具。对于机器人克鲁泽，远程控制工具主要包括电脑端 Cruzr 软件、手机端扫图 APP uSLAM-edu 以及云端管理系统 CBIS。下面主要介绍电脑端 Cruzr 软件，手机端扫图 APP uSLAM-edu 以及云端管理系统 CBIS 两种远程控制工具在后面章节会有专题介绍。

（1）查找机器人序列号

1）三指下滑输入管理员密码进入管理员模式，并单击设置，如图 1-38a 所示。

2）依次单击“机器人信息 - 序列号”，即可查看机器人的序列号，如图 1-49 所示。

机器人的序列号是 ____________________

图 1-49　机器人序列号

（2）PC 端 Cruzr 软件的使用

1）打开 Cruzr 软件，单击绑定机器人，如图 1-50 所示，并输入序列号和密码进行登录，如图 1-51 所示。

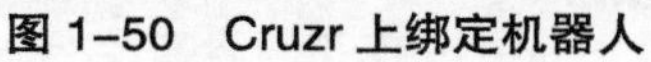
图 1-50　Cruzr 上绑定机器人

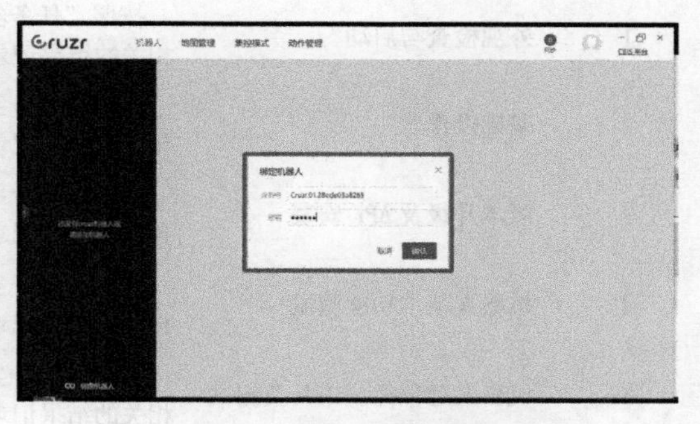

图 1-51　输入序列号及密码

2）绑定后，如图 1-52 所示，即为机器人克鲁泽与 PC 端连接成功。

3）单击“连接”可以远程控制机器人克鲁泽，如图 1-53 所示。

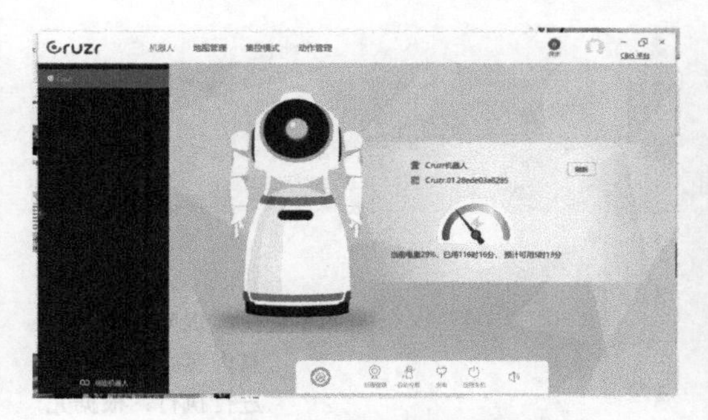

图 1-52　绑定成功界面

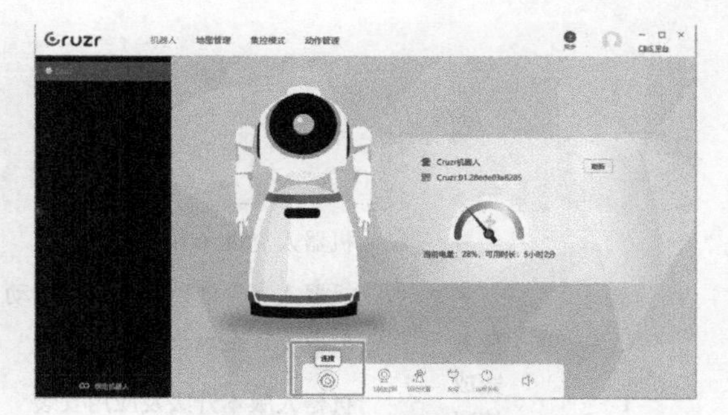

图 1-53　远程登录

4）单击“远程控制”，如图 1-54 所示，进入远程控制界面，在远程界面可以对机器人克鲁泽进行移动，做动作，发送表情、语音等。

5）控制会微笑的服务机器人。在远程控制界面里，选择微笑表情，单击“发送”，如图 1-55 所示，可以在机器人克鲁泽的屏幕界面上看到微笑的表情。

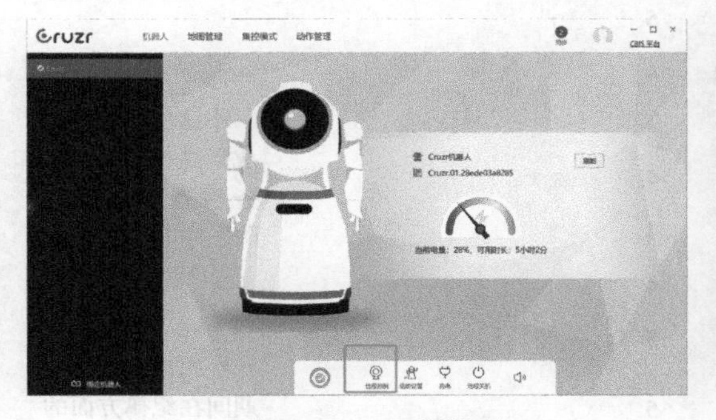

图 1-54　远程控制

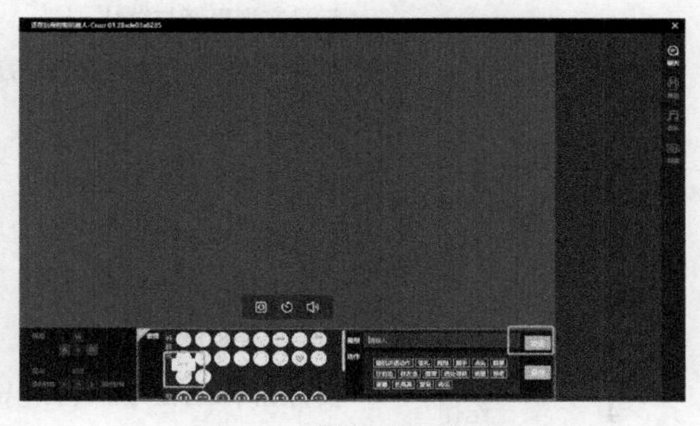

图 1-55　设置微笑表情

任务检查与故障排除

序号	检查项目	检查要求	检查结果
1	外观检查与启动	按照“任务实施”步骤开展相关操作，完成相关的结果记录以及思考探索题	
2	基础操作	按照“任务实施”步骤开展相关操作，完成相关的结果记录以及思考探索题	
3	版本升级及 APK 安装	按照“任务实施”步骤开展相关操作，完成相关的结果记录以及思考探索题	
4	机器人基本功能测试	按照“任务实施”步骤开展相关操作，完成相关的结果记录以及思考探索题	
5	机器人远程控制工具及测试	按照“任务实施”步骤开展相关操作，完成相关的结果记录以及思考探索题	

任务评价

实训项目							
小组编号		场地号			实训者		
序号	考核项目	实训要求	参考分值	自评	互评	教师评价	备注
1	任务完成情况（35 分）	机器人克鲁泽开箱过程	2				实训所要求的所有内容必须完整地进行执行，根据完成任务的完整性对该部分进行评分
		机器人克鲁泽外观检查及启动	3				
		机器人克鲁泽基础操作	10				
		机器人版本升级及应用安装	5				
		机器人基本功能测试	5				
		机器人远程控制工具及测试	5				
		与客户进行沟通	5				
2	实训记录（20 分）	分工明确、具体	5				所有记录必须规范、清晰且完整
		数据、配置有清楚的记录	10				
		记录实训思考与总结	5				
3	实训结果（20 分）	机器人克鲁泽外观检查及启动	4				小队的最终实训成果是否符合“任务检查与故障排除”中的具体要求
		机器人克鲁泽基础操作	4				
		机器人版本升级及应用安装	4				
		机器人基本功能测试	4				
		机器人远程控制工具及测试	4				
4	6S 及实训纪律（15 分）	遵守课堂纪律	5				小组成员在实训期间在纪律方面的表现
		实训期间没有因为错误操作导致事故	5				
		机器人及环境均没有损坏	5				

（续）

序号	考核项目	实训要求	参考分值	自评	互评	教师评价	备注
5	团队合作（10 分）	组员是否服从组长安排	5				小组成员是否能够团结协作，共同努力完成任务
		成员是否相互合作	5				
异常情况记录							

实训思考与总结

1. 以思维导图形式描述本项目学过的知识。

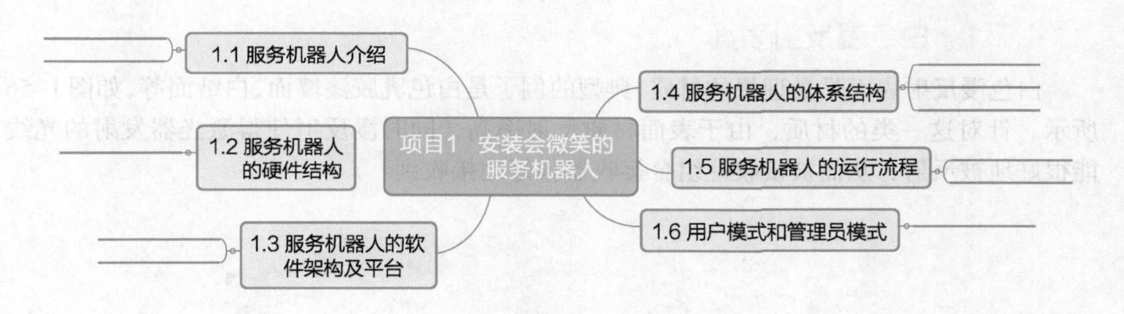

2. 思考在工作过程中可能会遇到什么故障，如何解决？

理论测试

请扫描以下二维码对所学内容进行巩固测试。

实操巩固

党史纪念馆采购一台服务机器人克鲁泽，委托你作为交付工程师，完成以下工作：

1)机器人的开箱安装以及验证机器人的基本操作：如开机、关机以及开机初始化操作。

2）机器人的网络配置和账号注册，设置机器人的迎宾功能，并根据现场场景做出定制化的语音播报和人脸识别。

3）安装党史 APK。

知识拓展

1.7 激光雷达材料的适应性

1.7.1 白色漫反射表面

白色漫反射表面是最理想的材质，典型的例子是白色乳胶漆墙面、白纸面等，如图 1-56 所示。针对这一类的材质，由于表面材质反射率高，同时漫反射使得激光器发射的光线能很好地被反射，从而被接收镜组合接收器很好地接收到。

a）白色乳胶漆墙面

b）白纸面

图 1-56 白色墙面和白纸面

1.7.2 深色表面

对于深色的表面，特别是某些对红外吸收能力较强的材料（如黑色材质），由于激光器发射的光能量的大部分都被材料吸收，只有非常少的能量被接收组件收到，从而导致雷达成像异常，造成了检出率低、分辨率降低等一系列的问题。

典型的材质有黑色墙面、黑色沙发等，如图 1-57 所示。

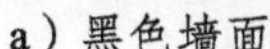
a）黑色墙面

b）黑色沙发

图 1-57 黑色墙面和沙发

1.7.3 镜面反射的表面

对于镜面反射的表面，激光器发射的能量大部分被镜面反射到了镜面反射的方向，从而导致这种类型的表面只有特定角度才能检测到。镜面反射的典型表面包括镜面、镀铬不锈钢、钢琴烤漆表面等，如图 1-58 所示。

图 1-58 镜面

1.7.4 透明侧表面

对于透明侧表面，比如玻璃、亚克力板等，如图 1-59 所示。激光器发生的光会直接穿过对象，打到障碍物后面的物体，从而导致激光雷达检测不到这种类型的表面。

a）玻璃

b）亚克力板

图 1-59 玻璃与亚克力板

1.8 我国服务机器人发展前景预测分析

根据《2021 年中国机器人产业发展报告》显示，截止 2021 年，全球机器人市场规模预计将达到 335.8 亿美元，2016—2021 年的年平均增长率约为 11.5%。其中，工业机器人 144.9 亿美元，服务机器人 125.2 亿美元，特种机器人 65.7 亿美元。随着疫情在全球范围内得到控制，机器人市场也将逐渐回暖，预计到 2023 年，全球机器人市场规模将突破 477 亿美元。

我国机器人发展态势，主要受以下几种因素的影响。

1.8.1 有利因素

2016 年 3 月 21 日，工信部、发改委和财政部联合印发《机器人产业发展规划（2016—2020 年）》（以下简称《发展规划》）。

2017 年 12 月 14 日，工信部发布《促进新一代人工智能产业发展三年行动计划（2018—2020 年）》（以下简称《行动计划》）。《行动计划》提出，支持智能交互、智能操作、多机协作等关键技术研发，提升清洁、老年陪护、康复、助残、儿童教育等家庭服务机器人的智能化水平，推动巡检、导览等公共服务机器人以及消防救援机器人等的创新应用。发展三维成像定位、智能精准安全操控、人机协作接口等关键技术，支持手术机器人操作系统研发，推动手术机器人在临床医疗中的应用。《行动计划》明确，到 2020 年，服务机器人环境感知、自然交互、自主学习、人机协作等关键技术取得突破，智能家庭服务机器人、智能公共服务机器人实现批量生产及应用，医疗康复、助老助残、消防救灾等机器人实现样机生产，完成技术与功能验证，实现 20 家以上应用示范。《行动计划》的发布为我国服务机器人的发展提供了明确的方向，将极大地促进服务机器人行业的发展。

首先是老龄化社会和残疾人服务对服务机器人的市场需求。人口的老龄化问题将成为中国面临的前所未有的新挑战。此外，我国残疾人占总人口比重位居全世界较高国家之列。可以预计，在不远的将来，老年人和残疾人的护理将成为社会的一个重要负担，需要一大批护理机器人提供诸如取物、喂饭、翻书等服务，帮助、照顾老年人和残疾人的日常生活，提高他们的生活质量，从而减少整个社会对护理人员数量和质量的需求。

其次，教育的需求。教育事业对教育机器人的需求将形成一个巨大的市场。在提倡素质教育、通识教育、研究型大学模式的今日，通过教育机器人课程的推广、通过动手组装和编程实践可以拓展青少年的逻辑思维能力，这种寓教于乐的新型教育模式已成为青少年高科技教育的有效手段和工具。同时，中国整体客观形势对学前教育的要求越来越高，伴随着国内学前教育市场的蓬勃发展，针对 3~6 岁少儿的学前教育娱乐机器人也将具有巨大的市场空间。

一方面，随着人口红利减少，劳动力短缺、劳动力成本上升，中国相对于其他发展中国家的劳动力成本优势慢慢弱化，劳动密集型产业逐步向东南亚其他国家转移。

另一方面，政府也在促进关键岗位机器人的应用，尤其是在健康危害和危险作业环境、重复繁重劳动、智能采样分析等岗位推广一批专业机器人。

1.8.2 不利因素

在我国机器人产业蓬勃发展的同时，仍然面临核心技术尚未全面突破、创新要素配置有待优化等问题，需要引起有关各方的高度重视。

1. 核心技术尚未全面突破

随着我国机器人市场的不断扩大，国产机器人企业逐步加强技术研发及创新投入，市场占有率不断增长。其中，部分企业以下游的系统集成作为切入点，依靠深入的业务及场景理解能力，逐步开展机器人中上游技术研发和产品开发，与国外先进技术的差距不断缩小，本土品牌国产化率持续提升。在三大核心零部件发展层面，国产控制器产品在软件方面较国际一流水准仍有差距，具体表现为响应速度、易用性和稳定性方面的不足，缺乏产品应用的数据和经验积累。国产控制器硬件平台在处理性能和长时间稳定性方面已经与国外产品水平相当。除控制器外，在国外企业原来占据较大优势的伺服系统和减速器领域，国内企业经过多年积累和技术沉淀，已经逐步获得国际市场认可，产品竞争力及销售量不断上升。目前，我国自主生产的谐波减速器在性能与可靠性方面已初步达到国际主流水平，在中端伺服器领域实现大规模量产，以性价比优势满足中小企业用户需求。在高端伺服器领域，国产企业的品牌影响力正在形成。

在服务机器人领域，智能化相关技术与国际领先水平基本并列。导航定位、运动控制、人工智能等核心技术的融合应用，是服务机器人智能化发展的重要基础。近年来，我国在人工智能领域技术创新与科研成果转化方面进展加快，无论是算法领先性，还是应用场景建设的规模与质量都位居世界前列，城市级公共服务需求驱动效应明显，孵化培育出一批有具有代表性的智能机器人创新企业。例如，优必选公司研发的仿人服务机器人 Walker X，采用 U-SLAM 视觉导航技术实现自主路径规划，基于深度学习的物体检测与识别算法，可以在复杂环境中识别人脸、手势、物体等信息并准确理解感知外部环境。Walker X 基于物体识别分拣与操作能力，可以自主操控冰箱、咖啡机、吸尘器等家电，加持末端柔顺控制技术后，可以完成按摩、拧瓶盖、端茶倒水等家居任务，同时还可以利用内置的情感分析算法，与用户进行主动式交互。但不可否认的是，相对世界上最先进的服务机器人（例如：波士顿动力机器狗 Spot 和 Atlas），我国在运动控制算法、驱动系统关键核心部件及材料等核心技术方面还有一定差距，需要尽快突破。

2. 创新要素配置有待优化

近年来，全国各地区都在努力打造创新要素活跃的产业发展生态。如长三角地区各省市积极制定产业政策，将机器人、智能制造等方向作为战略重点，通过多种方式，强化对机器人的全产业链扶持力度。长三角地区人口整体学历层次高，众多高校均设置机器人相关专业，机器人应用型人才培养方式多元，同时拥有多家机器人检测认证中心，为机器人产业发展提供了良好的人才基础与平台保障。上海、浙江等地持续举办世界人工智能大会、世界互联网大会等全球顶级行业盛会，汇集资源、广泛交流，开创包括机器人在内的科技产业与数字经济合作新局面。

此外，珠三角地区积极抢抓新一轮技术革命和产业变革机遇，以智能制造、服务机器人、人工智能等战略新兴产业为抓手，不断推动区域经济数字化程度提升。2019 年 2 月 18 日，中共中央、国务院印发《粤港澳大湾区发展规划纲要》，全面推进“广州－深圳－香港－澳门”科技创新走廊建设，在更大范围、更深层次上，探索有利于人才、资本、信息、技术等创新要素跨境流动和区域融通的政策举措，推动构建包括机器人在内的先进制造业与现代服务业产业体系。

虽然我国具备孕育机器人产业国际龙头企业的基础条件，每年向机器人相关领域输送大量相关人才，投融资环境整体良好。但是创新要素的配置存在“雨露均沾”等现象，有待进一步优化。基于此，应关注要素资源的合理汇聚，充分依托政产学研金用深度融合优势，通过中央财政资金的有效引导，支持“专精特新”中小企业高质量发展，促进上下联动，将培优机器人领域中小企业与做强产业相结合，加快培育一批专注于细分市场、聚焦主业、创新能力强、成长性好的专精特新“小巨人”企业，提升机器人产业链供应链稳定性和竞争力。

1.8.3 服务机器人市场规模预测

2020 年，我国服务机器人市场快速增长，医疗、教育、公共服务等领域需求成为主要推动力。在市场需求波动的影响下，2021 年市场增速出现回调，但随着人口老龄化趋势加快，以及医疗、公共服务需求的持续旺盛，我国服务机器人存在巨大市场潜力和发展空间，市场规模及总体占比也将持续增长。2021 年，我国服务机器人市场规模达到 391.8 亿元，高于全球服务机器人市场增速。到 2023 年，随着视觉引导机器人、陪伴服务机器人等新兴场景和产品的快速发展，我国服务机器人市场规模有望突破 700 亿元。2018—2023 年中国服务机器人市场规模预测趋势图如图 1-60 所示。

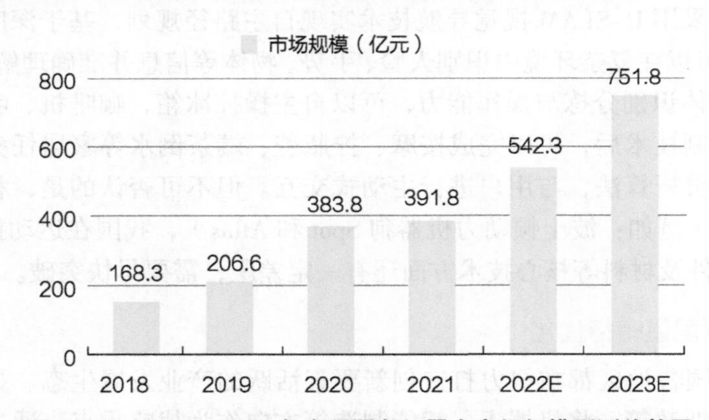

图 1-60 2018—2023 年中国服务机器人市场规模预测趋势图

1.9 我国服务机器人发展方向预测

1.9.1 5G

2019 年被称为 5G 商用“元年”，5G 的低延时、大带宽特点，非常契合新一代机器人的需求，配合 5G 技术，融合了伺服器、传感器和其他先进硬件的新一代机器人，才能发挥其强大功能。

以能够移动的服务机器人为例，AGV 系统对于高性能、具有灵活组网能力的无线网络的需求日益迫切。然而 5G 网络正好能为 AGV 系统提供多样化高质量的通信保障。和传统无线网络相比，5G 网络在低时延、工厂应用的高密度海量连接、可靠性以及网络移动性管理等方面优势凸显，将使 AGV 系统更加高效。

世界知识产权研究机构 GreyB 公布的数据显示，华为已申报 3007 个 5G 专利族，位列世界第一，其中包含 18.3% 的标准必要专利。谷歌前 CEO 埃里克·施密特（Eric Schmidt）也承认，在 5G 领域，华为已领先美国 10 倍。

根据市场调研机构 Dell'Oro 发布的报告，2020 年第四季度，华为凭借 31.4% 的份额，依然是 5G 电信设备市场的第一。

2021 年世界电信和信息社会日大会上，中国信息通信研究院副院长王志勤表示，截至 2021 年 3 月底，国内已经建成 5G 基站 81.9 万个，占全球 5G 基站总数的 70% 以上，而5G终端接入设备更是超过2.8亿。从数据来看，我国在5G建设方面，已经全面领先世界。

1.9.2 人机协作

所谓的人机协作，即是由机器人从事精度与重复性高的作业流程，而工人在其辅助下进行创意性工作。人机协作机器人的使用，使企业的生产布线和配置获得了更大的弹性空间，也提高了产品良品率。人机协作的方式可以是人与机器分工，也可以是人与机器一起工作。

不仅如此，智能制造的发展要求使人和机器的关系发生更大的改变。人和机器必须能够相互理解、相互感知、相互帮助，才能够在一个空间里紧密地协调、自然地交互并保障彼此安全。在制造业转型升级的时代洪流中，服务机器人将越来越深入我们的工作与生活。如果忽视了服务机器人的研发与推广，整个《中国制造 2025》发展战略可能会从根基上动摇。而人和设备、机器在一起工作的人机协作模式，可以提高企业效率、加强质量控制、增强生产的灵活性，可以减少物流线的成本，让制造企业更靠近市场。机器人是智能制造的支撑设备，而人机协作将成为下一代机器人的本质特征。

1.9.3 区块链

未来机器人将充满各行各业，自主工作程度越来越高。例如，机器人会自己运营工厂。通过自主传感器监控基础设施，机器人将为自己订购零件，也会为工厂订购需要的生产原材料。这些货物的物流则由驻扎在自治基地的无人驾驶车辆来负责。不同的工厂会相互沟通。无人机交通控制系统也会从属于其他公司的气象站那里获取每天的天气信息。

所有这些复杂的系统，都将基于机器之间的信息交换完成。和其他任何经济一样，机器人经济需要解决信任的问题。自动化可以帮助人们发现和打击交易中的欺诈行为，但它也可以用来制造以假乱真的欺诈骗局。同时，验证合同是否正确执行的成本也是一个问题。在人类世界中，交易的结果由合同签字人进行确认。自治代理的机器人要如何做到这一点，还没有答案。

幸运的是，区块链可以解决机器人市场的经济和技术难题。机器人经济应该建立在区块链的智能合约上。这样可以自然地解决监督履行义务的问题，减少缔约方之间的摩擦。有关交易的信息都是可验证，而且是不可更改的。明确的信息记录可以为机器人创建可靠的信誉分数，就像支付宝芝麻信用分一样。区块链还提供了另一个优势：它可以帮助组织机器人如何完成自己的工作。机器人领域的专家一直在探索机器人完成一项共同任务的最佳方法。有一种解决方案是市场机制，利用博弈论、决策理论和经济机制来分配机器人各自的工作。区块链可以帮助建立这种机制，并且能够精确地规划任务、评估结果和分配资源。

项目 2
“翩翩起舞”——部署善舞的机器人

服务机器人在 2021 年中央广播电视总台的春节联欢晚会上大放异彩，无数憨态可掬帅气酷炫的机械牛，在春晚的舞台上载歌载舞，好不威风。自 2015 年开始，国产服务机器人都是春晚歌舞表演不可缺席的一员，如图 2-1 所示。让我们继续跟随服务机器人的脚步，部署一个善舞的机器人，领略机器人舞蹈的魅力。

图 2-1　春晚舞台上表演的优必选机器人

学习情境

国际无人系统大会的主办方拟采用服务机器人在大会的开幕式上进行表演，作为售后工程师，请按照用户的要求编排服务机器人舞蹈，同时完成现场部署与测试，为大会的开幕式锦上添花。

学习目标

知识目标

1. 熟悉机器人的自由度与工作空间；
2. 熟悉机器人的驱动系统分类及其特点；
3. 熟悉机器人舵机原理及其分类；
4. 了解机器人的移动机构的分类及其特点；
5. 掌握机器人底盘运动单元的构成及其各部件作用。

技能目标

1. 制订机器人的编舞策略；
2. 编辑机器人舞蹈动作并完成测试；
3. 掌握机器人底盘运动控制与测试流程；
4. 掌握机器人运动设置的方法。

职业素养目标

1. 培养鉴赏美、创造美的艺术素养；
2. 培养勇于创新的时代精神；
3. 培养精益求精的工匠精神。

重难点

重　点

1. 机器人的编舞策略；
2. 机器人舞蹈动作编辑与测试方法。

难　点

1. 机器人的自由度与工作空间；
2. 机器人的驱动系统分类及其特点；
3. 机器人舵机原理及其分类。

项目任务

1. 利用机器人配套的舞蹈编辑软件工具对机器人进行舞蹈动作编辑与测试；
2. 机器人上场时，控制机器人走到指定位置；
3. 控制机器人执行预先编排好的舞蹈。

学习准备

表 2-1 学习准备清单

所需软硬件名称	版本号	地址
机器人克鲁泽	教育版	现场
本体 ROM	V3.304	预装
本体 ROS（1S）	V1.4.0	预装
Android	APK V1.0.5	预装
PC 软件	V3.3.20200723.04	/ 工具软件 /PC
机器人克鲁泽手机 APP	V2.02（安卓手机）	/ 工具软件 / 手机 APP

知识链接

服务机器人往往需要自主移动到指定位置，通过手臂运动而完成相关服务功能，而机器人的运动取决于其运动系统。通常，运动系统由驱动系统和移动机构、手臂运动机构组成，它们在控制系统的控制下完成各种运动。这就需要具备机器人自由度及运动空间、驱动系统、移动机构和手臂运动机构的相关知识。

2.1 机器人的自由度与工作空间

2.1.1 自由度

机构学是机械工程学的基础，它包括机构运动分析。在构成机构的要素中，组成机构运动的基本单元称为构件。构件可视为刚体，所谓刚体是指在运动中或受力作用后，形状和大小不变，而且内部各点的相对位置不变的物体。每个独立构件有 6 个自由度（DOF，Degree Of Freedom），即对坐标系有 6 个独立运动的数目，分别为 x 轴、y 轴、z 轴三个方向平移自由度和绕各轴的三个旋转自由度 α、β、γ（称为 Rolling，Pitching，Yawing），如图 2-2 所示。

两个及以上构件相互接触且能够相对运动时，就形成了运动副。在机械手中，运动副被称为关节，包括移动关节、转动关节、圆柱关节、（半）球关节等，其自由度分别为 1、1、2、2。这些关节的不同组合方式即可构成各种各样的机器人。

自由度是机器人中的一个重要技术指标，机构的自由度是由构件数量、运动副类型决定的，并直接影响到机器人的机动性。机器人运动执行器中的关节个数通常称为机器人的自由度数。比如，人形机器人的腿部有 6 个关节，即有 6 个自由度；一台仿人形双足机器人有 20 个关节，即有 20 个自由度。

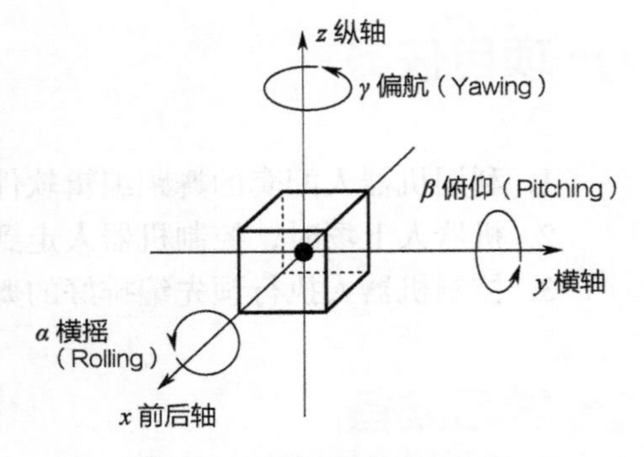

图 2–2　刚体自由度示意图

2.1.2　工作空间

机器人工作空间是指机器人末端执行器运动描述参考点所能达到的空间点的集合，一般用水平面和垂直面的投影表示。机器人的工作空间有三种类型：

（1）可达工作空间　即机器人末端可达位置点的集合。

（2）灵巧工作空间　即在满足给定位姿范围时机器人末端可达点的集合。

（3）全工作空间　即给定所有位姿时机器人末端可达点的集合。

机器人工作空间的形状和大小是十分重要的，在规划机器人任务时，往往首先需要知道机器人的可达工作空间。机器人在执行某项作业时可能会因为存在手部不能到达的作业死区而不能完成任务。

为便于分析，可借助某些计算机工具，采用蒙特卡洛随机采样方法，实现机器人工作空间可视化。对各个关节角在关节范围内进行随机选取，取大量的采样点进行计算，通过正运动学求解，即可得到相应的末端位置，同构绘制大量末端位置点即可将机器人工作空间可视化，如图 2–3 所示。

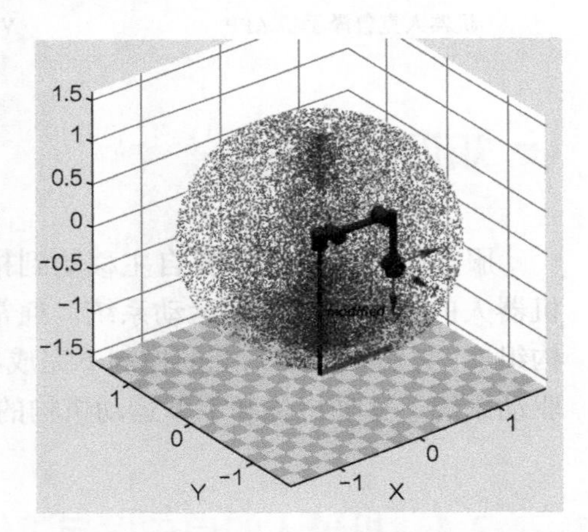

图 2–3　机器人工作空间可视化示意图

2.2　机器人的驱动系统

2.2.1　概述

机器人的驱动系统包括执行器的驱动系统和机器人本体的驱动系统。驱动系统主要采用以下几种驱动器：电动机驱动器、液压驱动器、气压驱动器。随着技术的发展，现已涌现许多新型驱动器，如：形状记忆金属驱动器、磁性伸缩驱动器等。

1. 电动机驱动系统

由于低惯量，大转矩交、直流伺服电动机及其配套的伺服驱动器（交流变频器、直流脉冲宽度调制器）的广泛采用，这类驱动系统在机器人中被大量选用。这类系统不需能量转换，使用方便，控制灵活。大多数电动机后面需安装精密的传动机构。直流有刷电动机不能直接用于要求防爆的环境中，成本也较高。但因这类驱动系统优点比较突出，因此在机器人中被广泛地选用。

电动机具有下列特点及要求：

（1）可控性　驱动电动机是将控制信号转变为机械运动的元件，可控性非常重要。

（2）高精度　要精确地使机械运动满足系统的要求，必须要求电动机具有高精度。

（3）可靠性　电动机的可靠性关系到整个机器人的可靠性。

（4）快速性　在有些系统中，控制指令经常变化，有些变化非常迅速，所以要求电动机能做出快速响应。

（5）环境适应性　驱动电动机要有良好的环境适应性，往往比一般电动机的环境要求高许多。

机器人中常用的电动机分为有刷直流电动机、无刷直流电动机、永磁同步电动机、步进电动机、伺服电动机、轮毂电动机等。

其中伺服电动机一般用在闭环控制中，其转子转速受输入信号控制，并能快速反应，在自动控制系统中作执行元件。

轮毂电动机是将“动力装置、传动装置、制动装置系统”集成到轮毂内而设计出来的电动机，通常安装在服务机器人的底部行走万向轮旁。

轮毂电动机可省略大量传动部件，让机器人行走结构更简单，可实现多种复杂的驱动方式，但是轮毂电动机可靠性不高，将精密的电动机放到轮毂上，长期剧烈上下振动和恶劣的工作环境有可能引发故障，导致维修成本高；电动机集中的发热对制动性能要求高。

2. 液压驱动系统

液压驱动技术是一种比较成熟的技术，它具有动力大、力（或力矩）与惯量比大、快速响应高、易于实现直接驱动等特点，适于在承载能力大、惯量大以及在防焊环境中工作的这些机器人中应用。但液压系统需进行能量转换（电能转换成液压能），速度控制多数情况下采用节流调速，效率比电动机驱动系统低。液压系统的液体泄露会对环境产生污染，工作噪声也较大。由于这些弱点，近年来，在负荷为 100kg 以下的机器人中，液压系统往往被电动机系统所取代。

3. 气动驱动系统

气动驱动具有速度快、系统结构简单，维修方便、价格低等特点，适于在中、小负荷的机器人中采用。但因难于实现伺服控制，多用于程序控制的机器人中，如在上、下料和冲压机器人中。

2.2.2 舵机工作原理

舵机是指用于控制舵的机构，可以用伺服电动机、步进电动机或电磁铁作为动力源，由传动机构、电路系统构成，如图 2-4 所示。伺服电动机是舵机的组成部分，最初用在船模、航模上，用来控制船舵、飞机舵面的角度。随着近几年消费类机器人的热潮，专门为适应消费类机器人使用的舵机也越来越多，其对舵机的性能要求远高于船模和航模用舵机。不同输出参数的舵机其内部构造和外形差异很大，但是基本都包括电动机、减速系统、控制器、位置传感器等。

图 2-4 舵机模组示意图

舵机工作过程是通过控制电路板接收信号源的控制脉冲，驱动其内部电动机转动，电动机转动使得变速齿轮组转动以输出需要的角度值。而同时角度传感器也能作为输入传感器，由于其电阻值随着舵机转动的位置变化而变化，所以控制电路读取当前电阻值的大小，就能根据阻值适当调整电动机的速度和方向，使电动机向指定角度旋转，这样的控制机制就形成了一个闭环，如图 2-5 所示，从而实现了舵机的精准位置控制。

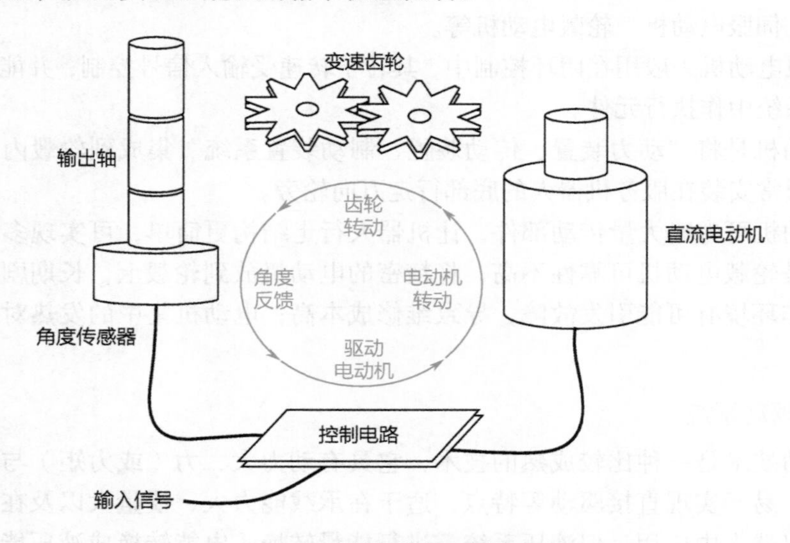

图 2-5 舵机的闭环控制机制

在上述舵机的闭环控制机制中，舵机输入的控制信号一般是脉冲宽度调制（PWM，Pulse Width Modulation），信号的脉冲宽度是舵机控制器所需的编码信息。

舵机外部接线比较简单，通常只需要三条线，即电源线、信号线、地线。通过向舵机的信号线发送 PWM 信号就可以控制舵机的输出量。一般来说，PWM 的周期以及占空比是可控的，PWM 脉冲的占空比直接决定了输出轴的位置。如：舵机的控制脉冲周期为 20ms，信号的脉冲宽度从 1~2ms 分别对应 0°~180° 的角度位置，当向舵机发送脉冲宽度为 1.5ms 的信号时，舵机的输出轴将移至中间位置（90°），如图 2-6 所示。

另外，不同类型和品牌的伺服电动机之间最大位置和最小位置的角度可能会不同。许多伺服器仅旋转约 170°（或仅旋转 90°），但宽度为 1.5 ms 的伺服脉冲通常会将伺服设置为中间位置（通常是指定全范围的一半）。伺服电动机的周期通常为 20ms，希望以 50Hz 的频率产生脉冲，但是许多伺服器在 40~200 Hz 的范围内都能正常工作。

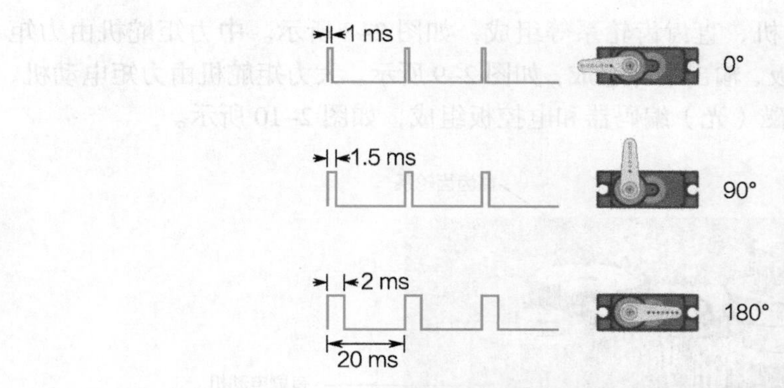

图 2-6 PWM 脉冲控制舵机示意图

舵机的关键参数包括最大输出力矩、控制精度、响应时间、通信方式等。最大输出力矩决定着舵机的承载能力，舵机扭矩单位一般采用 kg · cm；控制精度是舵机输出角度的精确程度，决定了机器人关节的位姿和稳定性；响应时间表示舵机从接收运行命令到执行完毕所需的时间间隔，反映了舵机的灵敏度；通信方式一般有串口、CAN、EtherCAT 等，每种方式有不同的波特率和命令刷新速率。其他的参数，如寿命、噪声、虚位等，也影响舵机的性能优劣。

输出力矩的计算公式为：$T=t \cdot i \cdot \eta$

T 表示舵机输出力矩，单位 N · m；t 表示电动机输出力矩，单位 N · m；i 为减速比；η 为效率。

舵机输出转速的计算为：$n=n_m/i$

n 表示舵机输出转速，n_m 表示电动机输出转速，i 为减速比。

2.2.3 舵机分类

服务机器人所使用的舵机一般根据力矩的大小，可以分为小力矩舵机、中力矩舵机、大力矩舵机三种，分别如图 2-7 所示。

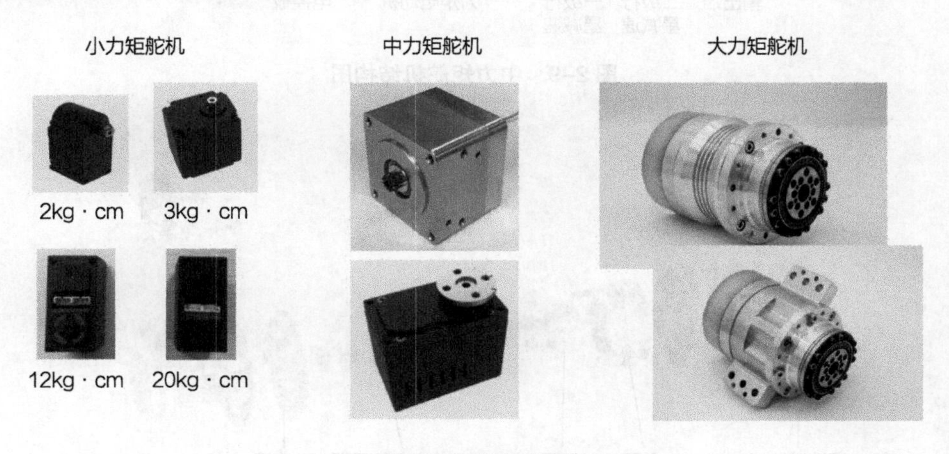

图 2-7 舵机类型

小力矩舵机由有刷电动机、直齿齿轮系等组成，如图 2-8 所示。中力矩舵机由力矩电动机、行星减速器、电控板、输出端等组成，如图 2-9 所示。大力矩舵机由力矩电动机、谐波减速器、定子、转子、磁（光）编码器和电控板组成，如图 2-10 所示。

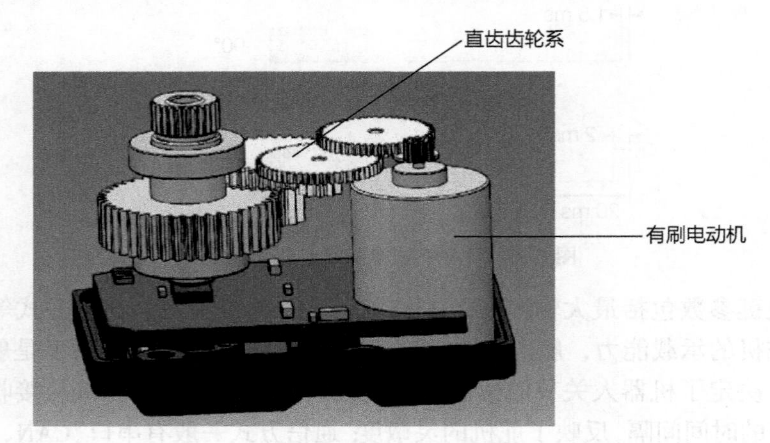

图 2-8　小力矩舵机结构图

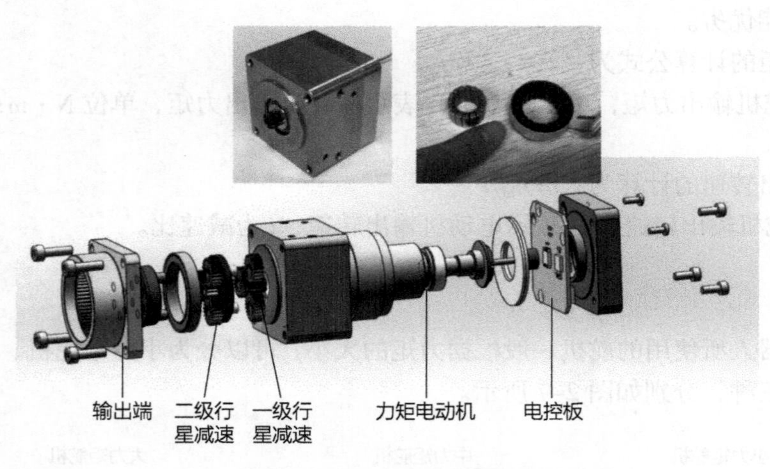

图 2-9　中力矩舵机结构图

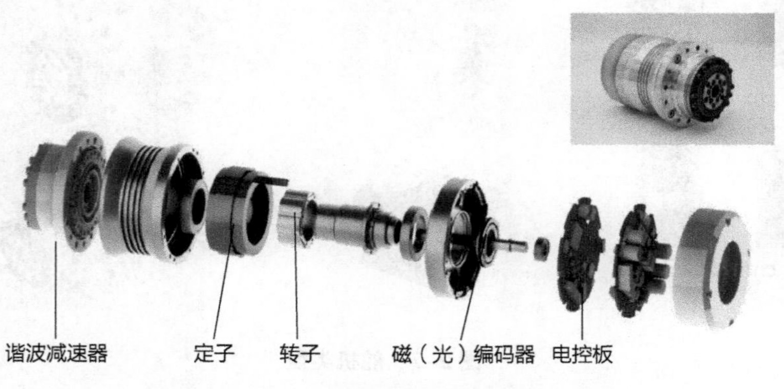

图 2-10　大力矩舵机结构图

教育和娱乐机器人一般体积和重量都较小，对运动表现力要求也不高，关节需求力矩小，一般采用小力矩舵机，如图 2-11 所示。大型服务机器人和工业机器人由于体积大，质量大，控制精度和表现力要求也高，关节力矩需求也比较大。随着机器人功能和集成度需求的增强，带有陀螺仪、制动、力矩检测、储能等功能的舵机也越来越多。

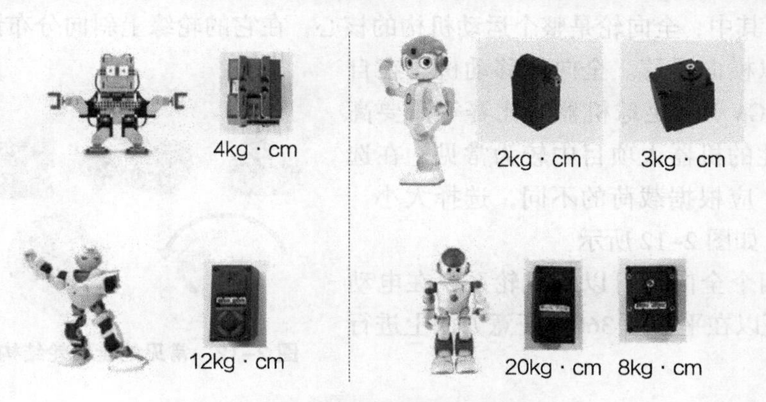

图 2-11 机器人与所采用的舵机

2.3 机器人的移动机构

移动机构往往是各种自主系统的最基本和最关键的环节。为适应不同环境和场合，服务机器人的移动机构主要包括轮式移动机构、履带式移动机构、足式移动机构、步进式移动机构、蠕动式移动机构、蛇行式移动机构、混合式移动机构。

2.3.1 轮式移动机构

轮式移动机构根据车轮的多少分为 1 轮、2 轮、3 轮、4 轮和多轮机构。1 轮及 2 轮移动机构通常存在稳定性问题，因此实际应用的轮式移动机构多采用 3 轮和 4 轮。3 轮移动机构一般是一个前轮、两个后轮。4 轮移动机构应用最为广泛，4 轮机构可采用不同的方式实现驱动和转向。

驱动轮的选择通常基于以下因素考虑。

（1）驱动轮直径　在不降低机器人的加速特性的前提下，尽量选取大轮径，以获得更高的运行速度。

（2）轮子材料　橡胶或人造橡胶最佳，因为橡胶轮有更好的抓地摩擦力和更好的减振特性，在绝大多数场合都可以使用。

（3）轮子宽度　宽度较大，可以取得较好的驱动摩擦力，防止打滑。

（4）空心 / 实心　轮径大时，尽量选取空心轮，以减小轮子重量。

机器人在平面上移动时，有前后、左右、转动三个自由度。根据移动特性可将轮式机器人分为非全向和全向两种：若具有的自由度少于三个，则为非全向移动机器人。智能小车便是非全向移动的典型应用。若具有完全的三个自由度，则称为全向移动机器人。

全向移动机器人非常适合工作在空间狭窄、对机器人的机动性要求高的场合，具体有独轮、两轮、三轮、四轮等形式。

全向移动机构是指不改变机器人姿态的同时，可以向任意方向移动，且可以原地旋转任意角度，运动非常灵活。全向移动机构包括全向轮、电动机、驱动轴系以及运动控制器等部分。其中，全向轮是整个运动机构的核心，在它的轮缘上斜向分布许多小滚子，因此轮子可以横向滑移。全向轮移动机构在自动导引车（AGV）、足球机器人比赛等需要高度移动灵活性的机器人项目中较为常见。在选择全向轮时，应根据载荷的不同，选择大小、面积等参数，如图 2-12 所示。

图 2-12　常见的全向轮结构及其转动特性

三个或四个全向轮可以组成轮系，在电动机驱动下，可以在平面内 360° 任意方向上进行运动。

1. 三轮全向移动机构

由于全向轮机构特点的限制，要求驱动轮数大于等于 3，才能实现水平面内的全向移动，并与行驶的平稳性、效率和全向轮的结构形式有很大关系。三轮全向底盘的驱动轮一般由三个完全相同的全向轮组成，并由性能相同的电动机驱动，各轮径向对称安装，夹角为 120°，如图 2-13 所示。

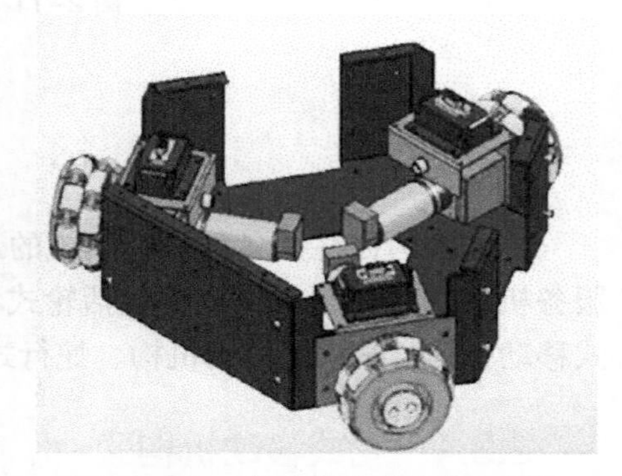

图 2-13　三轮全向移动底盘示意图

2. 四轮麦克纳姆轮全向移动机构

麦克纳姆轮（Mecanum Wheel）是一种特殊设计的轮，其结构紧凑，运动灵活，可在不改变机轮自身方向的情况下实现全方位移动功能。使用麦克纳姆轮，底盘可以在轮子直列布置的情况下依然拥有全向移动的能力。

与三轮全向移动机构相比，四轮麦克纳姆轮全向移动机构具有以下优点：

1）具有更大的驱动力、负载能力以及更好的通过性。

2）在四个轮子分别安装有电动机的情况下，四轮麦克纳姆轮全向移动底盘能拥有冗余，在一个轮子故障的情况下依然能够运行。

当然，四轮麦克纳姆轮全向移动底盘的成本更高，更不易于维护。由于增加了一个轮子，其

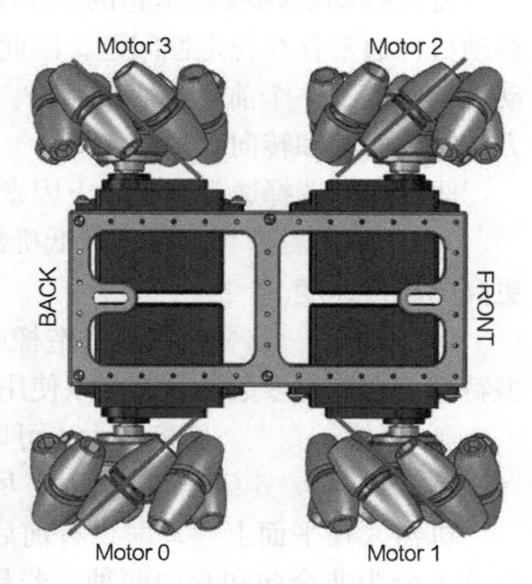

图 2-14　四轮麦克纳姆轮全向移动底盘示意图

在不平整的地面上行进时极有可能出现一个轮子悬空的情况，这将导致机器人在计算轮速时产生较大的误差。

2.3.2 履带式移动机构

履带式移动机构的特征是将圆环状的无限轨道履带卷绕在多个车轮上，使车轮不直接同地面接触，利用履带可以缓和地面的凹凸不平，具有稳定性好、越野能力和地面适应能力强、牵引力大等优点，如图 2–15 所示。履带机器人具有通行能力强、速度快等特征，常用于灾难救援、抢险、科考、排爆、军事侦察等高危险场合，作业环境可能为比较规则的结构化环境，也有可能是地面软硬相同、平坦与崎岖并存、地形比较复杂且难以预测的非结构化环境。

常用履带通常为方形或倒梯形，履带机构主要由履带板、主动轮、从动轮、支撑轮、托带轮和伺服驱动电动机组成，如图 2–16 所示。

图 2–15 履带机器人示意图

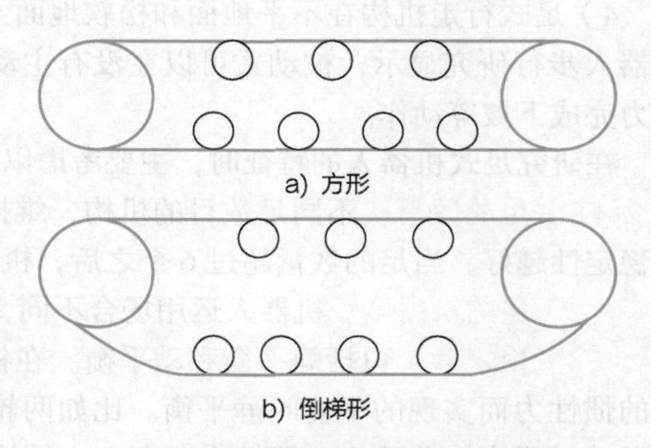

图 2–16 履带移动机构示意图

为进一步改善对地面环境的适应能力和越障能力，履带结构衍生出很多派生机构。如图 2–17 所示是一种典型的带前摆臂的关节式履带移动机构。

但是，履带式移动机构结构复杂、质量大、能量消耗大、减振性能差和零件易损坏。而且，履带式移动机构虽可以在高低不平的地面上运动，但是它的适应性不强，行走时晃动较大，在软地面上行驶效率低。

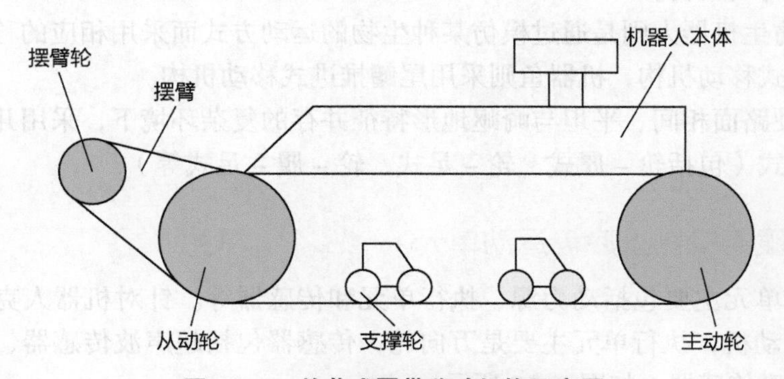

图 2–17 关节式履带移动机构示意图

2.3.3 足式移动机构

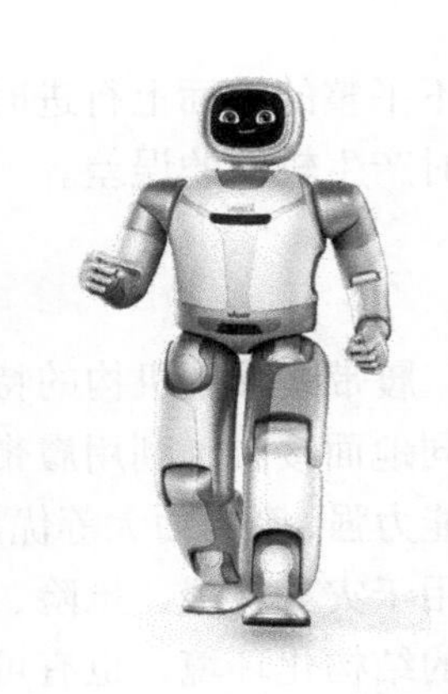

图 2-18 足式机器人示意图

足式移动机构顾名思义就是使用足系统作为主要移动方式的机构。足式机器人的构思来源于对足式生物的模仿，如图 2-18 所示是典型的两足机器人。

足式移动机构的优势主要体现在以下几方面：

1）足式移动机构对崎岖路面具有很好的适应能力，可自主选择离散的立足点，可以在可能到达的地面上选择最优的支撑点，而轮式和履带式移动机构必须面临最坏的地形上的几乎所有的点。

2）足式运动方式还具有主动隔振能力，尽管地面高低不平，机身的运动仍然可以相当平稳。

3）多自由度系统有利于保持稳定并在失去稳定条件下进行自恢复。

4）足式行走机构在不平地面和松软地面上的运动速度较高，能耗较少。已有的类人机器人步行研究显示，被动式可以在没有主动能量输入的情况下，完全采用重力作为驱动力完成下坡等动作。

在研究足式机器人的特征时，主要考虑以下几个方面：

（1）足的数目　不同足数目的机构，维持平衡的难度也不一样。足越多的机器人，其稳定性越好，当足的数量超过 6 个之后，机器人的稳定性就有天然的优势。

（2）足的自由度　机器人运用场合不同，对自由度的要求也不一样。

（3）稳定性　包括静平衡和动平衡。在机器人研究中，将不需要依靠运动过程中产生的惯性力而实现的平衡叫静平衡。比如两轮自平衡机器人就没办法实现静平衡。机器人运动过程中，若重力、惯性力、离心力等让机器人处于一个可持续的稳定状态，则将这种稳定状态称为动平衡状态。

综上所述，移动机构的选择通常基于以下原则：

1）轮式移动机构的效率最高，但其适应能力、通行能力相对较差。

2）履带式机器人对于崎岖地形的适应能力较好，越障能力较强。

3）足式的适应能力最强，但其效率一般不高。为了适应野外环境，室外移动机器人多采用履带式行动机构。

4）一些仿生机器人则是通过模仿某种生物的运动方式而采用相应的移动机构，如机器蛇采用蛇行式移动机构，机器鱼则采用尾鳍推进式移动机构。

5）在软硬路面相间、平坦与崎岖地形特征并存的复杂环境下，采用几何形状可变的履带式和复合式（包括轮 - 履式、轮 - 足式、轮 - 履 - 足式等）。

2.3.4 服务机器人底盘运动单元

底盘运动单元主要包括动力源、执行单元和传感器等。针对机器人克鲁泽，动力源主要是轮毂电动机，执行单元主要是万向轮，传感器包括超声波传感器、激光雷达、红外传感器、地磁传感器，如图 2-19 所示。

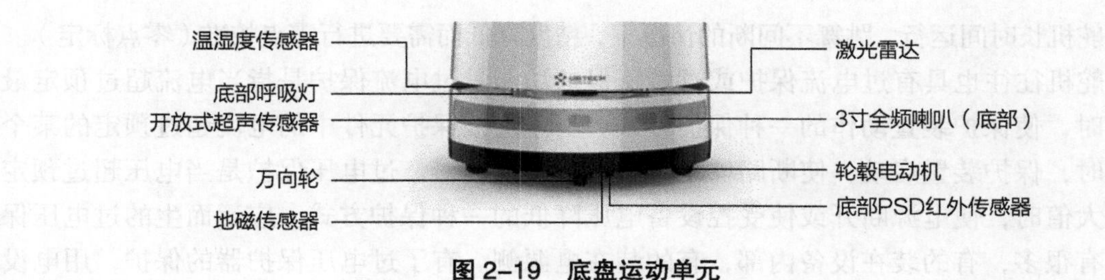

图 2-19 底盘运动单元

2.4 手臂转动机构

服务机器人一个关节的运动由一个舵机实现。机器人克鲁泽全身一共有 15 个自由度，即机器人结构中能够独立运动的关节数目，其中 2 个表示其底盘运动，由底盘上的 2 个主动轮毂电动机提供，另外 13 个自由度分别表示机器人克鲁泽头部 1 个、双肩各 3 个、双臂各 2 个、手掌各 1 个，这 13 个自由度分别由 13 个舵机提供，如图 2-20 所示。每个舵机的零点位置即为默认初始位置，其零点位置角度和转动范围见表 2-2。若产品的维修涉及舵机的更换，在产品组装完成、功能测试前，须进行手臂零点测试，以确保产品功能的正常测试。

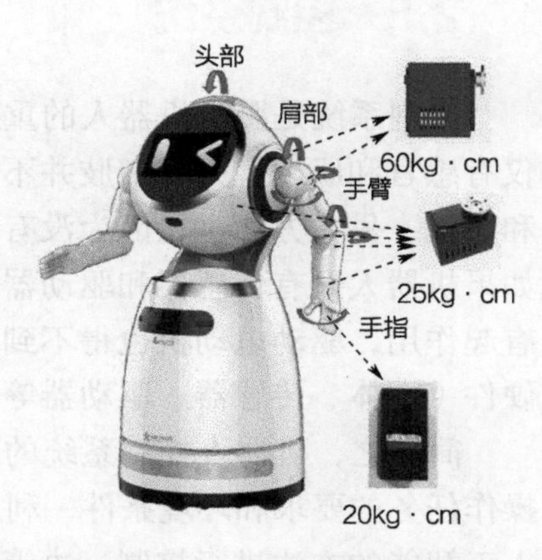

图 2-20 克鲁泽舵机位置分配

表 2-2 克鲁泽上肢舵机的零点位置和转动范围

舵机 ID	中文名称	英文名称	零点位置 / (°)	转动范围 / (°)
0x01	左臂第 1 个舵机	LShoulderPitch	179.7	15~345
0x02	左臂第 2 个舵机	LShoulderRoll	179.5	25~180
0x03	左臂第 3 个舵机	LShoulderYaw	178.4	55~205
0x04	左臂第 4 个舵机	LElbowRoll	180.7	175~255
0x05	左臂第 5 个舵机	LElbowYaw	180.9	95~270
0x07	右臂第 1 个舵机	RShoulderPitch	179.7	15~345
0x08	右臂第 2 个舵机	RShoulderRoll	180.1	180~330
0x09	右臂第 3 个舵机	RShoulderYaw	180.7	150~300
0x0A	右臂第 4 个舵机	RElbowRoll	180.5	105~185
0x0B	右臂第 5 个舵机	RElbowYaw	179.9	95~270
0x0E	头部舵机	HeadPitch	237.4	180~270
0x0F	左手手掌舵机	LHand	174.5	15~175
0x10	右手手掌舵机	RHand	176.4	15~175

舵机长时间运行，跳舞不间断的情况下，精度降低而需要进行零点校准（零点标定）。

舵机往往也具有过电流保护或过电压保护功能。过电流保护是指当电流超过预定最大值时，使保护装置动作的一种保护方式。当流过被保护元件中的电流超过预定的某个数值时，保护装置启动，使断路器跳闸或给出报警信号。过电压保护是当电压超过预定的最大值时，使电源断开或使受控设备电压降低的一种保护方式。应运而生的过电压保护器有很多，有的装在设备内部，有的装在电源侧。有了过电压保护器的保护，用电设备在使用时就会更加安全。

2.5 控制系统

控制系统是服务机器人的重要组成部分，它的作用相当于人脑和神经系统。如果仅仅有感官和肌肉，人的四肢并不能动作。一方面是因为来自感官的信号没有器官去接收和处理，另一方面也是因为没有器官发出神经信号，驱使肌肉发生收缩或舒张。同样，如果机器人只有传感器和驱动器，机械臂也不能正常工作。原因是传感器输出的信号没有起作用，驱动电动机也得不到驱动电压和电流，所以机器人需要有一个控制系统，用硬件（本体、传感器、驱动器等）和软件（控制算法等）组成一个完整的控制系统。

简言之，机器人控制系统的功能是接收来自机器人内、外传感器的检测信号，根据操作任务的要求和环境条件，利用控制算法进行比较和分析（如利用计算机或MCU，用人工智能的方法进行控制、决策、管理和操作，自动选择最佳控制规律），驱动机械臂中的各关节或运动部件运动。

就像人的活动需要依赖自身的感官一样，机器人的运动控制离不开传感器。机器人需要用传感器来检测各种状态。机器人常用的传感器有激光雷达、超声波、地磁、惯性导航、陀螺仪、加速度计、角度等。

2.5.1 激光雷达

激光雷达测距精度高，抗干扰能力强，可靠性高，是目前最为主流的测距传感器。但是作为一种光学传感器，其使用亦受到一定程度的限制。其工作原理是向目标发射探测信号（激光束），然后将接收到的从目标反射回来的信号（目标回波）与发射信号进行比较，作适当处理后，就可获得目标的有关信息，如目标距离、方位、高度、速度、姿态等参数。激光工作时受天气和大气影响大。

2.5.2 超声波传感器

超声波是振动频率高于20kHz的机械波，超声波对液体、固体的穿透本领很大，尤其是在阳光不透明的固体中。它具有频率高、波长短、绕射现象小，特别是方向性好、能够成为射线而定向传播等特点。利用超声波的反射特性，可以检测障碍物的位置。

2.5.3 地磁传感器

地磁场传感器是可以测量地球磁场，在不受磁干扰的情况下，利用地球磁场模型计算磁倾角、磁偏角，然后就可以算出极北和姿态等。地磁传感器容易受干扰，但不容易坏。

2.5.4 陀螺仪传感器

陀螺仪传感器是一个简单易用的基于自由空间移动和手势的定位和控制系统。陀螺传感器检测随物体转动而产生的角速度，可以用于移动机器人的姿态，以及转轴不固定的转动物体的角速度检测。

陀螺仪的原理就是，一个旋转物体的旋转轴所指的方向在不受外力影响时是不会改变的。人们根据这个道理，用它来保持方向。然后用多种方法读取轴所指示的方向，并自动将数据信号传给控制系统。

2.5.5 惯性测量单元

惯性测量单元，以下简称 IMU，通常由三轴陀螺仪和三轴加速度计组成，陀螺仪用于输出机器人相对于自身坐标系的三个坐标轴方向上的角速度信息，而加速度计用于输出机器人在自身坐标系中的三个坐标轴方向上的加速度信息，根据这些信息二次积分就能解算出机器人对应的姿态。

2.5.6 加速度计

加速度计是测量加速度的仪表。加速度计的原理较为简单，就是通过牛顿第二定律来测量三轴的加速度，在实际的 MEMS 传感器中，质量块受到加速度的作用会左右运动，而两侧的电容能测量质量块的位置从而计算出加速度的大小。

2.6 服务机器人的编舞策略

2.6.1 舞蹈配乐的处理与分析

舞蹈往往需要配套音乐，配套音乐的选择则需要根据应用场合的特点而定。为使机器人跳出更好的舞蹈效果，需要综合考虑音乐类型、音乐时长、动作与音乐协调性等因素。在某些特定场合，需要使用多媒体编辑软件对音乐进行处理，如时长剪辑、增加特定音效、声音编辑等。动作与音乐协调性则需要分析音乐的总时长与拍子数从而确定舞蹈动作的时长，具体确定方法如下：

舞蹈每帧动作时长 = 音乐总时长 / 拍子数

其中，音乐总时长可使用音乐播放器直接观察得到；拍子数（BPM，Beat Per Minute）

是指每分钟的节拍数，可以通过 BPM 分析仪等多媒体处理软件获得歌曲的节拍数。

舞蹈《千手观音》是大家耳熟能详的春晚节目，它展现了舞蹈动作与音乐节奏的完美配合，曾获“我最喜爱的春节晚会节目歌舞类”一等奖。

领舞女孩邰丽华的优美舞姿和娴静神情令人难忘，她被舆论亲切地称为“观音姐姐”。但是大家知道她是失聪人士吗？她靠着从不言弃、勤奋敬业、精益求精的精神成为感动中国年度人物。她说：“残疾不是不幸，而是不便。愈是残缺，愈要美丽！”她对配乐节奏的感受来自于她的手语翻译，而我们不但听得见，还有各种技术手段来辅助。

2.6.2 编舞方式

正如人类跳舞可以拆分为许多分解动作一样，机器人跳舞也可以拆分成分解动作，每一个分解动作可以理解为一个关键帧。机器人编舞方式通常是定义好关键帧的动作姿态及时长，机器人便可自动将关键帧连贯起来执行。而每一帧的动作姿态可通过设置各个舵机的角度而定；动作时长则视舞蹈动作与音乐协调性而定，根据公式 3 计算结果为基数，可以一帧动作用一个基数时长，也可以多帧动作平分多个基数时长。插入的关键帧越多，动作就越精细，需要不断调试、优化才能达到最佳效果。

机器人的编舞工具往往提供关键帧的添加及编辑功能，默认原始关键帧数值为复位状态的舵机角度，如图 2-21 所示。对于机器人克鲁泽，其编舞软件提供了可视化的舵机分布、舵机角度值及其调节效果等功能，便于用户直观观察动作效果。

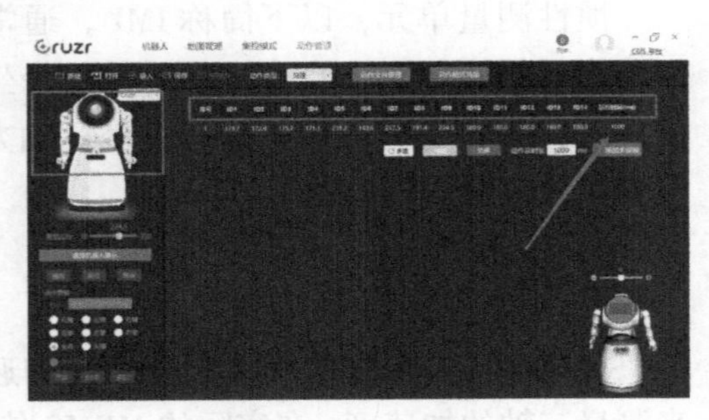

图 2-21　动作管理

计划与决策

1. 小组分工研讨

请根据项目内容及小组成员数量，讨论小组分工，包括但不限于项目管理员、部署实施员、记录员、监督员、检查复核员等。

2. 工作流程决策

- 根据大会的主题与举办方预留时长，请选择合适的音乐类型与时长，确定每帧动作时长。

- 请根据大会主题，控制舵机运动角度，设计优美新颖的舞蹈动作。

____

____

____

- 舞蹈编排完毕后，你觉得应如何将机器人部署在舞台上？如何控制机器人开始跳舞？

____

____

____

任务实施

1. 机器人检查

按照项目 1 相关内容，完成机器人的常规检查与操作，包括外观检查、开机、电量查看、网络配置、与电脑端 Cruzr 软件连接等。

2. 舞蹈动作编辑与测试

使用 Cruzr 软件，在电脑端完成机器人克鲁泽舞蹈动作编辑。

（1）舞蹈动作编辑工具打开方式　打开电脑端 Cruzr 软件，选择“动作管理”即可进入舞蹈动作编辑界面，如图 2-22 所示。

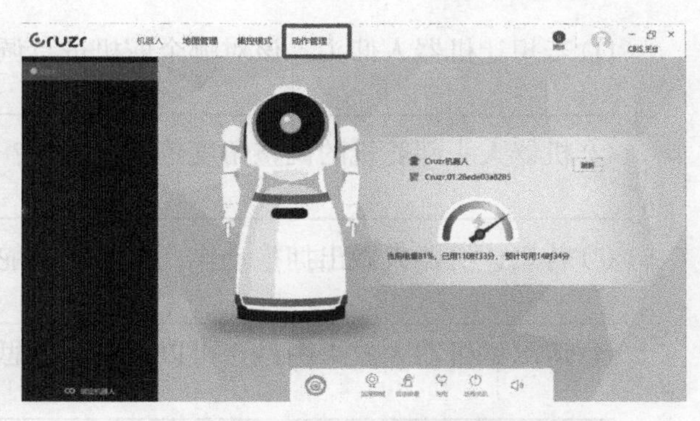

图 2-22　进入舞蹈动作编辑工具的方式

（2）选择动作类型　单击“动作类型”可设置机器人做动作时的速度，建议使用平缓或者匀速，防止机器人剧烈运动产生碰撞而损坏舵机，如图 2-23 所示。

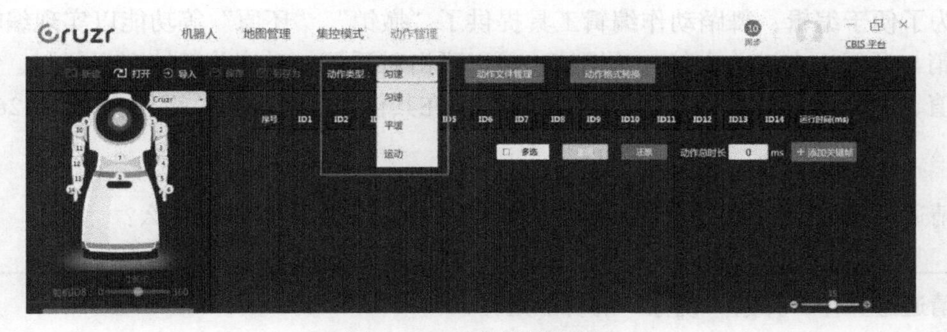

图 2-23　动作类型选择

（3）关键帧编辑　单击“添加关键帧”，默认原始关键帧数值为复位状态的舵机角度。点选左侧机器人示意图相应的舵机编号，拖动机器人示意图下方的角度条可对舵机的角度进行调整，如图 2–24 所示。

也可直接录入或修改角度数值对舵机角度进行调整，如图 2–25 所示，图中的 ID1–14 分别对应机器人的 1–14 号舵机。每一帧的运行时间也可通过录入数值进行手工设置。

在调整过程，舞蹈动作的姿态可在机器人效果图上观察动作效果。

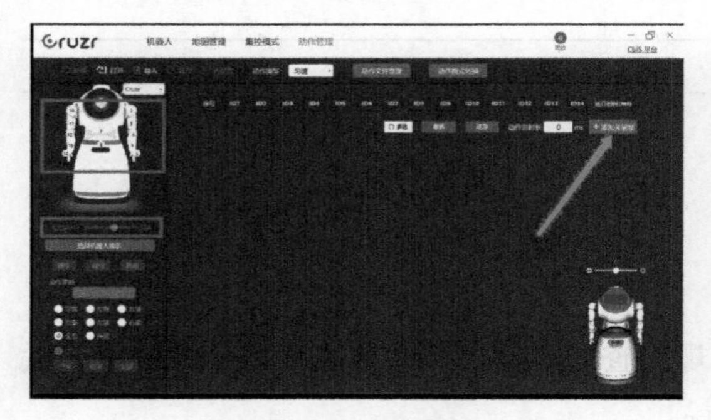

图 2–24　添加关键帧及其动作姿态编辑

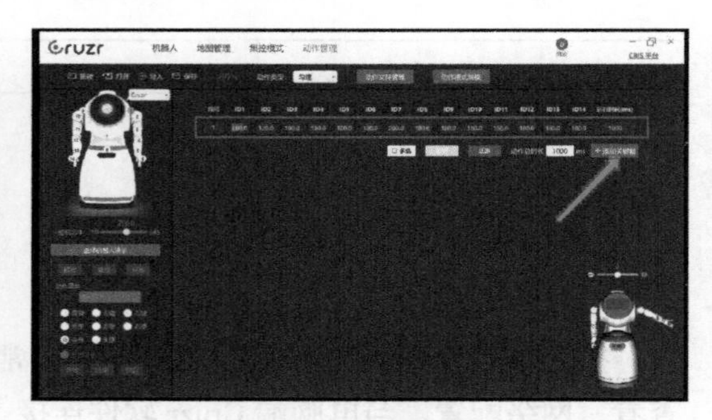

图 2–25　采用舵机角度值修改方式编辑关键帧动作姿态

思考与探索：

① 若想让机器人仰头，该对哪个舵机进行调整？

② 机器人头部舵机的调整角度范围是多少？

③ 若想让机器人做出拥抱动作，该对哪些舵机进行调整？

④ 请测试机器人效果图是否可以拖动？请思考如此设计的目的是什么？

⑤ 请问如何设置每一帧的运行时间才可保证音乐与动作的协调性？

为了便于编辑，舞蹈动作编辑工具提供了“撤销”“还原”等功能以实现编辑操作的撤销与还原。右键单击某一关键帧，可以弹出对话框，对该关键帧实现复制、镜像、默认值、删除、底盘配置等操作，复制后还可以在其他帧前后插入关键帧，如图 2–26 所示。

思考与探索：

请通过操作，探索“插入复制项”与“添加复制项”的区别是什么？

请通过操作，探索“镜像”的功能是什么？

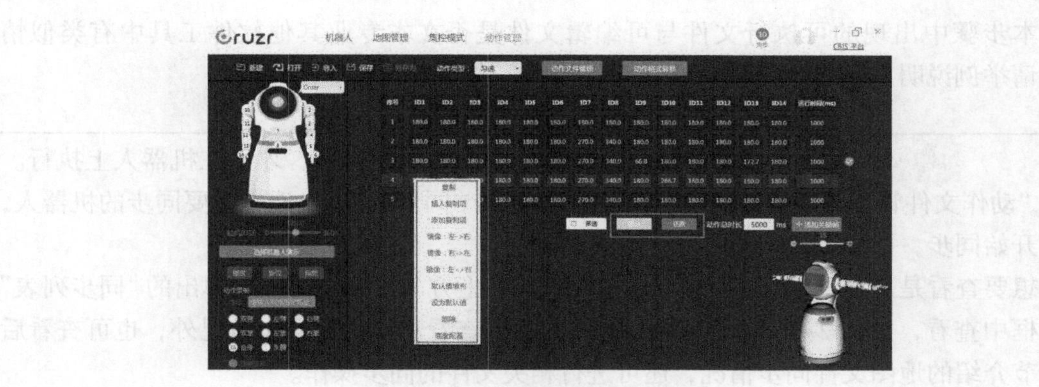

图 2-26 关键帧操作选项

（4）动作文件保存 单击“保存”，将弹出保存设置对话框，如图 2-27 所示。

单击“查看文件路径”，可显示动作文件保存的目录，一般自动选择在 C:\Users\ 用户名 \APPData\Local\Cruzr\ActionPage 文件夹，如图 2-28 所示。

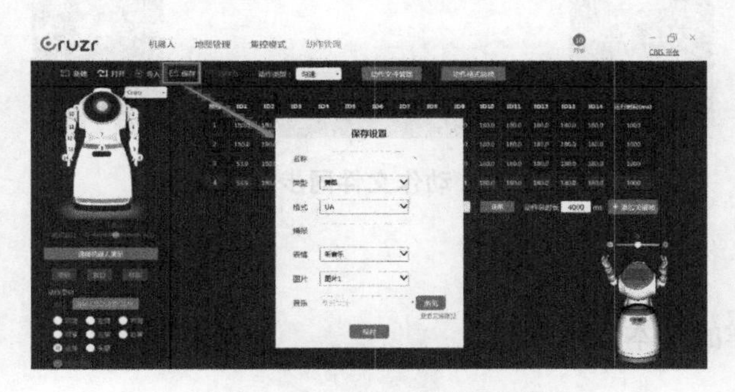

图 2-27 动作文件保存操作

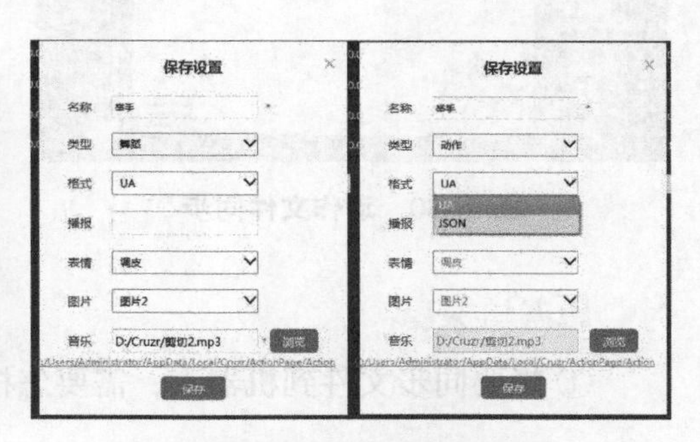

图 2-28 动作文件保存设置

保存类型可以选择“舞蹈”或“动作”，选择为“舞蹈”时，可配套表情、图片、音乐等多媒体；而选择为“动作”时，则仅为简单的动作。

保存格式可选择为“UA”或“JSON”，选择为“UA”时，保存的动作文件可重新打开编辑、导入作为新的关键帧；而选择为“JSON”时，保存的文件是机器人可执行文件，不可再编辑。软件工具提供 UA 转 JSON 的功能，单击“动作格式转换”，选择待转换 UA 文件以及拟存放 JSON 文件的存放目录及名称，单击“转换”即可完成动作格式转换，如图 2-29 所示。

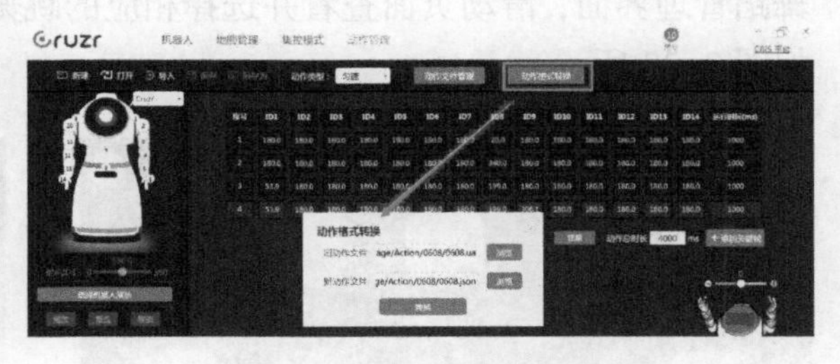

图 2-29 动作文件转换功能

思考与探索：

请采用文本编辑器，打开 JSON 格式的动作文件，观察其内容，并探索是否可以直接修改其中的内容？

本步骤中出现的可执行文件与可编辑文件是否在本专业其他软件工具中有类似情况？请举例说明。

（5）动作文件同步　编辑好的动作，需要同步到机器人上，才可在机器人上执行。单击“动作文件管理”，选择需要同步的文件，单击“同步”按键，选中需要同步的机器人，即可开始同步，如图 2–30 所示。

想要查看是否同步成功，可以单击软件工具右上方“同步”按钮，在弹出的“同步列表”对话框中查看，如图 2–31 所示。该对话框，除了查看动作文件同步情况外，也可查看后续章节介绍的地图文件同步情况，还可进行相关文件的同步操作。

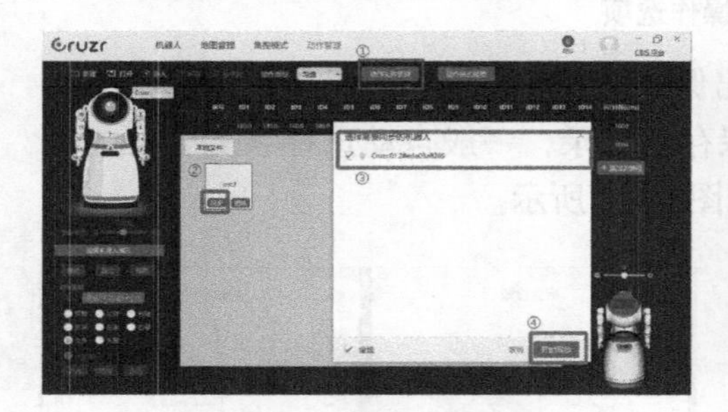

图 2–30　动作文件同步

图 2–31　动作文件同步结果查看

思考与探索：

① 想要同步文件到机器人，需要怎样的基本条件？

---

② 若电脑网络与机器人网络不在同一局域网内，是否可以开展文件同步？

（6）舞蹈动作测试　在机器人屏幕上，单击“跳舞”APP，如图 2–32 所示。进入舞蹈管理界面，滑动页面查看并选择相应的跳舞文件，双击即可测试机器人跳舞的效果，如图 2–33 所示。

图 2–32　进入机器人舞蹈管理界面

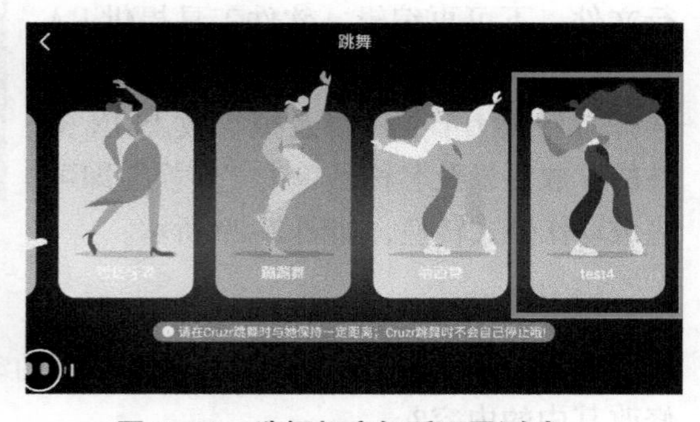

图 2–33　选择相应舞蹈开展测试

除了在机器人本端进行舞蹈动作测试外，还可以使用远程控制工具进行测试。如图 2-34 所示，按照项目 1 相关内容，让电脑端 Cruzr 软件与机器人完成连接，进入“远程控制”界面后，在界面右边可以远程控制机器人跳舞、播放音乐与视频。选择“舞蹈”项，可查看机器人内存有的舞蹈文件，包括系统自带及用户自行编辑的，双击对应的舞蹈文件即可对该舞蹈进行测试。

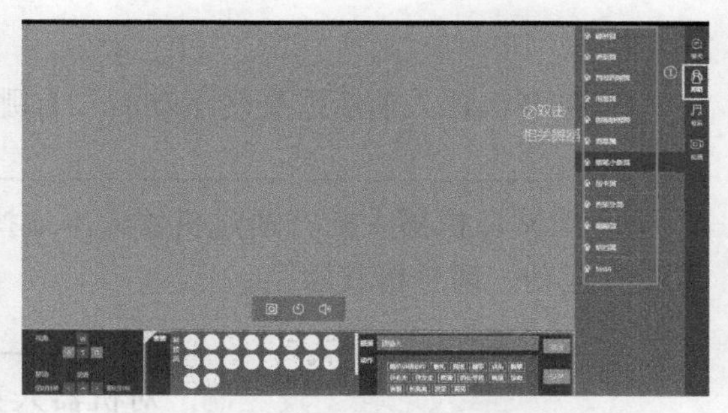

图 2-34 舞蹈动作远程控制与测试

思考与探索：

① 自行编辑的舞蹈，在____________（A、用户；B、管理员）系统模式下可以执行。

② 在机器人跳舞时，有哪些注意事项？

____

③ 请测试自己编辑的舞蹈，是否符合“计划与决策”环节里规划的内容？若不符合，请找出原因，并完善之。

____

④ 请问哪种舞蹈控制方式更适合在舞台上使用？

____

3. 机器人底盘运动控制与测试

控制机器人底盘运动的方式主要有三种，分别是手推、机器人本端控制、机器人远程工具控制。其中，手推模式已在项目 1 中有详细介绍，在此不再赘述。

（1）机器人本端控制 在机器人的管理员系统模式下，打开“底盘运动”APP，进入底盘运动管理界面，如图 2-35 所示。在底盘运动管理界面，可以选择“前进后退”或“旋转”，使机器人的底盘前后移动或原地转动，通过拖动表盘还可以设置运动速度，如图 2-36 所示。

图 2-35 进入底盘运动管理界面

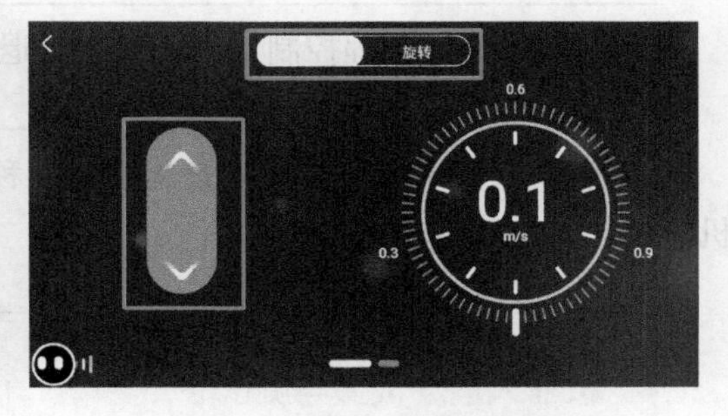

图 2-36 底盘运动管理界面

思考与探索：

① 控制机器人前后或旋转运动时，有哪些注意事项？

② 请站在机器人前方通过机器人本端操作向前运动，测试机器人是否发生了运动？若没有运动，请分析其原因。

（2）机器人远程工具控制　对机器人克鲁泽，其远程控制工具电脑端 Cruzr 软件提供了运动控制功能。按照项目 1 的相关内容，完成电脑端 Cruzr 软件与机器人的连接后，如图 2-37 所示，单击“远程控制”即可进入远程控制管理界面。

在远程控制管理界面左下角有相关控制按钮（如图 2-38 所示），其中“视角”用于控制机器人头部运动，直接采用鼠标单击或使用键盘的 W 键和 S 键，可控制机器人仰头和低头的角度；“移动”用于控制机器人底盘的运动，直接采用鼠标单击或使用键盘的←键、→键、↑键，可分别控制机器人逆时针旋转、顺时针旋转、前进。需要特别注意的是，远程控制容易出现延迟效应，在操作过程中，一方面需注意保护好机器人，另一方面切勿一直按住前进按钮以免发生意外。

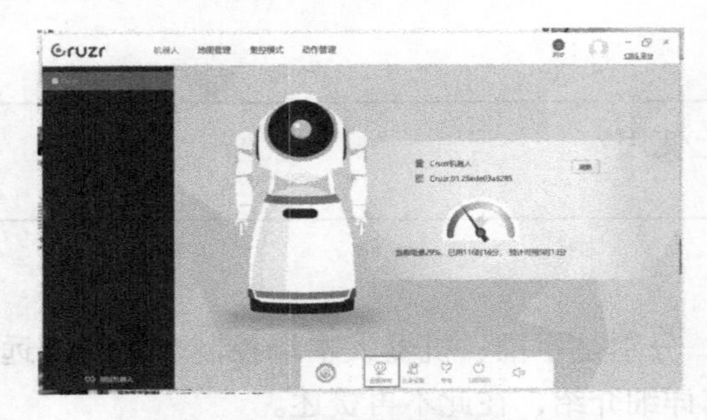

图 2-37　远程控制管理界面进入方式

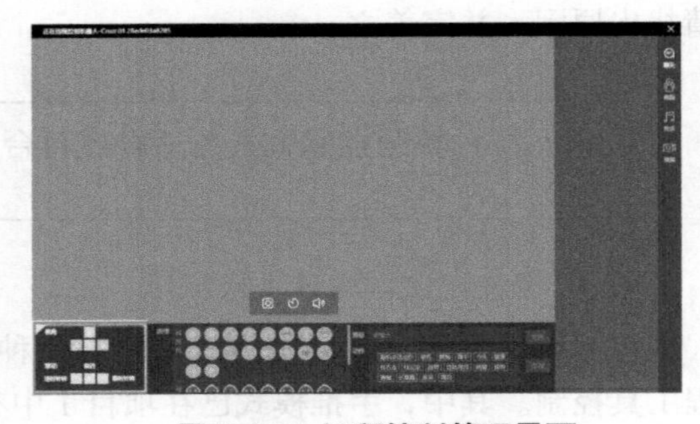

图 2-38　远程控制管理界面

思考与探索：

① 远程控制出现延迟效应是指什么？为何容易出现？

② 请分析为何远程控制工具不设置后退操作功能？

③ 在以上介绍的机器人底盘运动的三种控制方式中，你觉得采用哪种方式更适合将机器人部署在舞台上？

4. 机器人运动设置与测试

为了确保机器人的安全，在某些特定场合中需要将机器人的部分运动功能关闭。对机器人克鲁泽，有两种方式可以实现机器人部分运动功能关闭操作，分别是机器人本端控制和远程工具控制。

对机器人本端，在管理员系统模式下，选择“设置”—“运动设置”即可进入运动设置界面，如图 2-39 所示。在该界面，可以设置手臂动作及底盘运动的开关。

对远程控制工具，即电脑端 Cruzr 软件，按照项目 1 的相关内容，完成电脑端 Cruzr 软件与机器人的连接后，如图 2-40 所示，单击“运动设置”即可进入远程控制管理界面，其设置操作与机器人本端设置操作相同。

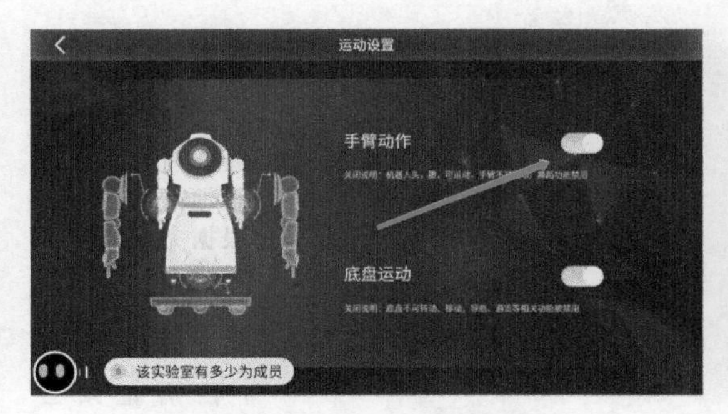

图 2-39　运动设置管理界面

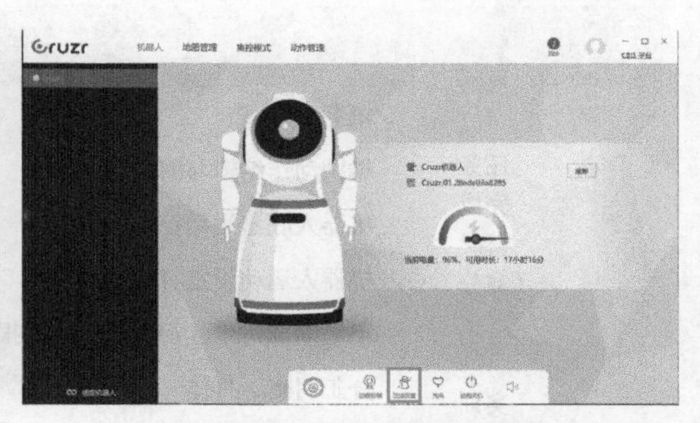

图 2-40　远程控制工具进入运动设置方式

思考与探索：

① 请举例说明在哪些场合需要关闭手臂动作或底盘运动？

② 手臂动作关闭后，机器人不能完成哪些操作？

③ 底盘运动关闭后，机器人不能完成哪些操作？

④ 当机器人不能正常跳舞时，请问你会怎么做？

任务检查与故障排除

序号	检查项目	检查要求	检查结果
1	机器人检查	是否完成外观检查、开机、电量查看、网络配置、与电脑端 Cruzr 软件连接等	
2	舞蹈动作编辑与测试	是否按照相关步骤完成机器人舞蹈动作的编辑与测试，编写舞蹈符合应用场景的要求	
3	机器人底盘运动控制与测试	是否按照相关步骤完成机器人底盘运动控制与测试	
4	机器人运动设置与测试	是否按照相关步骤完成机器人运动设置与测试	

任务评价

实训项目							
小组编号		场地号			实训者		
序号	考核项目	实训要求	参考分值	自评	互评	教师评价	备注
1	任务完成情况（35分）	机器人检查	5				实训所要求的所有内容必须完整地进行执行，根据完成任务的完整性对该部分进行评分
		舞蹈动作编辑与测试	10				
		机器人底盘运动控制与测试	10				
		机器人运动设置与测试	5				
		小组内部讨论、沟通交流或汇报	5				
2	实训记录（20分）	分工明确、具体	5				所有记录必须规范、清晰且完整
		数据、配置有清楚的记录	10				
		记录实训思考与总结	5				
3	实训结果（20分）	机器人检查	5				小组的最终实训成果是否符合“任务检查与故障排除”的具体要求
		舞蹈动作编辑与测试	5				
		机器人底盘运动控制与测试	5				
		机器人运动设置与测试	5				
4	6S及实训纪律（15分）	遵守课堂纪律	5				小组成员在实训期间在纪律方面的表现
		实训期间没有因为错误操作导致事故	5				
		机器人及环境均没有损坏	5				
5	团队合作（10分）	组员是否服从组长安排	5				小组成员是否能够团结协作，共同努力完成任务
		成员是否相互合作	5				
异常情况记录							

实训思考与总结

1. 以思维导图形式描述本项目学过的知识。

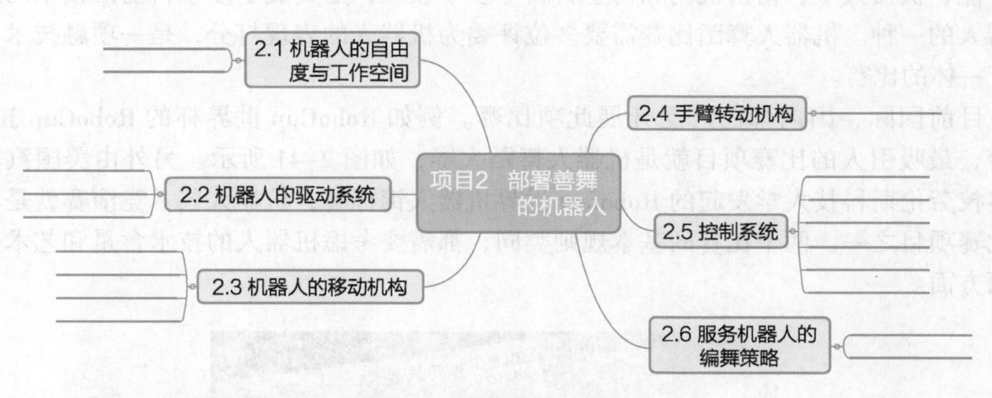

2. 思考在工作过程中可能会遇到什么故障，如何解决?

____

____

____

____

____

____

理论测试

请扫描以下二维码对所学内容进行巩固测试。

实操巩固

作为售后工程师，请指导和协助客户为中国共产党建党 100 周年庆祝晚会编排约 2min 的机器人舞蹈表演，并完成现场部署与测试。具体要求如下：

1）音乐和舞蹈设计应结合会议主题，具有较强的艺术性和观赏性。

2）能根据会场位置，采取合理方式控制机器人上场、执行预先编排的舞蹈动作、退场。

3）各环节衔接流程，并保证机器人本体和人员安全，预防可能出现的异常情况。

知识拓展

机器人舞蹈比赛是一项观赏性很强的比赛。机器人舞蹈既具有极强的观赏性和趣味性，又是一个系统化的工程设计。舞蹈机器人涉及机械、电子、自控、通信、传感、人工智能、机器人学、精密机构和仿生材料等多个领域，是集成了多学科前沿技术的运动机器人的一种。机器人舞蹈比赛需要多位评委为机器人的表现打分，是一项融技术与艺术于一体的比赛。

目前国际、国内都已广泛开展此项比赛。例如 RoboCup 世界杯的 RoboCup Junior 比赛，最吸引人的比赛项目就是机器人舞蹈大赛，如图 2-41 所示。另外由美国汽车电子名校劳伦斯科技大学发起的 Robofest 世界机器人锦标赛，机器人艺术竞演赛就是其正式比赛项目之一。两个比赛的基本规则类同，都需要考虑机器人的技术含量和艺术表现力两方面。

图 2-41　RoboCup Junior 舞蹈比赛

国内的中国机器人及人工智能大赛、中国机器人大赛等顶尖赛事也都设置了机器人舞蹈比赛项目，如图 2-42 所示。这些比赛区别于其他舞蹈比赛的不同点在于，比赛的机

图 2-42　中国机器人及人工智能大赛双足人形机器人舞蹈比赛

器人要求采用双足人形机器人或多足异形机器人进行舞蹈表演，这更加增加了比赛的可观赏性和技术难度。

当前国际上舞蹈机器人动作设计和实现主要是采用模仿人类动作的研究方法，动作具有较强的柔性和稳定性，消除了机器人动作的僵硬感，其研究手段较为先进，动作数据精度高。如波士顿动力的 Atlas 机器人，与人类动作已相当接近（如图 2-43 所示）。

图 2-43 波士顿动力的 Atlas 机器人舞蹈

2.7 舞蹈动作设计的基本思路

机器人的动作是表现在一定时间序列上的空间位姿（位置和姿态）的集合。以 HITEC 公司的 ROBONOVA 双足人形机器人为例（如图 2-44 所示），动作的设计和实现过程一般如下：

1）在初步创意阶段，全面考虑机器人的整体形象以及特色动作，定位机器人的形象和动作角色。

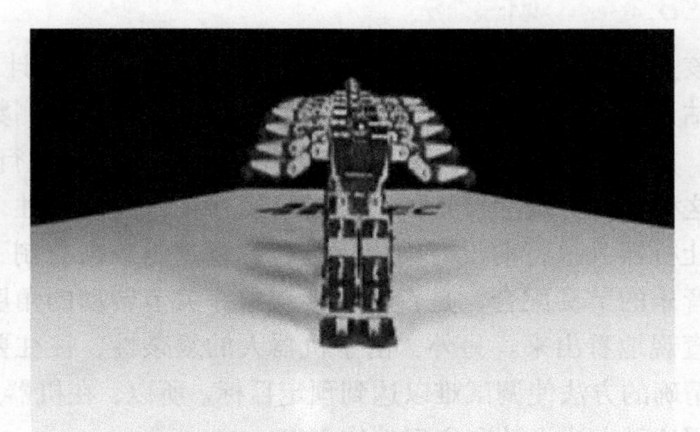

图 2-44 ROBONOVA 双足人形机器人群舞表演

2）提出几套舞蹈动作方案并进行可行性分析和评价选优，确定选用的机器人结构和尺寸后，进行详细的舞蹈动作设计。

3）将设计得到的动作数据写入控制板的芯片调试，实现机器人的动作。

机器人的动作设计，是动作编制人员根据真人舞蹈、卡通录像或想象中的模特动作，按照机器人本身形象特点和机械结构设计的富有个性的动作。这一过程充分发挥人脑形象思维进行主观创造，构筑机器人动作模型。机器人舞蹈动作的实现，是通过控制关节电动机在指定的时间达到指定的空间位姿，将设计的动作转化为机器人的实际动作。需要指出的是，动作设计与动作实现紧密相关，在实际制作中，二者作为一项分任务，不加以特别区分。

从上述分析中可以看出，把一个真人（模特）的动作转化为机器人的动作，完成动作设计和动作实现，主要工作可分解为两步，一是动作数字化——把真人的动作表示成位置和时间的数据序列；二是按数据控制机器人运动将其表达成预想的动作。

机器人舞蹈的动作设计与实现是相当复杂的过程，它具有很大的主观性、模糊性，而且随着关节和自由度的增多，关节之间的相互影响程度的增大，动作设计和实现的工作量大大增加，如 10 自由度和 5 自由度机器人相比，设计动作时要同时考虑 10 个运动，这 10 个运动之间往往有很多相互关联的运动，在确定其位置、转角等参数时较 5 自由度机器人的设计，问题复杂度按级数递增，而所研究的机器人的自由度一般都在 16 个以上，没有科学的方法，动作设计与实现几乎是不可能的。

2.8 舞蹈动作设计与实现

机器人舞蹈动作设计和实现方法一般是借鉴机械臂轨迹的控制方式，在不同的平台和技术水平基础上采用相应的方法。一般来讲，实现舞蹈机器人动作设计的有效的方法有以下三种。

2.8.1 直观估测法

该方法基于简单模仿的思想，直接模仿动作进行设计与实现。观察真人（模特）动作，目测估计各参数，如时间间隔、关节转角等，将所估测数据填入控制芯片，调试后观察效果，如果效果不理想，则返回修改相关数据，重新执行，直至最终确定。

这种方法在观测模特的动作时已经存在很大随意性，并且在这些数据被仿真器写入芯片让机器人执行前没有给出反馈，究竟这组数据控制下的动作是否美观、协调，是否能与音乐的节奏配合，是否有干涉现象，关节转动的角度是否超过物理约束等问题，都不能直观地看出来。另外，由于机器人的复杂性，往往要对其反复进行多次调试，而这种不精确的方法使调试难以达到预定目标。所以，在机器人结构简单或缺乏必要条件时，才采用这种方法设计和实现动作方案。

2.8.2 动作示教法

从前面可以看出，设计和实现舞蹈机器人动作需经过两个步骤。由于技术水平的限制，目前还没有一种可以一步到位的解决问题的方法，在这里只研究动作设计与实现的第 2 步——将数据表达为动作。用逆向思维的方式考察过程（数据→动作），得到解决问题的方案（动作→数据）。动作设计与实现目的是得到优美协调的机器人动作，实际上是一组特定的数据，如果客观条件限制得不到这些数据，也就无从谈控制。一个可行的方案是先直观地将机器人摆置成预想的动作，再将此动作对应的电动机各参数记录下来，按时间排列成动作数据文件，这也是本章内容提供的动作编辑方法，实施过程如图 2-45 所示。

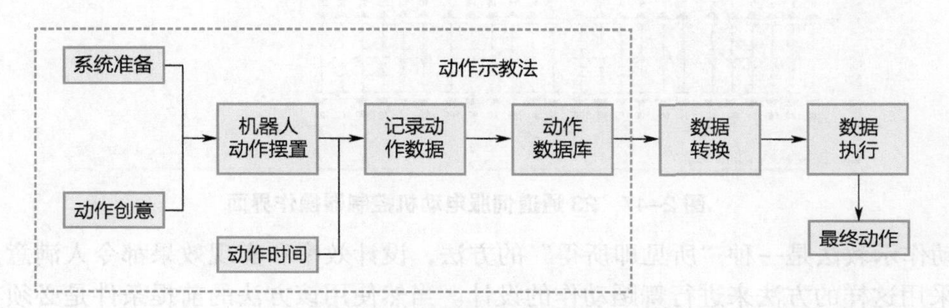

图 2-45 机器人动作示教法实施过程

这种方法的关键是可以反映出关节运动的参数——即需要一个直接把机器人的动作转化为数据的程序。可以使用现有的伺服电动机控制系统很好地解决动作的调试与实现，如图 2-46 所示。

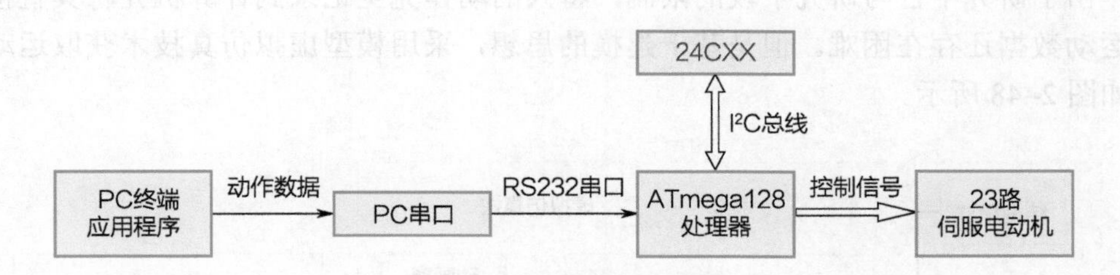

图 2-46 伺服电动机控制系统

在 PC 终端程序中拖动控制滑动条发出动作数据，通过 RS232 串口，使控制板与 PC 机 COM 口进行实时通信，对 23 路伺服电动机发出控制指令，调整机器人的舞蹈动作。控制板将所接收的数据处理后由一定时器引用中断产生 0.5ms 开始脉宽和 5ms 以上的间隔脉宽信号，由另一定时器引用中断产生伺服电动机动作所需的脉宽，由于串口通信的实时性，伺服电动机可以动态跟踪信号的变化，实现机器人的特定动作。此动作对应的数据在终端程序里被记录到数据库。使用的 PC 终端控制程序——23 通道伺服电动机控制器，界面如图 2-47 所示。

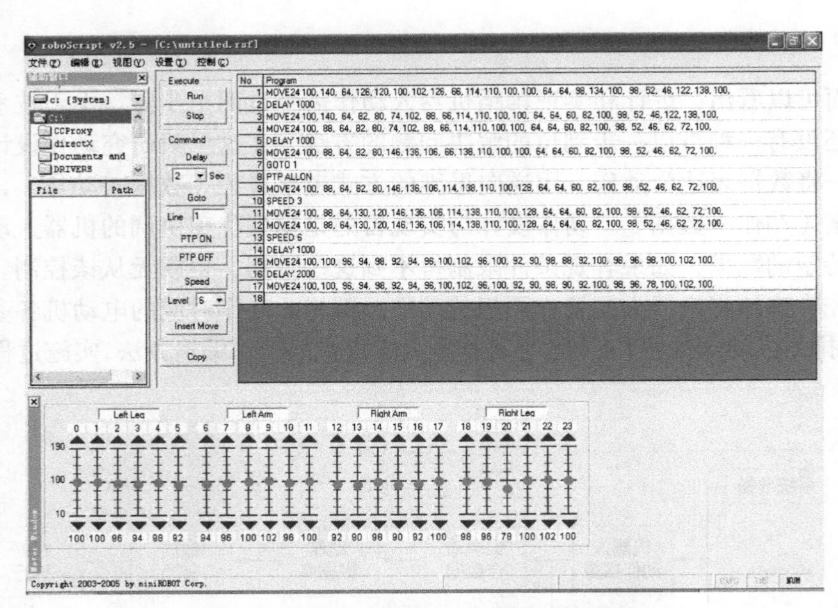

图 2-47　23 通道伺服电动机控制器操作界面

动作示教法是一种“所见即所得”的方法，设计效率和实现效果都令人满意，目前大多采用这样的方法来进行舞蹈动作的设计。当然使用该方法的前提条件是必须在完成机器人机械结构和控制程序的基础上才能进行。

2.8.3　虚拟仿真法

有研究团队从动作设计与实现的第 1 步——真人（模特）动作数字化方面进行了探索。目前，由于研究平台与研究手段的限制，将人的动作完全记录到计算机并将其直接数字化为运动数据还存在困难。但是基于建模的思想，采用模型虚拟仿真技术获取运动数据过程如图 2-48 所示。

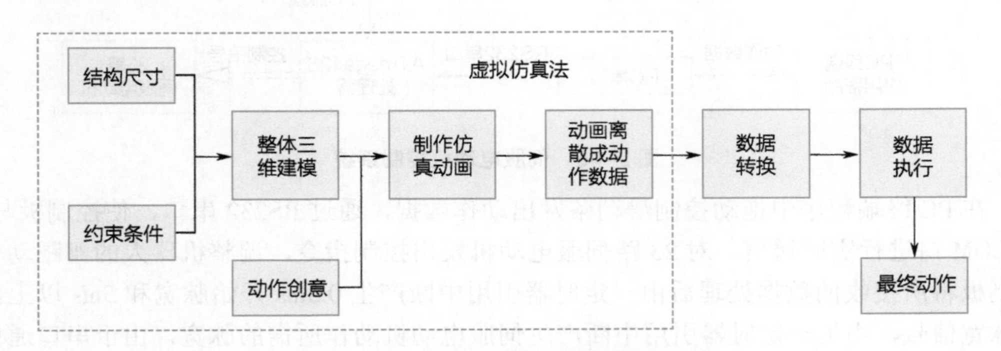

图 2-48　虚拟仿真动作建模法实施过程

在 ROBONOVA 机器人仿真平台里面，考虑机器人姿态和部件间的约束进行动作设计，按照模特的动作在不同时间点上把机器人相应的动作描述出来，将一段时间内的机器人动作录成动画，最后将这段动画离散化、数字化——表示成关节电动机转角、位置和时间的数据序列。动作实现时将此数据序列转换成电动机的脉冲大小输入机器人控制程序。

通过 ROBONOVA 机器人仿真平台完成动作设计，然后使用 RS232 串口通过连接在主机上的蓝牙发射装置与连接在机器人身上的蓝牙接收装置进行实时通信，可以使仿真的类人机器人与实体类人机器人动作上保持一致，如图 2-49 所示，这为舞蹈动作设计提供了技术保证。

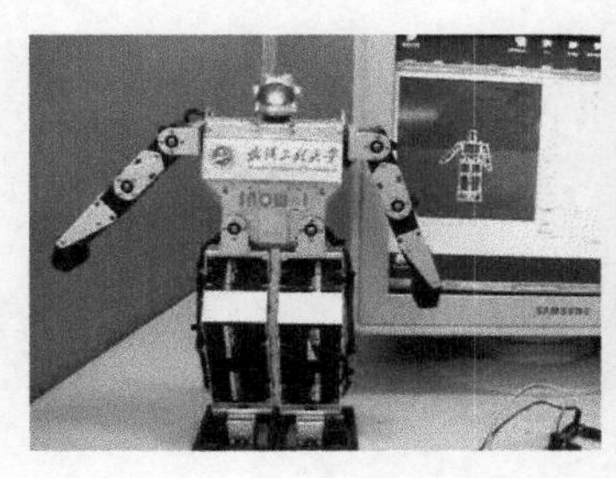
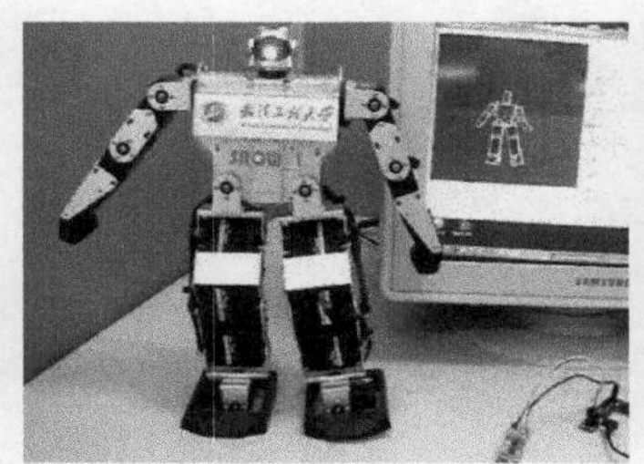
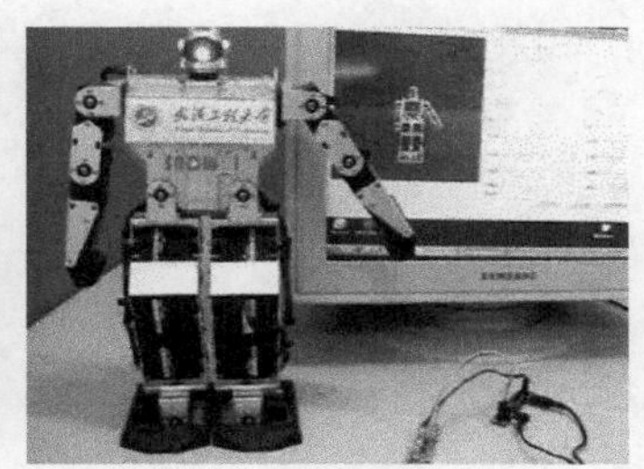

图 2-49 仿真机器人与实体机器人实现动作同步

对仿真机器人进行动作设计后，将其录制成动画，动画可按 avi 的格式导出，从整体上观察评估舞蹈的动作效果，也可按指定时间查看各图像帧。动作数字化工作将各帧中运动部件的参数存入 excel 文件并导出，最后通过另一个 16 进制转换软件转换为可被单片机控制程序识别的数据。

在模型中进行动作设计只需拖动鼠标定位各运动部件，不仅方便、直观，还大大简化了修改动作，只需将仿真动画修改再重新生成即可。此方法进一步研究的空间广阔，可与人体动作仿真、数字化三维人体运动等先进技术对接，使动作更具有柔性，模仿人体等动作更逼真。

项目 3 “对答如流”——部署资讯机器人

资讯机器人是指具有和人类进行对话或文字进行交谈功能的机器人，一般用于客户服务或资讯获取。

资讯机器人搭载自然语言处理系统，将人类的语音按照特定的形式，转化成内部数据加以分析和处理。简单的系统只会撷取输入的关键字，再从数据库中找寻最合适的应答句，而复杂的机器人会加入情感分析、上下文联系等，提高用户的满意度、增进亲和度。

小常识：

图灵测试

阿兰 · 麦席森 · 图灵

资讯机器人的成功离不开智能，而图灵测试常常被用来测试机器人是否具有真的智能。图灵测试是指测试者在与被测试者（一个人和一台机器）隔开的情况下，通过一些装置（如键盘）向被测试者随意提问。进行一系列时长为 5min 的测试后，如果有超过 30% 的测试者不能确定出被测试者是人还是机器，那么这台机器就通过了测试，并被认为具有人类智能。“图灵测试”一词来源于计算机科学和密码学的先驱阿兰 · 麦席森 · 图灵写于 1950 年的一篇论文《计算机器与智能》。

学习情境

国际人工智能大会开幕当天，拟采用资讯机器人在前台回答嘉宾问题，以减轻前台服务人员的压力。作为交付工程师，请根据 FAQ 范式设置问题及回答内容，并将其录入机器人，经过测试优化后将机器人布置到会场。

学习目标

知识目标

1. 熟悉语音交互的流程及其作用；
2. 熟悉语音识别的流程及其相关技术；
3. 了解自然语言处理的作用及其相关技术；
4. 熟悉语音合成的流程及其相关技术；
5. 理解机器人与用户语音交互的逻辑；
6. 了解常见的智能语音开放平台及其特点；
7. 理解语音交互离线、在线两种方式的特点；
8. 了解云端服务机器人的发展趋势。

技能目标

1. 熟练掌握服务机器人知识问答库设计的方法和流程；
2. 熟练掌握设置知识库的技巧；
3. 熟练掌握云端管理系统的使用及其设计目的；
4. 熟练掌握机器人语音交互的管理与测试。

职业素养目标

1. 培养缜密严谨的逻辑思维；
2. 激发科技报国的家国情怀和使命担当。

重难点

重　点

1. 熟悉语音交互的流程及其作用；
2. 理解机器人与用户语音交互的逻辑；
3. 理解语音交互离线、在线两种方式的特点；

4. 熟练掌握服务机器人知识问答库设计的方法和流程；
5. 熟练掌握机器人语音交互的管理与测试。

难　点

1. 熟悉语音识别的流程及其相关技术；
2. 熟练掌握云端管理系统的使用及其设计目的。

项目任务

1. 将机器人克鲁泽部署到指定场地，能够正常运行；
2. 根据应用场景要求以及 FAQ 范式，设计要录入的问题和回答内容；
3. 对机器人云端管理系统进行使用与测试；
4. 将设计好的问答录入机器人克鲁泽；
5. 测试机器人克鲁泽的回答是否正常、准确并做优化。

学习准备

表 3–1　学习准备清单

所需软硬件名称	版本号	地址
机器人克鲁泽	教育版	现场
本体 ROM	V3.304	预装
本体 ROS（1S）	V1.4.0	预装
Android	APK V1.0.5	预装
PC 软件	V3.3.20200723.04	/ 工具软件 /PC
机器人克鲁泽手机 APP	V2.02（安卓手机）	/ 工具软件 / 手机 APP

知识链接

语音是人类最重要的交流工具，自然方便、准确高效。让机器人具备与人类进行语音交流的功能是服务机器人的一个重要特色，是使之成为“智能”的主要标志之一。接下来通过语音交互、智能语音开放平台、机器人与用户语音交互逻辑以及云端服务机器人四个方面的学习，带大家揭开资讯机器人语音服务的面纱。

3.1　语音交互

假设对服务机器人说“放一首《义勇军进行曲》”，服务机器人就会说“好的，马上为您播放《义勇军进行曲》"，并且开始播放音乐。

从听到人类声音到机器人回答人类并做出反应，服务机器人都做了些什么？首先，服务机器人把听到的声音转化成文字，然后理解内容，最后做出相应策略，并把策略转化成语音。如图 3–1 所示，语音交互主要包括三个模块，分别是语音识别（ASR，Automatic Speech Recognition）、自然语言处理（NLP，Natural Language Processing）、语音合成（TTS，Text To Speech）。

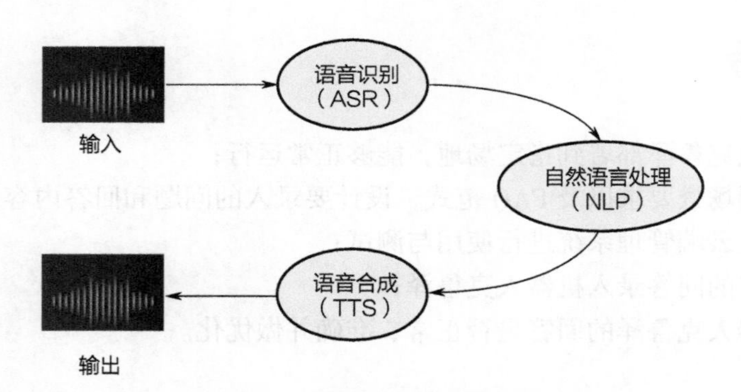

图 3–1　语音交互流程示意图

语音识别、自然语言处理、语音合成是实现人机语音交互的关键技术，是设计一个"能听会讲"的机器人的重要基础。语音合成与识别技术涉及语音声学、数字信号处理、人工智能、微机原理、模式识别、语言学和认知科学等众多前沿学科，是一个涉及面很广的综合性学科，其研究成果对人类的应用领域和学术领域都具有重要的价值。近年来，语音合成与识别取得显著进步，逐渐从实验室走向市场，应用于机器人、消费电子产品、医疗、家庭服务、工业等各个领域。

3.1.1　语音识别

语音识别，简称 ASR，是将声音转化成文字的过程，相当于人类的耳朵。语音识别系统本质上是一个模式识别系统，其原理如图 3–2 所示。

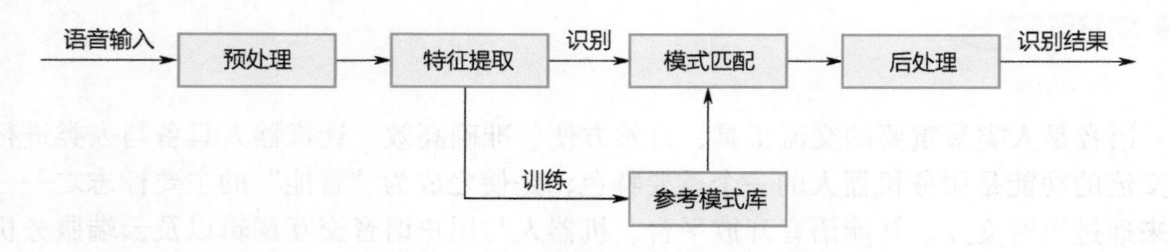

图 3–2　语音识别流程示意图

自然界的语音信号属于模拟信号，经由麦克风输入到计算机，计算机利用其 A/D 转换器将模拟语音信号转换成计算机能处理的数字语音信号。然后将该语音信号送入语音识别系统前端进行预处理。

预处理的功能主要是过滤语音信息中不重要的信息与背景噪声等，以方便后期的特征提取、训练与识别。预处理主要包括语音信号的预加重、分帧加窗、端点检测等工作。其中，端点检测是指通过技术手段判断输入语音段的起点和终点，从而减少运算量、数据量以及时间，进而得到真正的语音数据。资料表明，在安静环境下，语音识别错误原因的一半来自端点检测。比较常用的端点检测方法有两种：多门限端点检测法和双门限端点检测法。由于在语音信号检测过程中多门限端点检测算法有较长的时间延时，不利于进行语音过程实时控制，所以大多采用双门限端点检测方法。

特征提取主要是为了提取语音信号中反映语音特征的声学参数，去除掉相对无用的信息。在语音识别中，通常不能将原始波形直接用于识别，必须通过一定的变换，提取语音特征参数来进行识别，而提取的特征参数应当满足三个要求：① 反映语音的本质特征；② 各分量之间的耦合应尽可能小；③ 特征参数要计算方便。语音特征参数可以是共振峰值、基本频率、能量等，目前在语音识别中比较有效的特征参数为线性预测倒谱系数与 Mel 倒谱系数。

语音识别核心部分的作用是实现参数化的语音特征矢量到语音文字符号的映射，一般包括模型训练和模式匹配技术。模型训练是指按照一定的准则，从大量已知模式中获取表征该模式本质特征的模型参数，而模式匹配则是根据一定准则，使未知模式与模型库中的某一个模型获得最佳匹配。

模型训练是在语音识别之前进行的，用户将训练语音多次从系统前端输入，系统的前端语音处理部分会对训练语音进行预处理和特征提取，在此之后利用特征提取得到的特征参数可以组建起一个训练语音的参考模型库，或者是对此模型库中的已经存在的参考模型作适当的修改形成参考模型库。从本质上讲，语音识别过程就是一个模式匹配的过程，模型训练的好坏直接关系到语音识别系统识别率的高低。为了得到一个好的模型，往往需要有大量的原始语音数据来训练这个语音模型。因此，首先要建立起一个具有代表性的语音数据库，利用语音数据库中的数据来训练模型，训练过程不断调整模型参数，进行参数重估，使系统的性能不断向最佳状态逼近。

语音识别是指将待识别语音经过特征提取后的特征参数与参考模型库中的各个模式一一进行比较，将相似度最高的模式作为识别的结果输出，完成模式的匹配过程。模式匹配是整个语音识别系统的核心。较为成功的识别方法有隐马尔可夫模型、动态时间规整技术、人工神经网络等。

3.1.2 自然语言处理

自然语言处理，简称 NLP，是理解和处理文本的过程，相当于人类的大脑。本模块是语音交互的核心。自然语言处理是计算机科学与语言学的交叉学科，又常被称为计算语言学。从研究内容来看，自然语言处理包括语法分析、语义分析、篇章理解等。从应用角度来看，自然语言处理具有广泛的应用前景，如：语音识别及文语转换、机器翻译、手写体和印刷体字符识别、信息检索、信息抽取与过滤、文本分类与聚类、舆情分析与观点挖掘等，它涉及与语言处理相关的数据挖掘、机器学习、知识获取、知识工程、人工智能研究和与语言计算相关的语言学研究等。

在服务机器人中，自然语言处理大多用于文本分类、情感分析、意图识别等语义分析场合，其中又以意图识别最为常见。意图识别是通过分类的办法将语音识别出来的句子或者人们常说的询问分到相应的意图种类。也就是说，当用户与服务机器人进行沟通时，机器人能够通过意图识别技术识别用户提出的直接或者间接的信息来快速判断用户的真实意图。

3.1.3 语音合成

语音合成，简称 TTS，是把文本转化成语音的过程，相当于人类的嘴巴。语音合成的具体方法是利用计算机将任意组合的文本转化为声音文件，并通过声卡等多媒体设备将声音输出。简单地说，就是让机器把文本资料“读”出来。

语音合成可以简单地分为两个步骤，如图 3-3 所示。

1）文本经过前端的语法分析，通过词典和规则的处理，得到格式规范，携带语法层次的信息，传送到后端。

2）后端在前端分析结果的基础上，经过韵律方面的分析处理，得到语音的时长、音高等韵律信息，再根据这些信息在语音库中挑选最合适的语音单元，语音单元再经过调整和拼接，就能得到最终的语音数据。

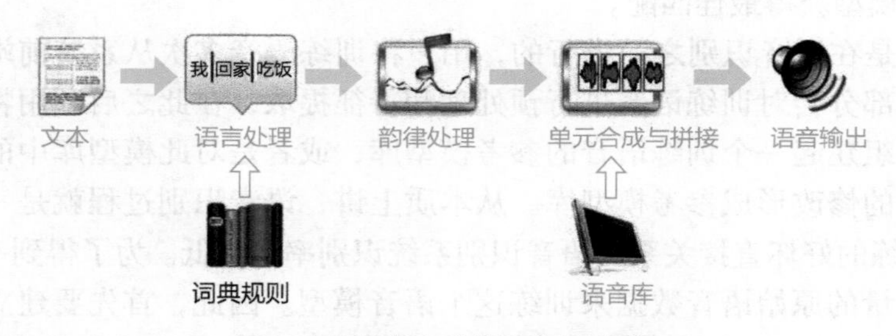

图 3-3 语音合成的流程示意图

目前语音合成的方法、原理和优缺点见表 3-2。

表 3-2 不同语音合成方法、原理及优缺点

方法	原理	优点	缺点
拼接法	将大量的语音抽取出来合成目标声音	语音合成的质量比较高	数据量要求很大，数据库里必须有足够全的“音”
参数法	根据统计模型来生成语音参数（包括基频、共振峰频率等），然后把这些参数转化为波形	对数据的要求小	拼接质量比拼接法差
WaveNet	谷歌 deepmind 推出基于深度学习的语音生成模型，结合因果卷积和扩展卷积方法，结果随着模型深度增加而成倍增加	在 text-to-speech 和语音生成中效果好	计算量较大
Deep Voice 3	百度提出的一个全新的全卷积 TTS 架构	并行计算、训练非常快，可用于大规模的录音数据集	—
VoiceLoop	新的 TTS 神经网络，它能将文本转换为在室外采样的声音中的语音	网络架构简单	—

3.2 智能语音开放平台

3.2.1 主要智能语音开放平台

语音交互涉及模型训练、数据挖掘、机器学习等高新技术，技术门槛高，开发难度大，为加速语音交互技术市场化应用，缩减智能化产品开发成本与周期，国内众多人工智能服务商纷纷采用智能语音开放平台方式，向各类行业应用提供智能语音相关的软硬件解决方案，其中提供 SDK 开发包或二次开发接口是常见的服务开放方式，用户利用 SDK 开发包或接口便可快速地开发各种个性化需求的语音交互应用。目前主要的智能语音服务商有科大讯飞、百度、腾讯、阿里等。

（1）科大讯飞开放平台　科大讯飞开放平台是智能语音领域的龙头企业——科大讯飞股份有限公司开发的智能语音国家新一代人工智能开放创新平台。该平台以“云 + 端”方式提供智能语音能力、计算机视觉能力、自然语言理解能力、人机交互能力等相关的技术和垂直场景解决方案，致力于让产品能听会说、能看会认、能理解会思考。其中，与语音交互相关的开发能力包括：语音听写、语音转写、实时语音转写、语音唤醒、离线命令词识别、离线语音听写等与语音识别相关的服务；在线语音合成、离线语音合成、发音人自训练平台等与语音合成相关的服务；语音评测、性别年龄识别、声纹识别、歌曲识别等与语音分析相关的服务；AIUI 人机交互、机器翻译、情感分析、关键词提取等与自然语言处理相关的服务。

（2）百度 AI 开放平台　百度 AI 开放平台是从底端智能云，中间百度大脑，到顶层的 DuerOS，打造的整体人工智能开放平台，全面开放百度大脑领先能力，包括语音识别和文字识别等 273 项场景化能力。其中，与语音交互相关的开放能力包括：短语音识别、实时语音识别、音频文件转写等语音识别相关服务；在线合成、离线语音合成等语音合成相关服务。

（3）腾讯云　腾讯云是腾讯集团打造的云计算品牌，提供领先的云计算、大数据、人工智能等技术产品与服务。其中，与语音交互相关的开放能力包括：语音识别、语音合成、声纹识别、声音工坊等。

（4）AliGenie 语音开放平台　阿里巴巴发布的语音开放平台，主要包括精灵技能市场、硬件开放平台和行业解决方案三个部分，全面赋能智能家居、新制造、新零售、酒店、航空等服务场景。

3.2.2 语音平台语音交互方式

语音交互目前主要有离线、在线两种方式。目前主流的智能语音开放平台以在线的服务为主，当然也有个别平台提供离线识别的 SDK 开发包便于行业应用。

在线语音交互的方案是让机器人处于联网状态，使用的是云端语音库及其智能语音服务，其优势体现在：① 词条的长度和条数没有限制；② 识别率及准确率高；③ 厂商开发方便，市场方案有很多选择。其缺点主要有：① 需要联网，对接云端，功能受网络情况的影响；② 响应速度相对较慢；③ 成本较高。

离线语音交互方案是机器人无需联网，使用的是本地语音库，其优势体现在：① 不需要后台服务器，不受网络因素影响；② 响应速度较快，延时低；③ 用户不用担心其他谈话内容会被录音上传到云端导致隐私泄露问题；④ 低成本、功耗低、体积小。其缺点主要有：① 命令词固定，且词条数和词条长度会被限制，一般是 200 条以内，每个命令词在 3~6 个字之间较为合适；② 相比较在线方案开发周期长，因为量产的离线语音产品都需要重新录词并进行训练。

根据以上特点，相对而言，离线语音方案适合智能语音单品，如：空调、灯、风扇、洗衣机、油烟机、茶吧机、热水器等产品；而在线语音方案更自由，更适合服务机器人等对人工智能性能要求较高的场景。当然，在无网络或者网络条件较差的工作环境，往往也采用离线语音方案。

3.3 机器人对话系统

结合前面讲解的语音交互的基本原理，进一步了解资讯机器人实际应用中对话系统的各组成部分、对话交互框架，以及语音对话处理逻辑的更多细节。

3.3.1 对话系统的组成

资讯机器人的对话系统通常由五部分组成，如图 3-4 所示。

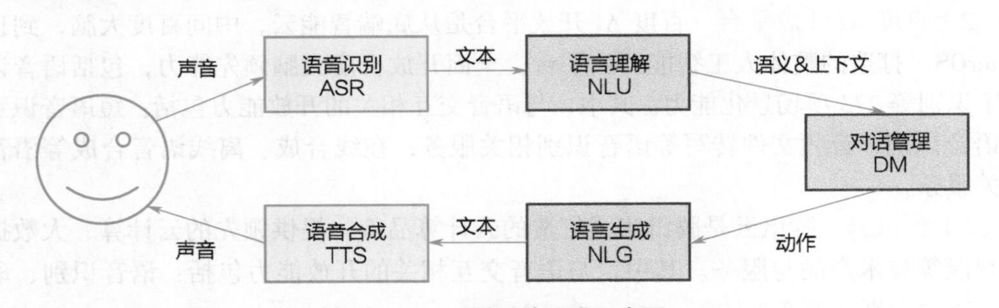

图 3-4 对话系统组成示意图

1. 语音识别（ASR）

将原始的语音信号转换成文本信息。目前，在远场（说话人距离麦克风较远）和有噪声的情况下，语音识别正确率仍然不高，这也为后面的自然语言理解带来了一些挑战。为此，需要针对场景进行语音识别的定制优化，或者开发相应的纠错模块。

2. 自然语言理解（NLU）

将识别出来的文本信息转换成机器可以理解的语义表示。自然语言的表达非常多样，同一个意图可以有很多不同的表达方式，比如“怎么截取手机屏幕？”和“如何像电脑一样获取手机桌面？”都表达了截屏的诉求，但是字面上差别很大。“打电话”这样简单的一个意图就至少有上百种不同的表达方式。除了输入本身，自然语言的理解还需要依赖上下文、领域知识和常识。自然语言的表达和理解是发展通用对话机器人的核心问题，而当前并不存在一个“魔法盒子”可以实现通用的自然语言理解。

3. 对话管理（DM）

根据 NLU 模块输出的语义表示执行对话状态的更新和追踪，并根据一定策略选择相应的候选动作。

4. 自然语言生成（NLG）

负责生成需要回复给用户的自然语言文本。自然语言的生成是将机器人的行为转换成自然语言文本，常见的方式有基于规则、模版填充和深度学习的方法。

5. 语音合成（TTS）

将自然语言文本转换成语音输出给用户。

3.3.2 对话交互框架

对话交互框架在对话系统的组成部分的基础上，如图 3-5 所示。当自然语言理解模块（NLU）把语义表示信息和上下文信息输送到对话管理模块（DM）之后，DM 就会根据用户的输入获得任务，然后明确出任务所需要的信息，对接业务平台完成任务，或者要求用户进一步输入更多信息，直到能够完成任务，最后将任务执行结果反馈给用户。需要 DM 的两个子模块来协助完成以上工作，即对话状态跟踪以及候选动作选择。

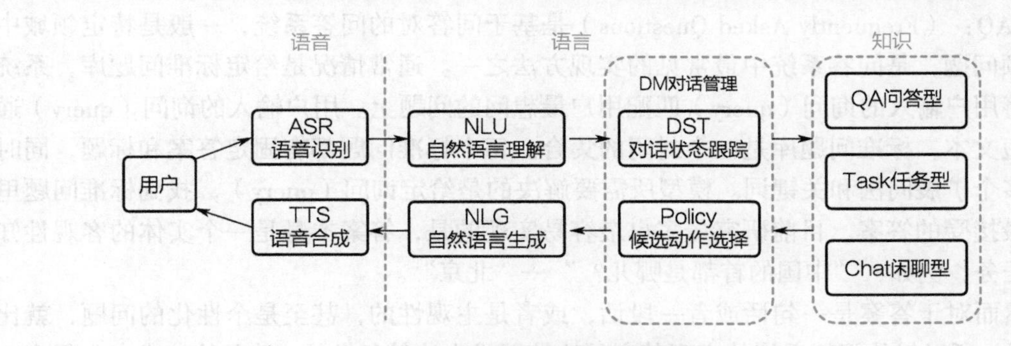

图 3-5 对话交互框架示意图

对话状态跟踪是基于历史对话状态和当前用户输入。候选动作选择则是基于当前的对话状态决定机器人的下一步行为。在候选动作选择的过程中除了需要考虑业务逻辑的限制，通常还需要基于外部知识库的查询结果。比如，用户说“帮我订一张明天下午从北京到上海的机票”，对话管理模块需要根据机票数据库的查询结果来决定是订购机票还是告知用户无票。对话状态跟踪和候选动作选择之间可能是交替进行的。对话管理本质上是一个决策过程。

因此，整个对话任务的完成离不开知识，知识通常被分成三类：问答型知识（知识库）、任务型知识（意图及参数）、闲聊型知识（语料）。

3.3.3 语音对话处理逻辑

在与服务机器人语音交互时，主要针对三种不同情况：业务类对话，非业务类对话和机器人识别到的杂音（断字残语）。在对话系统中通常按以下方式处理，具体逻辑如图 3–6 所示。

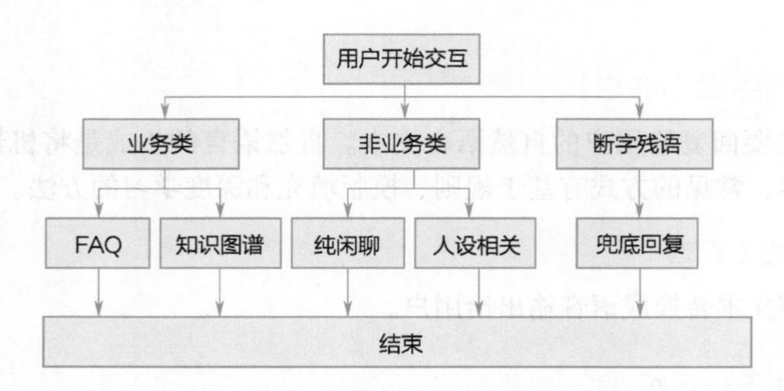

图 3–6 用户交互逻辑图

1. 问答型知识

业务类对话中最常用的是问答型知识，所构成的系统称为“问答系统”，它是信息检索的一种高级形式，能够更加准确地理解用户用自然语言提出的问题，并通过检索语料库、知识图谱或问答知识库的方式返回简洁、准确的匹配答案。

FAQ：（Frequently Asked Questions）是基于问答对的问答系统，一般是特定领域中的高频问题，是问答系统中最常见的实现方法之一。通常情况是给定标准问题库，系统需要将用户输入的询问（query）匹配用户最想问的问题上。用户输入的询问（query）通常是短文本，标准问题库是一个封闭的集合。每个标准问题都有固定答案和标题，同时会有多个扩展问法和关键词。模型所需要解决的是给定询问（query），找到标准问题里用户最接受的答案。目前研究最多也最容易实现的是，答案本身是一个实体的客观性知识的任务，例如：“中国的首都是哪儿？”—“北京”。

然而对于答案是一句话或者一段话，或者是主观性的，甚至是个性化的问题，就比较困难。所以好的问答系统的实现其实是比较困难也比较复杂的，涉及的技术点也很多。要想做一个可用的问答系统，就要针对某个具体场景去解决相应的问答需求，要做通用的自动问答系统，需对场景分析，将所有相近的问题进行统一归纳后，设计出标准回答样式，如图 3–7 所示的在线购物订单取消问答。

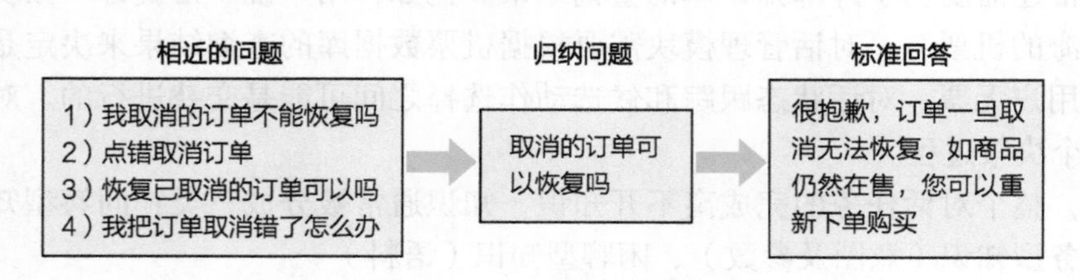

图 3–7 FAQ 范式实例

FAQ 完整的标准问题集包含三部分内容，如系统中的 FAQ 表 3-3 所示。

表 3-3 FAQ 表

标准问题	训练语料					标准回答
标准问题 1	扩展问题①	扩展问题②	扩展问题③	......	扩展问题⑨	标准回答 1
标准问题 2	扩展问题①	扩展问题②	扩展问题③	......	扩展问题⑨	标准回答 2
......	......	......	......	......	......	......
标准问题 *n*	扩展问题①	扩展问题②	扩展问题③	......	扩展问题⑨	标准回答 *n*

（1）标准问题　标准问题是根据用户最常问的问题经过归纳整理之后形成的，不等于真实用户问题。一个标准问题代表了一系列用户会问到的意思相近、可以用一个标准答案来回答的问题。

（2）标准答案　答案的内容一般是由客户给出，表述清晰精简。答案一方面要给出足够的内容让用户的疑问得到解答，语言不能冗余，太长的答案会影响用户体验。

（3）训练语料　训练语料即扩展问题，是训练机器模型所必需的数据。训练语料应该能覆盖到标准问题的主要知识点，与其他标准问题集的训练语料界限清晰，并且贴近真实用户问法。

训练语料的撰写一般有扩写和标注两种方法。

1）扩写。可以按扩写方向扩写，也可以按同义词扩写。

① 按扩写方向：可依据 5W1H 原则进行，其中 5W 是指 What、Who、When、Where、Whether、1H 则指 How。

例如：标准问题：中国共产党廉洁自律准则有哪些？

训练语料（扩展问题）：中国共产党廉洁自律准则是什么？保持廉洁自律对于党员来说有什么要求？现代党员如何保持廉洁自律？依靠哪些准则可以帮助中国共产党保持廉洁自律？想要做到廉洁自律，是否受到一些准则的约束？中国共产党如何保持廉洁自律？

② 按同义词扩写：按照句型变化或口语先后顺序或同一个概念子集。

按句型变化，如：严以修身是什么？什么是严以修身等。

2）标注。标注是指将客户真实的对话日志（log）匹配到最合适的标准问题的过程，以“主体 + 属性”的形式命名。标注时需要注意以下两种情况。

① 主体不明。当主体不明时，用户 log 可判断为无效数据，标注时可摒弃。

例如：“这个真的有效吗”，“这个”不知道是指哪个主体导致主体缺失而无法准确判断用户意图，标注时可摒弃。

② 用户 log 中有错别字。只要不影响语义理解的都算作合格语料，无需修改用户说法。当标注的数据出现一条用户 log 可与多个标准问题匹配的情况，标注时可区分清楚再标注。

撰写 FAQ 训练语料时应注意：① 尽可能模拟真实客户问法，简单明了；② 训练语料一般每个问题需要有 20 条以上的语料，可以通过标注或扩写的方式来新增语料；③ 训练语料的扩写需覆盖标准问题主要知识点，优先保证 80% 的写法、问法、方向被覆盖。

FAQ 问题集的设计原则是覆盖范围全、界限清晰、颗粒度合理；设计规范为信息完整、话术统一、语言简洁。两者之间的关系如图 3-8 所示。

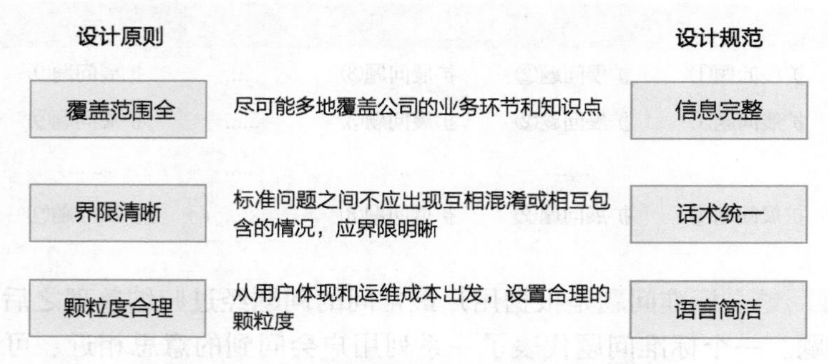

图 3-8 FAQ 问题集设计原则与设计规范

为提高 FAQ 的有效性，应注意：① 要经常更新问题，回答客户提出的一些热点问题；② 问题要短小精悍。对于提问频率高的常见的简单问题，不宜用很长的文本，否则会浪费客户在线时间；而对于一些重要问题应在保证精准的前提下尽可能简短。

为提升客户使用的便捷性，应注意：① FAQ 应该提供搜索功能，客户通过输入关键字可以直接找到有关问题；② 问题较多时，可以采用分层目录式的结构组织问题的解答，但目录层次不能太多，最好不要超过四层；③ 将客户最经常提问的问题放到前面，对于其他问题可以按照一定规律排列，常用方法是按字典顺序排列；④ 对于一些复杂问题，可以在问题之间设计连接，便于了解一个问题的同时还可以方便地找到相关问题的答案。

当前问答系统主要采用以下三类方法实现精准匹配。

（1）基于语义分析的方法　该方法的思路就是来一个询问（query）之后首先通过语义分析得出逻辑表达式，然后根据这个逻辑表达式去知识库中推理查询出答案。即使用知识图谱解决（知识图谱参见知识拓展），这个方法的重点也在于语义分析。

（2）基于信息抽取的方法　这种方法的思想就是来一个问题之后，首先是问题的各种分析，包括抽取关键词、关系词、焦点词以及问题的各种分类信息，然后从海量文档中检索出可能包含答案的文档段落，再在证据库中找到相关的证据支撑，最后根据许多模型对结果排序找到最终的答案。

（3）端对端的方法　这种方法是基于深度学习（人工神经网络的一种）的模型，首先将问题表征成一个向量（这个过程省略了问题分析步骤），然后将答案也表征成向量，最后计算这两个向量的关联度，值越高那么就越可能是答案。它的核心就是在表征答案的时候如何把候选知识（无结构化段落或者结构化子图）表征进来。

一个真正的问答系统往往都是根据要解决的问题融合以上多种方法来处理的。

2. 任务型知识

任务型知识主要针对的是对话系统中需要完成一些任务，例如：订机票、订餐等。这类任务有个较明显的特点，就是需要用户提供一些明显的信息（slot，词槽），如需要订机票时就需要和用户交互得到出发地、目的地和出发时间等词槽，然后有可能还要和用户确认等，最后帮用户完成一件事情。

对话系统会根据当前状态和相应的动作来决定下一步的状态和反馈。首先得到用户的询问（query），然后到自然语言理解模块（NLU）进行词槽识别和意图识别，而且这时候识别的意图有可能是有多个的，对应的词槽也会不同，都会有个置信度（可信度）。再进入对话管理模块（DM），对话状态跟踪（DST）会根据之前的信息得到它的当前状态，其实就是词槽（slot）的信息：得到了多少词槽（slot），还差什么词槽（slot），以及它们的得分等。候选动作选择（Policy）就是根据当前状态做出一个动作决策，例如：还需要什么词槽（slot），是否要确认等。最后进入自然语言生成模块（NLG），把相应的动作生成一句话回复给用户。

意图是指句子层面（sentence level）的语义理解单位，指动作。一个意图就是一个明确的动作，可以涵盖不同的动作对象和多样的句式。意图由意图名称和意图语料组成，意图名称的规范格式 [动词，宾语]；意图语料即意图涵盖范围内可能出现的各种问法，一条语料只能包含一个意图。一般作为机器人的指令触发条件，如图 3-9 所示。

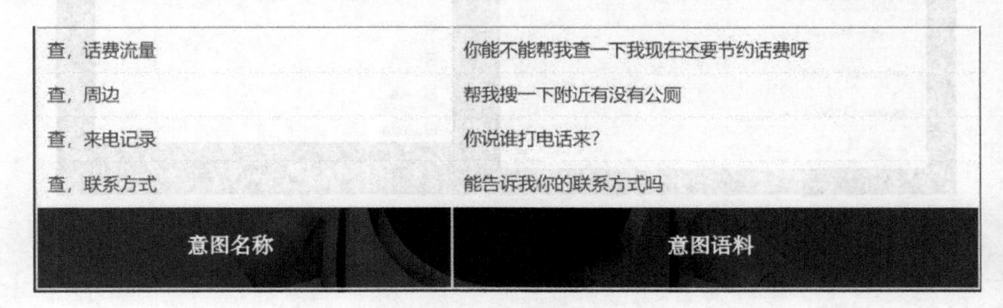

意图名称	意图语料
查，话费流量	你能不能帮我查一下我现在还要节约话费呀
查，周边	帮我搜一下附近有没有公厕
查，来电记录	你说谁打电话来?
查，联系方式	能告诉我你的联系方式吗

图 3-9　意图组成

意图的设计应遵循以下三个原则。

（1）意图明确　每个意图应该有且仅有一个动作。

（2）界限清晰　意图和意图之间应该界限分明，不能混淆。

（3）覆盖全面　尽量覆盖到需求场景中所有可能出现的意图。

意图一致的语料如图 3-10 所示，意图不一致的语料图 3-11 所示。

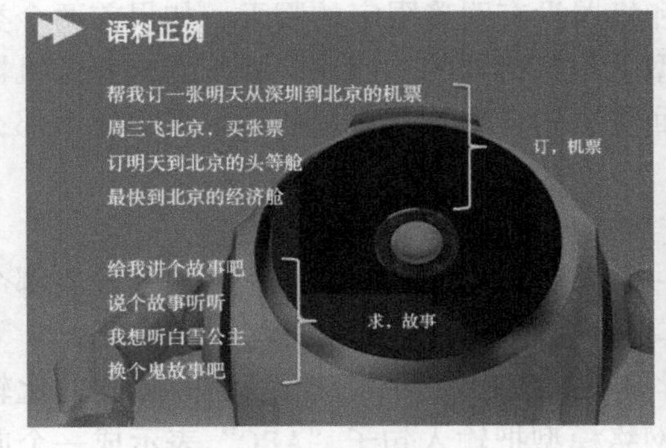

图 3-10　语料正例

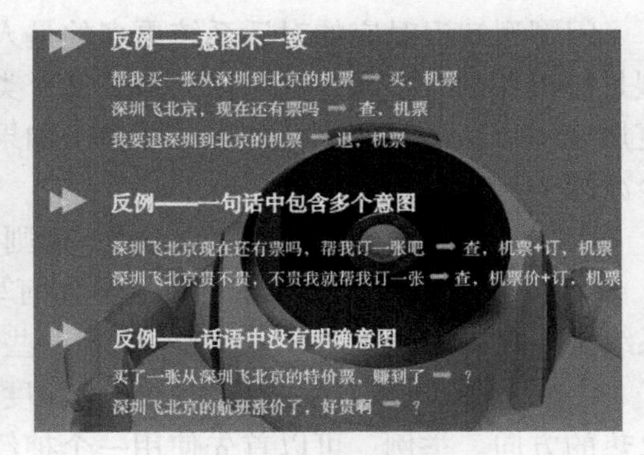

图 3-11　语料反例

注意事项：

1）意图要尽可能用客户的表达习惯，模拟客户表达场景，尽可能多地变化句式。

2）意图的语料一般在 60 条以上。

3）一句话中如果存在多个意图，需要根据实际情况指定优先级。

词库作为意图的组成元素，与意图分级管理，方便维护。库中同样层级下的词汇颗粒度是相同的。词库一般不会重复，出现重复的情况要重新整理词库范围。词库案例如图 3–12 所示。

图 3–12　词库案例

一般来说词库需要注意以下几个问题：

① 尽可能扩展同义词。每个根词汇至少有 5 条以上同义词，包含书面语、通用语、口语子范围等。

② 词库内部无重复。

③ 词库之间也无重叠。不同目录词库下，所包含的词应该是不相同的。

④ 建议词汇按照一定规律排序，方便后续维护。

3. 闲聊型知识

闲聊型知识对应的对话系统更多的是人和机器没有明确限定的聊天，如果前两个类型是打机器的“智商”牌的话，那么这个类型就是打机器的“情商”牌，让人感觉机器更加亲切，而不是冷冰冰的完成任务（如果回复语句自然且有意思的话，其实也不那么冷冰冰）。

闲聊型对话系统主要有三种方法：规则方法、生成模型和检索方法。

（1）规则方法　规则系统关键是如何写一堆规则和线上的快速匹配。目前没有哪个系统是纯规则的，规则方法顶多只是在一些其他方法处理不好的情况下的一个补充。

（2）生成模型　生成模型是随着深度学习（深度神经网络）的热潮而提出的比较火热的方向。举例：可以首先使用一个神经网络模型把输入句子“ABC”表示成一个向量，然后把这个向量作为另一个神经网络模型的输入，最后使用语言模型生成目标句子

“WXYZ”。这种方法的优点是省去了中间的模块，缺点是生成的大多是泛泛的无意义的回复、前后回复不一致，或者有句子不通顺的问题。有人尝试在融合上下文、话题、互信息等方面来解决多样性问题，但遗憾的是，只使用这种方法效果并不尽人意，而且非常依赖于大量高质量的训练语料，它可以结合其他模型和策略来处理。

（3）检索方法　检索方法的思想是，如果机器要给人回复一句话，假设这句话或相似的话之前有人说过，只需要把它找出来就可以了。这种方法就需要事先挖掘很多的语料。它最基本的流程就是首先进行自然语言理解（NLU），然后从语料库中召回一些可能的回复，最后使用更精细和丰富的模型（语义相似度、上下文模型等）找出最合适的回复给用户，期间一定要注意处理“答非所问”的现象。

4. 兜底回复

兜底服务是当用户的话匹配不到任何答案时机器人的回复，一般是多个回复内容随机回复一个，如图 3-13 所示。

图 3-13　兜底服务案例

3.4 云端服务机器人

随着服务机器人应用领域的发展，服务机器人在执行任务时面临着大量数据存储和计算的压力，但是受硬件水平、能耗和制造成本等条件的限制，服务机器人本地资源及计算能力往往有限，严重制约了服务机器人的自主行为及服务能力。随着云计算、人工智能、5G 技术的发展应用，结合云计算计算能力强、存储数据量大、按需提供资源的特点，云端服务机器人的概念及相关产品陆续出现。云端服务机器人是将服务机器人中实时性要求低、计算密集型任务（如智能语音、智能视觉等）迁移到云端，减少本地资源消耗从而降低硬件成本。

例如，目前市场上出现的 5G 云端高扩展性室内移动机器人属于模块化云端机器人，可灵活更换托盘、货柜、消毒器械、电视大屏、机械臂、摄像头等模块配件，使其在多元化岗位上自由转换，服务于营业厅、门诊、机场、酒店、餐厅、社区、学校、政府等各类场所；5G 云端服务机器人则可通过 4G/5G/WiFi 网络连接云端智能大脑，获得智能视觉、智能语音、智能语义、智能运动等综合 AI 能力，在各个关节安装的智能柔性执行器、视觉、听觉、运动感知模块，可使服务机器人完成精准运动、抓取、交互等 5G 时代的应用，胜任迎宾接待、端茶倒水、介绍讲解、引导带路、推销产品、老年护理等服务工作。

机器人克鲁泽配套了克鲁泽云端管理系统（CBIS），使之具备部分云端大脑功能。该系统具备语音管理、地图管理、人脸识别等智能语音、智能视觉相关功能，可实现远程配置机器人展示首页、推荐问法、迎宾方案、应用程序管理等信息，还能实时监控机器人的电源、网络、存储等工作状态。

计划与决策

1. 小组分工研讨

请根据项目内容及小组成员数量，讨论小组分工，包括但不限于项目管理员、部署实施员、记录员、监督员、检查复核员等。

2. 工作流程决策

- 根据现场大会的需求，根据 FAQ 范式，收集语料，设计标准问题和标准答案。

- 根据 FAQ，在哪个平台录入语料？录入时注意什么问题？

- 录入语料后，在测试语料时，应该注意什么问题？

任务实施

1. 机器人检查

按照项目 1 相关内容，完成机器人的常规检查与操作，包括外观及机器人工作环境检查、开机、电量查看、网络配置等。

2. 机器人云端管理系统使用与测试

对机器人克鲁泽，其云端管理系统是克鲁泽云端管理系统，下面对此系统进行介绍。

（1）登录　克鲁泽云端管理系统采用的是BS架构（即浏览器和服务器架构模式），使用浏览器即可打开系统登录界面，如图3–14所示。系统登录的账号一般是机器人对应的企业号，该企业号可在机器人本端的“设置”—“机器人信息”下查看，如图3–15所示。登录系统后，即可看到系统首页，如图3–16所示。

图3–14　CBIS系统登录界面

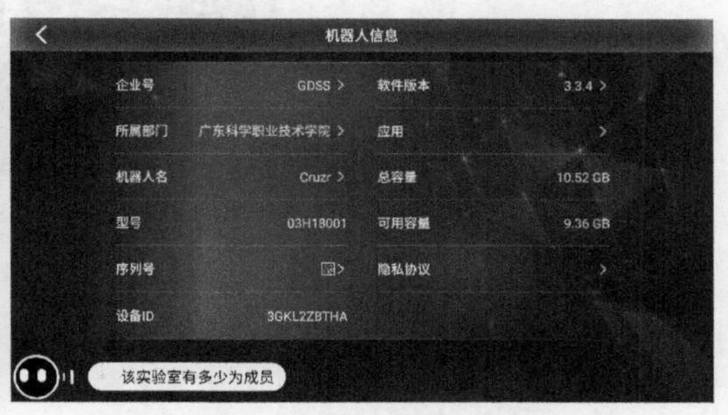

图3–15　查看机器人企业号

图3–16　系统首页

思考与探索：

① 克鲁泽云端管理系统采用BS架构有何优势？

____

____

② 克鲁泽云端管理系统里，一级菜单有哪些？其中属于监控类的菜单有哪些？

____

____

（2）机器人工作状态监控　在克鲁泽云端管理系统里，单击“机器人”菜单，即可查看本部门的机器人列表以及每个机器人的在线状态、最近活跃时间等，如图3–17所示。若想查看具体每一台机器人的详细信息，单击对应的软件序列号即可进入机器人详情信息，主要包括机器人状态、路径轨迹、云端控制等信息，如图3–18所示。

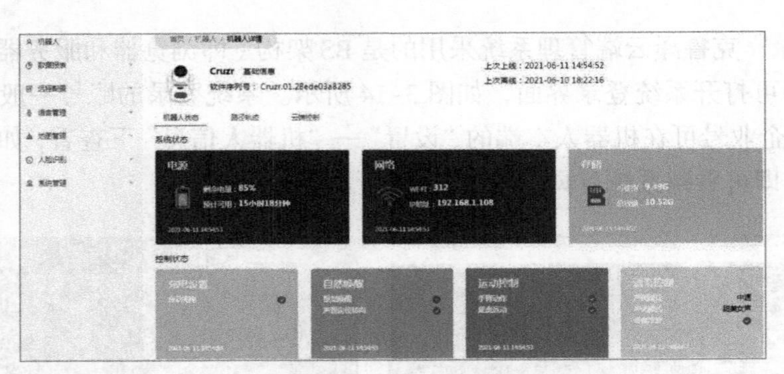

图 3-17　查看机器人列表

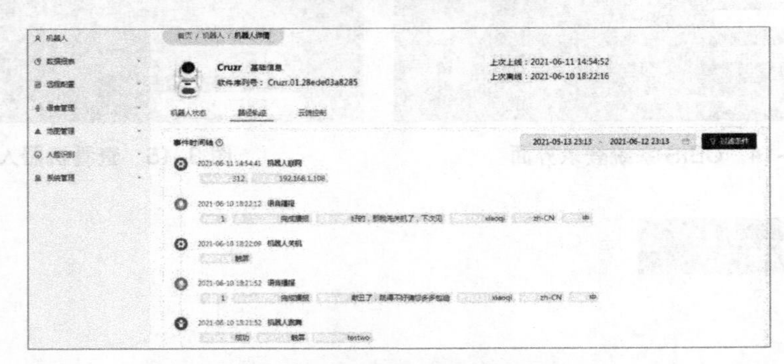

图 3-18　机器人详情信息查看

克鲁泽云端管理系统还以数据报表形式给出了机器人活跃指标，在系统菜单栏里单击“数据报表”–“活跃指标”即可进入查看页面，如图 3-19 所示。

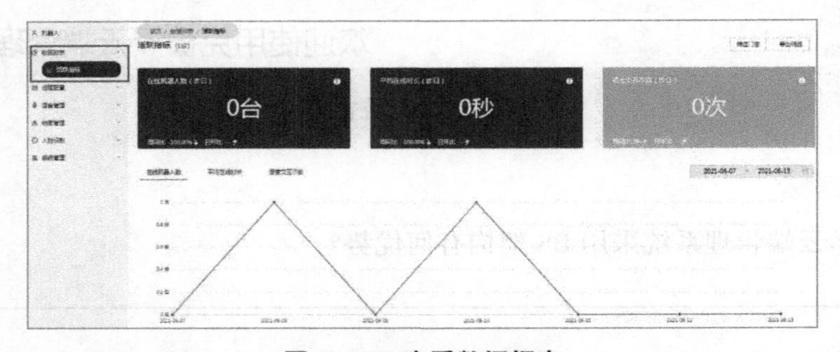

图 3-19　查看数据报表

思考与探索：

① 可查看的机器人的状态包括哪些？

---

② 路径轨迹主要是记录机器人的什么信息？该信息包括哪几类？这些信息是以什么顺序展示的？记录这些信息有何作用？

---

③ 云端控制主要实现什么功能？该功能具体有哪些方式？开发该功能有何作用？

____

④ 根据系统登录及机器人详情信息查看方式，请思考：克鲁泽云端管理系统是以什么信息来绑定机器人的？

____

⑤ 系统展示的活跃指标包括哪些？这些指标是以多长统计时间来展示的？展示这些信息有何作用？

____

（3）系统管理　与其他业务系统类似，克鲁泽云端管理系统提供了系统管理功能，主要包括部门管理、用户管理、角色管理三方面，单击“系统管理”菜单即可进入相关页面，如图 3–20 所示。

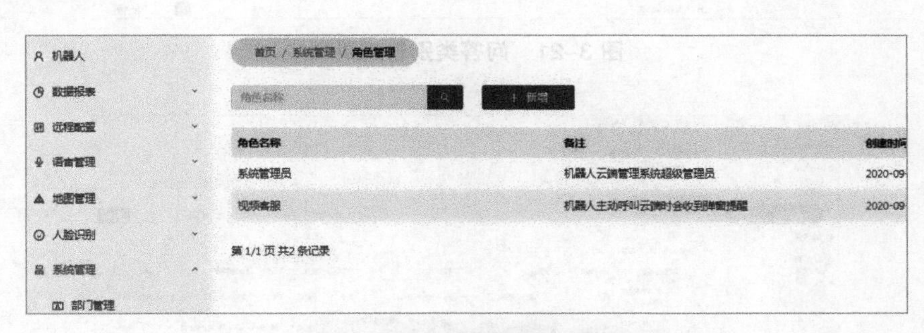

图 3–20　系统管理功能页面

思考与探索：

① 系统提供的角色主要有哪几类？角色之间的区别有哪些？请通过实际测试验证是否支持自定义角色？

____

② 请思考系统管理功能有何作用？

____

克鲁泽云端管理系统的其他功能以控制为主，将根据具体任务在后续内容中详细介绍。

3. 机器人语音交互的管理与测试

对机器人克鲁泽，语音交互的管理主要通过克鲁泽云端管理系统完成，包括定制问答、推荐问法两方面。

（1）创建定制问答　为便于查找与维护，系统分问答类别及问答内容两方面开展管理。

单击“语音管理”–“定制问答”–“问答类别”即可进入问答类别管理界面，支持新建、编辑、删除、筛选等操作，如图 3–21 所示。

单击“语音管理”-“定制问答”-“问答列表”即可进入问答内容管理界面，支持新建、编辑、删除、筛选、导入问答等操作，如图 3-22 所示。其中，问答详情包括部门、类别、问题、答案、状态、更新时间以及机器人回答问题期间界面显示内容及其动作等。若新建或修改问答内容，等待 10~15 分钟，克鲁泽云端管理系统自动同步到云端语料库，此过程无需人为操作。

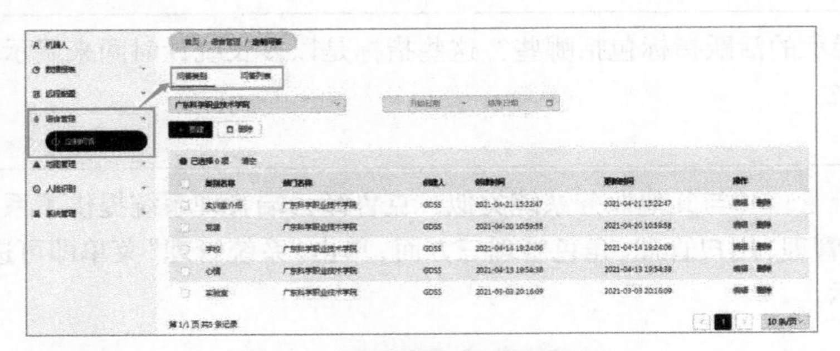

图 3-21　问答类别管理页面

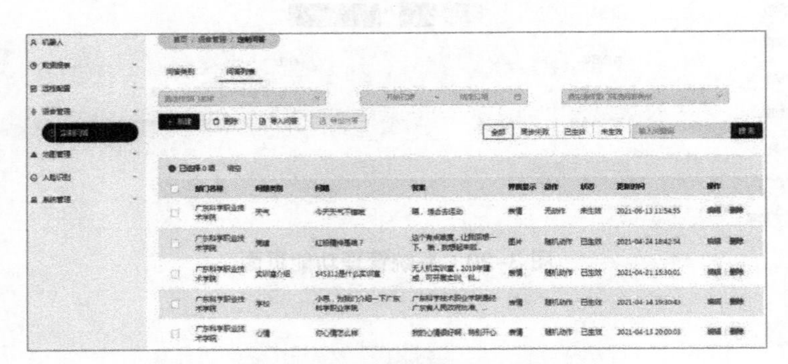

图 3-22　问答内容管理页面

思考与探索：

① 请结合 FAQ 的定义及范式，思考：相似问题是什么含义？在系统什么位置可录入相似问题？最多可以录入多少个相似问题？扩展答案最多可以录入多少个？

② 机器人回答问题期间界面显示内容有哪些可选择？配套动作有哪些可选择？是否支持定制动作？

③ 如何判断新建或修改的问答内容已被同步到云端语料库？

④ 请思考为何无需人为操作，而是采用等待 10~15 分钟系统自动同步的方式上传定制的问答到云端语料库？

（2）推荐问法　推荐问法可针对特定的应用设置推荐的词句供用户提问时参考，单击“远程配置”-“推荐问法”即可进入推荐问法管理界面，支持新建、编辑、删除、筛选、复用等操作，如图 3-23 所示。

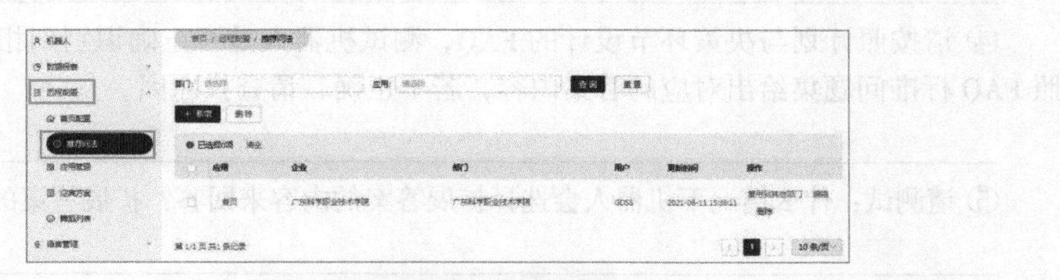

图 3-23　推荐问法管理界面

思考与探索：

① 请思考设置推荐问法的作用是什么？

② 推荐问法在什么地方展示？是否支持展示多个推荐问法？

（3）测试　推荐问法设置成功后，在相应的应用程序界面上，会展示设置的推荐问法内容，如图 3-24 所示。

与机器人对话，当机器人识别到相关指令或问题时，将会根据图 3-4 所示的用户交互逻辑给出相应的回答，并根据设定的内容做出相关的动作或表情，如图 3-25 所示。

图 3-24　推荐问法展示效果

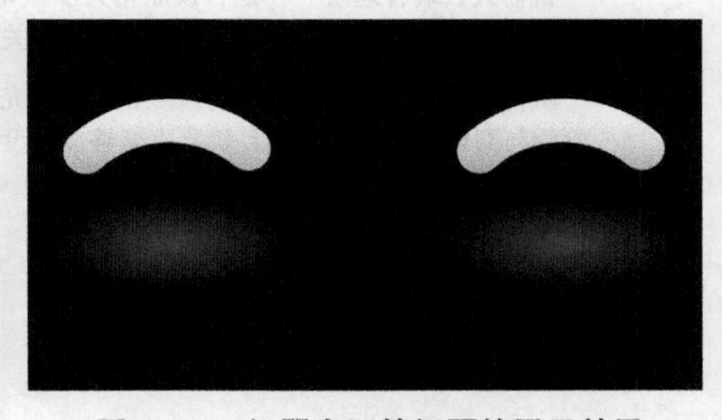

图 3-25　机器人回答问题的展示效果

思考与探索：

① 请测试：在机器人不联网的状态下语音是否被识别？据此判断机器人的语音交互实现方式是在线还是离线？其优缺点是什么？

② 请测试：在 ROS 系统不联网的状态下语音是否被识别？据此判断机器人的语音交互是在哪个系统上实现的？

③ 请测试：两个人同时与机器人对话或在嘈杂环境下，机器人是否正确识别对话的内容并按定制的回答内容进行回答？据此分析语音交互应注意哪些问题？

____

④ 请按照计划与决策环节设计的 FAQ，测试机器人是否正确识别到相似问题，并按照 FAQ 标准问题集给出对应的答案内容，若不正确，请查找原因。

____

⑤ 请测试：什么情况下机器人会选择扩展答案的内容来回答？扩展答案的作用是什么？

____

⑥ 请测试：机器人在回答问题时是否支持停顿（类似于做出思考的样子）？若支持，该如何设置？

____

任务检查与故障排除

序号	检查项目	检查要求	检查结果
1	机器人检查	是否完成机器人的常规检查与操作，包括外观及机器人工作环境检查、开机、电量查看、网络配置等	
2	FAQ 标准问题集设计	是否完成根据应用场景要求以及 FAQ 范式设计 FAQ 标准问题集	
3	机器人云端管理系统使用与测试	是否按照相关步骤完成机器人云端管理系统使用与测试，是否理解系统相关功能的设计目的	
4	机器人语音交互的管理与测试	是否按照相关步骤完成机器人语音交互的管理与测试，而且机器人能够按照设计的 FAQ 标准问题集进行回答	

任务评价

实训项目							
小组编号		场地号		实训者			
序号	考核项目	实训要求	参考分值	自评	互评	教师评价	备注
1	任务完成情况（35 分）	机器人检查	5				实训所要求的所有内容必须完整地进行执行，根据完成任务的完整性对该部分进行评分
		FAQ 标准问题集设计	5				
		机器人云端管理系统使用与测试	10				
		机器人语音交互的管理与测试	10				
		小组内部讨论、沟通交流或汇报	5				

（续）

序号	考核项目	实训要求	参考分值	自评	互评	教师评价	备注
2	实训记录（20 分）	分工明确、具体	5				所有记录必须规范、清晰并且完整
		数据、配置有清楚的记录	10				
		记录实训思考与总结	5				
3	实训结果（20 分）	机器人检查	5				小组的最终实训成果是否符合“任务检查与故障排除”中的具体要求
		FAQ 标准问题集设计	5				
		机器人云端管理系统使用与测试	5				
		机器人语音交互的管理与测试	5				
4	6S 及实训纪律（15 分）	遵守课堂纪律	5				小组成员在实训期间在纪律方面的表现
		实训期间没有因为错误操作导致事故	5				
		机器人及环境均没有损坏	5				
5	团队合作（10 分）	组员是否服从组长安排	5				小组成员是否能够团结协作，共同努力完成任务
		成员是否相互合作	5				
异常情况记录							

实训思考与总结

1. 以思维导图形式描述本项目学过的知识。

2. 思考在工作过程中可能会遇到什么故障，如何解决？

理论测试

请扫描以下二维码对所学内容进行巩固测试。

实操巩固

某党史纪念馆拟采用资讯机器人回答参观观众的问题，以减轻工作人员的压力。作为交付工程师，请完成以下工作：

1）以中国共产党人精神谱系为题材，根据 FAQ 范式设置 10 个问题，对每个问题进行扩展，扩展数量 5 条以上，然后对问题设计标准答案。

2）设计兜底回复答案。

3）登录克鲁泽云端管理系统 CBIS，录入问题及答案。

4）分组交叉测试，优化语料库，做出记录。

5）优化完成，测试成功后，将机器人布置到党史纪念馆现场。

6）对党史纪念馆工作人员进行使用培训。

知识拓展

在人类社会中，语言扮演着重要的角色，语言是人类区别于其他动物的根本标志，没有语言，人类的思维无从谈起，沟通交流更是无源之水。所谓“自然”乃是寓意自然进化形成，是为了区分一些人造语言，类似 C++、Java 等人为设计的语言。NLP 的目的是让计算机能够处理、理解以及运用人类语言，达到人与计算机之间的有效通信。

3.5 NLP

NLP（Natural Language Processing，自然语言处理）是计算机科学领域以及人工智能领域的一个重要的研究方向，它研究用计算机来处理、理解以及运用人类语言（如中文、英文等），达到人与计算机之间进行有效通信的目的。

在一般情况下，用户可能不熟悉机器语言，所以自然语言处理技术可以帮助这样的用户使用自然语言和机器交流。从建模的角度看，为了方便计算机处理，自然语言可以被定义为一组规则符号的集合，人们组合集合中的符号来传递各种信息。

这些年，NLP 研究取得了长足的进步，逐渐发展成为一门独立的学科，从自然语言的角度出发，NLP 基本可以分为两个部分：自然语言处理以及自然语言生成，演化为理解和生成文本的任务，自然语言的理解是个综合的系统工程，它又包含了很多细分学科，有代表声音的音系学，代表构词法的词态学，代表语句结构的句法学，代表理解的语义句法学和语用学。

1）音系学：指语言中发音的系统化组织。

2）词态学：研究单词构成以及相互之间的关系。

3）句法学：给定文本的哪部分是语法正确的。

4）语义学：给定文本的含义是什么。

5）语用学：文本的目的是什么。

语言理解涉及语言、语境和各种语言形式的学科。而自然语言生成（Natural Language Generation，NLG）恰恰相反，从结构化数据中以读取的方式自动生成文本。该过程主要包含三个阶段：

1）文本规划：完成结构化数据中的基础内容规划。

2）语句规划：从结构化数据中组合语句来表达信息流。

3）实现：产生语法通顺的语句来表达文本。

NLP 可以被应用于很多领域，这里大概总结出以下几种通用的应用：

1）机器翻译：计算机具备将一种语言翻译成另一种语言的能力。机器翻译是自然语言处理中最为人所熟知的场景，国内外有很多比较成熟的机器翻译产品，比如百度翻译、Google 翻译等，还有提供支持语音输入的多国语言互译的产品。

2）情感分析：计算机能够判断用户评论是否积极。情感分析在一些评论网站比较有用，比如某餐饮网站的评论中会有非常多拔草的客人的评价，如果一眼扫过去满眼都是又贵又难吃，那谁还想去呢？另外有些商家为了获取大量的客户不惜雇佣水军灌水，那就可以通过自然语言处理来做水军识别，情感分析来分析总体用户评价是积极还是消极。

3）智能问答：计算机能够正确回答输入的问题。智能问答在一些电商网站有非常实际的价值，比如代替人工充当客服角色，有很多基本而且重复的问题，其实并不需要人工客服来解决，通过智能问答系统可以筛选掉大量重复的问题，使得人工座机能更好地服务客户。

4）文摘生成：计算机能够准确归纳、总结并产生文本摘要。文摘生成利用计算机自动地从原始文献中摘取关键文本，全面准确地反映某一文献的中心内容。这个技术可以帮助人们节省大量的时间成本，而且效率更高。

5）文本分类：计算机能够采集各种文章，进行主题分析，从而进行自动分类。文本分类是机器对文本按照一定的分类体系自动标注类别的过程。举一个例子，垃圾邮件是一种令人头痛的顽症，困扰着非常多的互联网用户。2002 年，Paul Graham 提出使用“贝叶斯推断”来过滤垃圾邮件，1000 封垃圾邮件中可以过滤掉 995 封并且没有一个是误判，另外这种过滤器还具有自我学习功能，会根据新收到的邮件，不断调整。也就是说收到的垃圾邮件越多，相对应的判断垃圾邮件的准确率就越高。

6）舆论分析：计算机能够判断目前舆论的导向。舆论分析可以帮助分析哪些话题是目前的热点，分析传播路径以及发展趋势，对于不好的舆论导向可以进行有效的控制。

7）知识图谱：知识点相互连接而成的语义网络。

3.6 知识图谱和人工智能

人工智能是指机器要像人一样可以思考，具有智慧。现在这个阶段，研究人工智能的人越来越多，在很多行业也实现了部分的人工智能，让机器代替了人进行简单重复性的工作。

可以把人工智能分为两个层次，一个是感知层次，也就是听觉、视觉、嗅觉、味觉等。目前人工智能在听觉和视觉方面做得比较好，研究语音识别、图像识别的人多，也有产品出来。但是，感知层次的人工智能还没有体现人类的独有智慧，其他动物可能在感知层次比人要好，比如鹰的眼睛、狼的耳朵、豹的速度、熊的力量等。

真正体现人工智能的还是第二个层次，也就是认知层次，能够认识这个客观世界。而认知世界是通过大量的知识积累实现的，小孩子见过几次狗和猫（如图 3-26），就能分辨出狗和猫，让机器来分辨难度就比较大，当然现在通过大数据训练也在提升。这种认知能力是知识的运用，小孩子见到狗和猫，他就会在潜意识中总结，狗的特征：长耳朵，瘦脸，汪汪叫；猫的特征：短耳朵，圆脸，喵喵叫。这些知识会存储在人类的大脑中，作为经验知识，再次碰到类似的动物，人们马上就从记忆中想起该动物的特征，对号入座，马上判断出动物的类型。机器要想具有认知能力，也需要建立一个知识库，然后运用知识库来做一些事，这个知识库就是知识图谱。从这个角度来说，知识图谱是人工智能的一个重要分支，也是机器具有认知能力的基石，在人工智能领域具有非常重要的地位。

图 3-26 狗和猫

3.6.1 知识图谱的由来

知识图谱（Knowledge Graph）首先是由 Google 提出来的，大家知道 Google 是做搜索引擎的，知识图谱出现之前，人们使用 Google、百度进行搜索的时候，搜索的结果是一堆网页，人们会根据搜索结果的网页题目再单击链接，才能看到具体内容。2012 年 Google 提出 Google Knowledge Graph 之后，利用知识图谱技术改善了搜索引擎核心，表现出来的就是现在使用搜索引擎进行搜索的效果，搜索结果会以一定的组织结构呈现，比如搜索比尔盖茨，结果如图 3-27 所示。

图 3-27 搜索引擎反馈结果示意图

这样的搜索结果与知识图谱出现之前的结果有什么区别？美国工程院院士阿米特·辛格博士对知识图谱的介绍很简短：things（事物），not string（不是字符串）。他抓住了知识图谱的核心，也点出了知识图谱加入之后搜索发生的变化。以前的搜索，都是将要搜索的内容看作字符串，结果是和字符串进行匹配，将匹配程度高的排在前面，后面按照匹配度依次显示。利用知识图谱之后，将搜索的内容不再看作字符串，而是看作客观世界的事物，也就是一个个的个体。搜索比尔盖茨的时候，搜索引擎不是搜索“比尔盖茨”这个字符串，而是搜索比尔盖茨这个人，围绕比尔盖茨这个人，展示与他相关的人和事，左侧百科会把比尔盖茨的主要情况列举出来，右侧显示比尔盖茨的微软产品和与他类似的人，主要是一些 IT 行业的创始人。一个搜索结果页面就把比尔盖茨的基本情况和他的主要关系都列出来了，搜索的人很容易找到自己感兴趣的结果。

3.6.2 知识图谱是什么

知识图谱本质上是一种语义网络，用图的形式描述客观事物，这里的图指的是数据结构中的图，也就是由节点和边组成的，这也是知识图谱（Knowledge Graph）的真实含义。知识图谱中的节点表示概念和实体。概念是抽象出来的事物，实体是具体的事物；边表示事物的关系和属性，事物的内部特征用属性来表示，外部联系用关系来表示。很多时候，人们简化了对知识图谱的描述，将实体和概念统称为实体，将关系和属性统称为关系，这样就可以说知识图谱就是描述实体以及实体之间的关系。实体可以是人、地方、组织机构、概念等，关系的种类更多，可以是人与人之间的关系、人与组织之间的关系、概念与某个物体之间的关系等。如图 3-28 所示，复脉汤（实体）能够治疗（关系）霍乱（实体）。

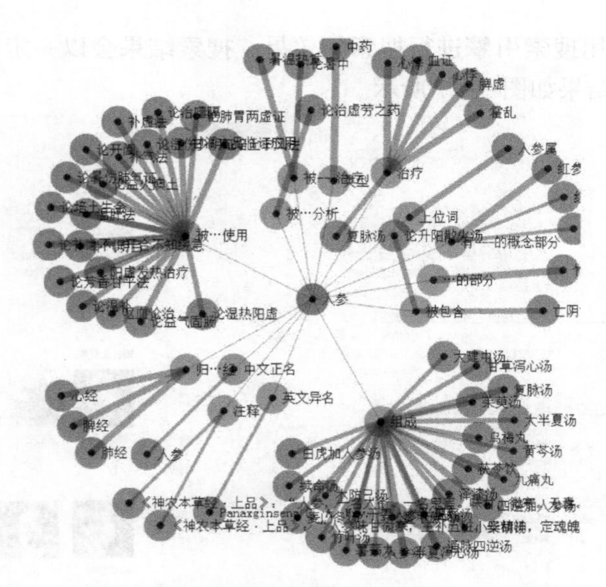

图 3-28　知识图谱示意图

3.6.3　知识图谱是怎么组织数据的

知识图谱是由实体和实体的关系组成，通过图的形式表现出来，那么实体和实体关系的这些数据在知识图谱中是怎么组织的呢？这就涉及三元组的概念，在知识图谱中，节点 – 边 – 节点可以看作一条记录，第一个节点看作主语，边看作谓语，第二个节点看作宾语，“主谓宾”构成一条记录。比如“人参的英文异名是 Panaxginseng”，“人参”是主语，“英文异名”是谓语，Panaxginseng 是宾语。知识图谱就是由这样的一条条三元组构成的，围绕着一个主语，可以有很多的关系呈现，随着知识的不断积累，最终会形成一个庞大的知识图谱。知识图谱建设完成后，会包含海量的数据，内涵丰富的知识。

3.6.4　知识图谱的应用场景

知识图谱构建完成之后，主要用在哪些地方？比较典型的应用是语义搜索、智能问答、推荐系统等方面。知识图谱是一个具有本体特征的语义网络，可以看成是按照本体模式组织数据的知识库，以知识图谱为基础进行搜索，可以根据查询的内容进行语义搜索，查找需要找的本体或者本体的信息，这种语义搜索功能在百度、阿里巴巴等数据量大的公司里得到应用。智能问答和语义搜索类似，对于提问内容，计算机首先要分析提问问题的语义，然后再将语义转换为查询语句，到知识图谱中查找，将最贴近的答案提供给提问者。推荐系统首先要采集用户的需求，分析用户的以往数据，提取共同特征，然后根据一定的规则，对用户提供推荐的产品。比如淘宝中记录用户经常购买的商品，经常浏览的商品，提取这些商品的共同特征，然后给这个用户打上标签，给用户推荐具有类似特征的商品。知识图谱主要反映事物之间的关系，对于和关系链条有关的场景，也可以用知识图谱解决，一些应用场景包括反欺诈、不一致性验证、异常分析、客户管理等。

04

项目 4 “彬彬有礼”——部署迎宾机器人

迎宾机器人是集智能运动、智能语音、智能视觉技术于一身的高科技产品，该类型机器人大多数为仿人形机器人，身高、体形、表情等都力争逼真、亲切、可爱、美丽、大方、栩栩如生，给人以真切之感，体现人性化。

近年来，我国服务机器人技术的不断升级以及产业结构的不断完善，为迎宾机器人的发展创造了优越的条件。目前市场上已经建立起较为完备的产业链，多家服务机器人龙头企业争相推出具有核心技术的迎宾机器人，并将其应用于多种多样的社会场景中，如图 4-1 所示，优必选服务机器人被广泛应用在各种环境工作的场景。

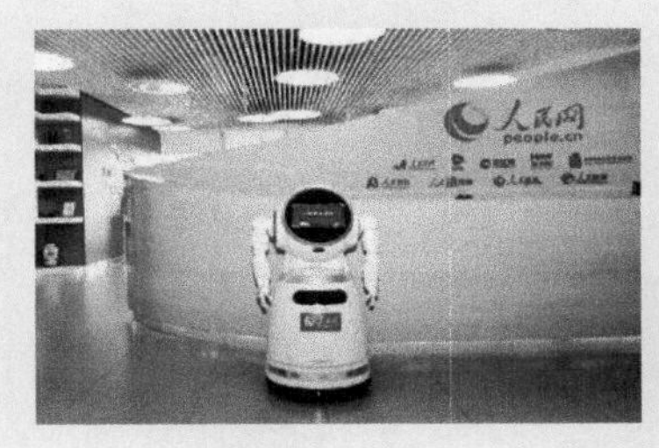

图 4-1 迎宾机器人应用场景广泛

学习情境

国际无人系统大会的举办方希望服务机器人进一步发挥作用，不但能够回答参会嘉宾的相关资讯，还能够接待嘉宾，起到迎宾的作用。作为交付或售后工程师，需要将服务机器人部署为具有迎宾功能的机器人。

学习目标

知识目标

1. 了解迎宾机器人具备的必要功能；
2. 掌握机器人激光雷达的选用技巧；
3. 理解人脸识别的工作原理；
4. 了解人脸识别的优势和局限性；
5. 熟悉迎宾方案的基本设计流程。

技能目标

1. 熟练掌握机器人迎宾方案部署方法；
2. 熟练掌握机器人迎宾方案测试方法。

职业素养目标

1. 培养遵纪守法的公民意识；
2. 培养努力赶超的职业精神。

重难点

重　点

1. 熟悉迎宾方案的基本设计流程；
2. 熟练掌握机器人迎宾方案部署方法；
3. 熟练掌握机器人迎宾方案测试方法。

难　点

1. 掌握机器人激光雷达的选用技巧；
2. 理解人脸识别的工作原理。

项目任务

1. 根据业务场景，将机器人部署到指定场地，并开展机器人检查；
2. 根据应用场景，设计迎宾方案；
3. 部署并测试迎宾方案；
4. 交付并进行用户培训。

学习准备

表 4–1 学习准备清单

所需软硬件名称	版本号	地址
机器人克鲁泽	教育版	现场
本体 ROM	V3.304	预装
本体 ROS（1S）	V1.4.0	预装
Android	APK V1.0.5	预装
PC 软件	V3.3.20200723.04	/ 工具软件 /PC
机器人克鲁泽手机 APP	V2.02（安卓手机）	/ 工具软件 / 手机 APP

知识链接

服务机器人的迎宾功能需要涉及人体靠近识别、人脸识别、动作规划、语音播报等技术，其中动作规划与语音播报已分别在项目 2、项目 3 介绍，本项目主要介绍人体靠近识别、人脸识别等技术。人体靠近识别通常使用雷达检测实现，而人脸识别属于机器视觉领域的一项技术。

4.1 迎宾机器人的功能

迎宾机器人能够实现以下功能：

- 自主迎宾：将机器人放置会场、宾馆、商场等活动及促销现场，当宾客经过时，机器人会主动打招呼：“您好！欢迎您光临”；宾客离开时，机器人会说：“您好，欢迎下次光临”。
- 致迎宾辞：迎宾机器人能够在舞台和现场向宾客致“欢迎辞”，“欢迎辞”可由用户先拟定内容，编程输入后通过机器人特有的语音效果表达出来。
- 动作展示：展示期间，机器人可表演唱歌、讲故事、背诗等才艺节目，机器人同时配备头部、眼部、嘴部、手臂动作，充分展示机器人的娱乐功能。

- 人机对话：机器人具备智能语音交互功能，现场宾客可使用麦克风向机器人提出众多问题，对话内容可以根据用户需要制定，机器人则用幽默的语言回答宾客提问。通过人机对话，既可把本次活动或庆典的内容充分展示给现场宾客，同时增加宾客的参与性、娱乐性，产生良好的互动效果。

近年来，迎宾机器人市场上出现了“百家争鸣”“百花齐放”的场景，迎宾机器人在提升我国居民生活质量及幸福感上会逐步发挥重要的作用。而对迎宾机器人的正确部署及成功交付是令其发挥作用的必要前提。

在本项目中，将使用服务机器人部署一个迎宾机器人，综合运用前三个项目中学到的机器人上肢舞蹈、底盘移动以及语音交互技能，结合机器视觉等技术，在实际的应用中继续充分发挥机器人的潜力。

4.2 激光雷达在机器人中的应用

4.2.1 激光雷达的基本原理

所谓雷达，就是用电磁波探测目标的电子设备。激光雷达，顾名思义就是以激光来探测目标的雷达。具体来讲，它是以发射激光束探测目标的位置、速度等特征量的雷达系统。

犹如人类的眼睛，它可以确定物体的位置、大小等。如图 4–2 所示，激光雷达的工作原理是向目标探测物发送探测信号（激光束），然后将目标发射回来的信号（目标回波）与发射信号进行比较，进行适当处理后，便可获取目标的相关信息，例如，目标距离、方位、高度、速度、姿态、形状等参数，从而对目标进行探测、跟踪和识别。

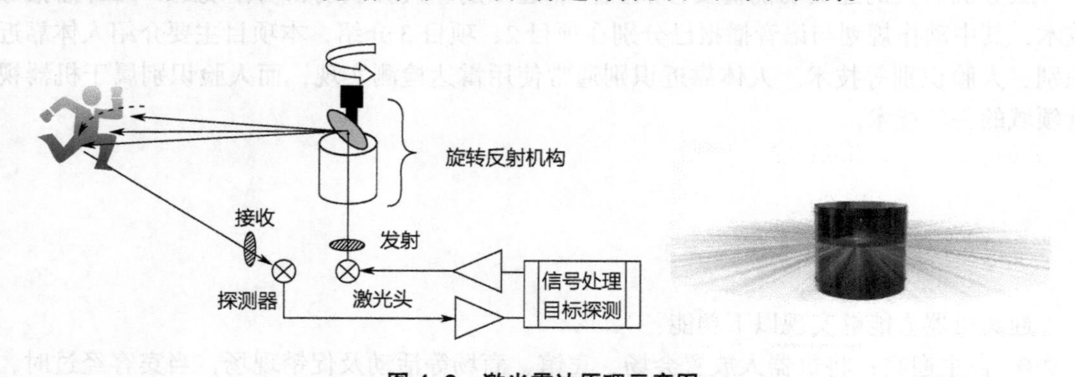

图 4–2 激光雷达原理示意图

激光雷达工作在红外和可见光波段（见图 4–3），以激光为工作光束。它通常由激光发射机、光学接收机、转台和信息处理系统等组成，激光器将电脉冲变成光脉冲发射出去，光接收机再把从目标反射回来的光脉冲还原成电脉冲，送到显示器。

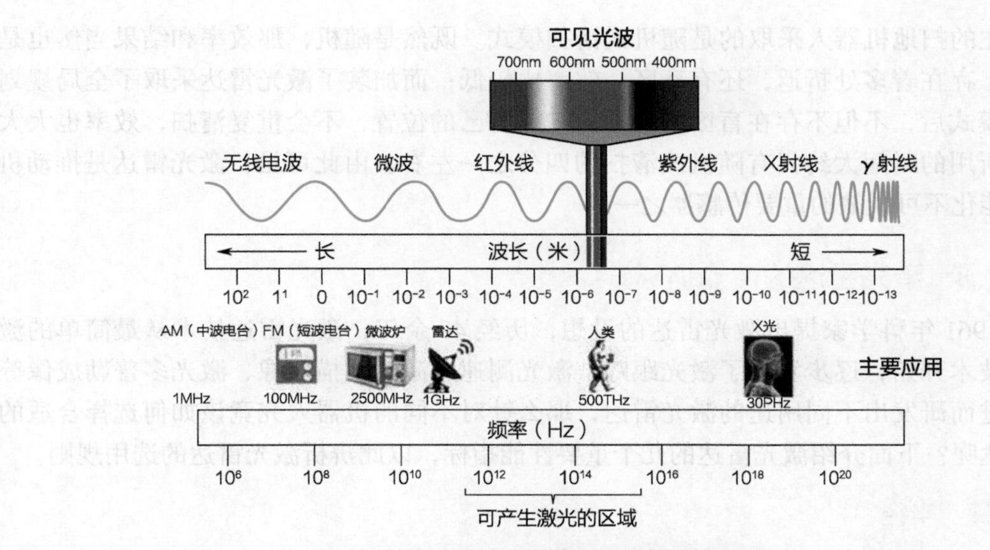

图 4–3　可产生激光的波段区域示意图

4.2.2 激光雷达在机器人领域的应用

随着人工智能的发展，激光雷达获得了广泛的关注。在机器人领域，激光雷达可以帮助机器人在未知环境中了解周边环境信息，为后续定位导航，甚至是人机互动提供很好的环境感知能力，推进机器人智能化的进程。

扫地机器人是目前进入家庭最为广泛的机器人之一。第一款真正意义上的扫地机器人是在 1996 年出现的，名为三叶虫，由于其价格昂贵，问题较多，面世之后市场一直反响平平，远远没有达到可以量产的规模。直到 2002 年，美国的军用机器人公司 iRobot 尝试将机器人技术与扫地功能相结合，第一款量产的扫地机器人 Roomba 400 就出现了，一投入市场便大受欢迎，当年就销售出去将近 10 万台。但哪怕是 iRobot 这种在军用机器人技术方面顶尖的公司，尝试进入小家电这种民用产品时也是踩了不少坑。

因为虽然一开始推出的扫地机器人很受欢迎，但离大部分人认为的“好用”还有相当远的距离。最常见的抱怨就是，“经常扫的地方来回走，有的地方又干脆不扫”。这造成了 iRobot 投入市场 8 年，年销量才从 2002 年的 10 万台左右，提升到 2010 年的 100 万台。大量的扫地机器人买来之后就被放在墙角吃灰。

革命性的突破发生在 2010 年，Neato 公司把激光雷达安装在扫地机器人上面，推出了 Neato XV–11（见图 4–4），才正式拉开了扫地机器人普及的序幕。它搭载的激光雷达可通过 360° 旋转的激光发射装置对地面障碍物进行测距，从而完成地面建模，配合同步定位与建图（SLAM）算法，可以实现对地面的“全局规划式”清扫，首次实现了大部分人理解的“好用”。

图 4–4　Neato XV–11 扫地机器人

以往的扫地机器人采取的是随机式清扫模式。既然是随机，那效率和结果当然也是随机的，存在着多处折返，还有盲区，效率比较低；而加装了激光雷达采取了全局规划式清扫模式后，不但不存在盲区，还因为知道自己的位置，不会重复清扫，效率也大大提升，所用的时间大约只有随机式清扫的四分之一左右。由此可见，激光雷达是推动机器人智能化不可或缺的重要传感器之一。

4.2.3 激光雷达的性能指标

自 1961 年科学家提出激光雷达的设想，历经 40 余年，激光雷达技术从最简单的激光测距技术开始，逐步发展了激光跟踪、激光测速、激光扫描成像、激光多普勒成像等技术，进而研发出不同用途的激光雷达，那么针对不同的机器人究竟该如何选择合适的激光雷达呢？下面介绍激光雷达的几个重要性能指标，以此辨析激光雷达的选用规则。

1. 探测半径

激光雷达的主要用途是距离测量，其测量的最大距离（量程）自然是其最核心的指标。根据探测距离，激光雷达分为远距离激光雷达、中等距离激光雷达和近距离激光雷达。远距离激光雷达，其测量最大距离为 100~200m，甚至更远距离，常用于无人驾驶汽车领域，无人驾驶激光雷达示意图如图 4–5 所示；中等距离激光雷达，其测量最大距离为 10~100m，适用于普通商用条件下的机器人应用；近距离激光雷达，其测量最大距离为 6m 半径以内，更适用于家庭环境下，如家庭机器人中的扫地机器人。

2. 扫描频率

较高的扫描频率可以确保安装激光雷达的机器人实现较快速度的运动，并且保证地图构建的质量，如图 4–6 所示。如果激光雷达一秒钟要转 10 圈，对于一个一秒钟测量 4000 点的激光雷达来说，它每圈就可以分到 400 个点，因此，它的角度分辨率是 0.9 度。如果将激光雷达的采样频率做得更快，它旋转一圈就能采集到更多的点，所以能够更加精确地刻画环境的数据。

图 4–5 无人驾驶激光雷达示意图

图 4–6 激光雷达点云图像

行业内有一个通用的要求，激光雷达的扫描频率（转数）不得低于 5Hz/s，且每一圈采集到的点数应该达到 360 个点以上，也就是说每一圈都能采集到一个角度。那么，要满足这种指标，激光雷达的采样频率至少需要达到 1800 个点数。现在，市面上的雷达已经能实现 16000 点 / 秒，甚至可以更高。

3. 距离测量技术

目前激光雷达主流的距离测量技术包括飞行时间（ToF，Time of Flight）测量技术与三角测距技术。

ToF 测量技术是一种对光飞行的时间进行测量的方式，这种方式是发射出一道激光后，采用一种二极管来进行激光的回波检测，再使用一个很高精度的计时器去测量光波发射到目标物引起反馈再回来的时间差，原理如图 4–7 所示。由于光速具有不变性，将时间差乘以光速就可以得到目标物体的距离。这个就是被现在主流的各大工业级别的激光雷达所采用的距离测量的方式。对于 ToF 的测量方式，再细分下去还有两种类型。

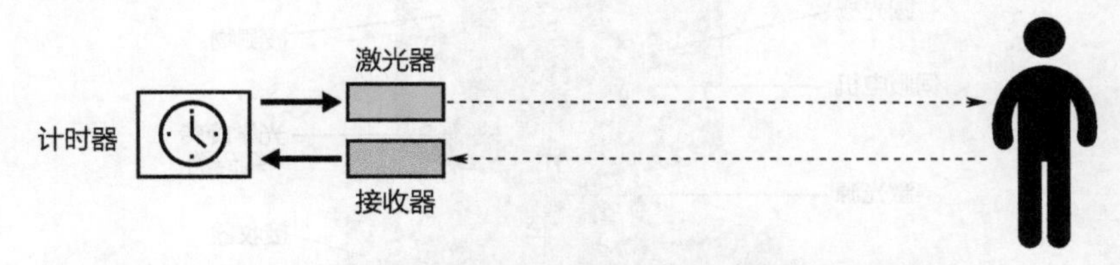

图 4–7 飞行时间（ToF，Time of Flight）测量技术示意图

（1）脉冲式 脉冲式比较简单直接，就是发出一道激光的脉冲，然后再检测激光的相关信息，这个是目前 ToF 的激光雷达采用的主流方式。

（2）相位式 相位式则是连续地发射激光。但是接收到的回波信号会由于光速传播的特性，相位上会有差距。当检查相位时就可以转过来去处理这个距离。这种方式的优势在于成本相对来说会更加便宜，但其主要问题是测量的速度没法提高。

三角测距技术本质上来说是一种基于图像处理的方法，它是根据三角几何原理，将一束光源打在被测物体上，通过测量反射光在面阵或线阵探测器中的成像位置来计算被测物距离，原理如图 4–8 所示。它通常是一个摄像头加一个处理芯片，是三角测距的一种原理应用。三角测距法采用了一种特制的摄像头，能拍摄出激光的光斑的特性，从而能反推出距离。这种方式最大的优点在于成本相比 ToF 技术会有很大的降低。当然这种方式也会有一些缺点。就像拍照一样，它会有分辨率的限制。如果分辨率不高，物体比较远，它就可能会看不清。同理，三角测距法对于远距离的物体来说，就会看的不是非常清楚，所以这里对算法有很高的挑战。如果算法不够优秀，即使测量四五米之外的物体就会出现问题。

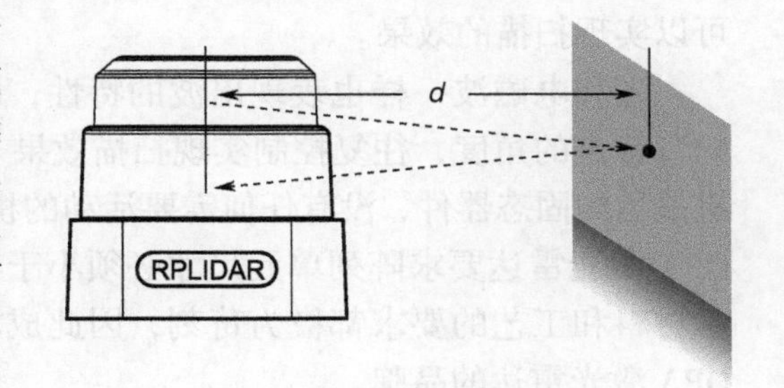

图 4–8 三角测距技术示意图

4. 机械部件使用

目前，根据有无机械部件，激光雷达可分为机械激光雷达和固态激光雷达，虽然固态激光雷达被认为是未来的大势所趋，但在当前激光雷达市场，机械激光雷达仍占据主

流地位。机械激光雷达带有控制激光发射角度的旋转部件，而固态激光雷达则无需机械旋转部件，主要依靠电子部件来控制激光发射角度。

机械激光雷达的特点是激光发生器竖直排列并可以 360° 旋转，通过旋转对四周环境进行全面的扫描。它的最大优点是可以通过物理旋转进行 3D 扫描，对周围环境进行全面的覆盖形成点云。机械激光雷达主要由光电二极管、微机电系统反射镜、激光发射接收装置等组成，其中机械旋转部件是指可 360° 控制激光发射角度的 MEMS 发射镜，如图 4-9 所示。

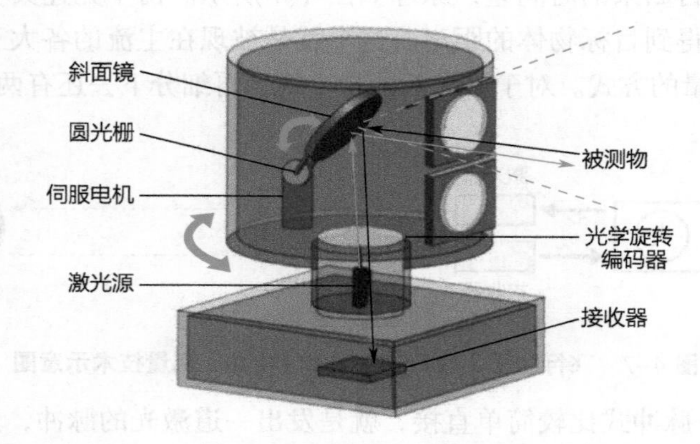

图 4-9 机械激光雷达结构

固态激光雷达与机械激光雷达不同，固态激光雷达仅面向一个方向一定角度进行扫描，覆盖范围有所限制。但取消了复杂高频转动的机械结构，耐久性得到了巨大的提升，体积也可以大幅缩小。固态激光雷达主要包括 OPA 光学相控阵和 Flash 闪光激光雷达两种。

（1）OPA 光学相控阵 喜欢军事的读者应该都听过军机、军舰上搭载的相控阵雷达，而 OPA 光学相控阵激光雷达的原理与之相似。相控阵雷达发射的是电磁波，同样也是波的一种，波与波之间会产生干涉现象。通过控制相控阵雷达平面阵列各个阵元的电流相位，利用相位差可以让不同位置的波源产生干涉，从而指向特定的方向。往复控制相位差便可以实现扫描的效果。

光和电磁波一样也表现出波的特性，因此同样可以利用相位差控制干涉让激光“转向”特定的角度，往复控制实现扫描效果（见图 4-10）。OPA 光学相控阵激光雷达发射机采用纯固态器件，没有任何需要活动的机械结构，因此在耐久度上表现更出众。但是，OPA 激光雷达要求阵列单元尺寸必须小于半个波长，因此每个器件尺寸仅 500nm 左右，对材料和工艺的要求都极为苛刻，因此成本也相应地居高不下，目前也很少有专注开发 OPA 激光雷达的品牌。

（2）Flash 闪光激光雷达 Flash 闪光激光雷达原理完全不同，它不是通过扫描的方式，而是在短时间内直接向前方发射出一大片覆盖探测区域的激光，通过高度灵敏的接收器实现对环境周围图像的绘制。Flash 激光雷达的原理类似于拍照，但最终生成的数据包含了深度等 3D 数据（见图 4-11）。由于结构简单，Flash 闪光激光雷达是目前纯固态激光雷达最主流的技术方案。

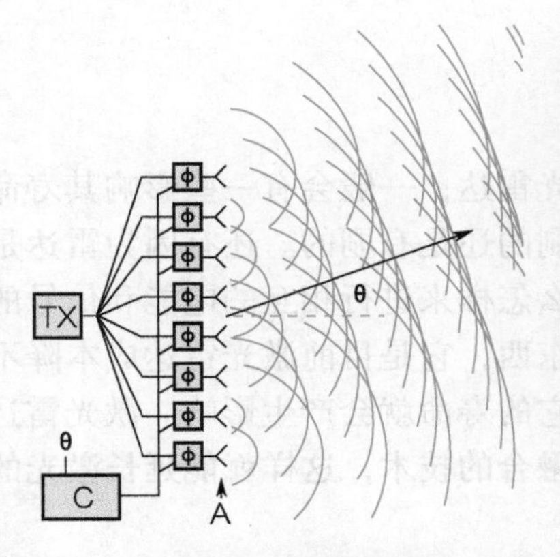

图 4–10 OPA 光学相控阵原理示意图

图 4–11 Flash 闪光激光雷达示意图

但是由于短时间内发射大面积的激光，因此在探测精度和探测距离上会受到较大的影响，主要用于较低速的无人驾驶车辆，例如无人外卖车、无人物流车等对探测距离要求较低的自动驾驶解决方案中。

由于内部结构有所差别，机械激光和固态激光两种激光雷达的大小也不尽相同，机械激光雷达体积更大，总体来说价格更为昂贵，但测量精度相对较高。而固态激光雷达尺寸较小，成本低，但测量精度相对会低一些。此外，相比固态激光雷达，机械激光雷达有一个更为明显的优势就是其 360° 视场，可以在机器人或汽车的顶部固定安装一个激光雷达，便可 360° 感知周围环境。反观固态激光雷达，需要固定在某些适当的位置，视场角一般在 120° 以内，因此，如应用于无人车中，至少需要用到 4 台才能达到机械式激光雷达一样的覆盖范围，数量越多，也意味着成本越高。固态激光雷达还有另一个不大明显的优势，人眼安全相关标准允许运动的激光源发射比固定激光源更高的功率。所有 1 级安全系统（激光功率小于 0.5 毫瓦，安全型激光）的设计必须确保人员不眨眼直视激光设备数秒钟，仍然不会受到伤害。

当采用固态扫描单元时，如果人眼处于激光扫描器几英寸的地方，可能会导致 100% 的激光射入眼内。但是如果采用机械激光雷达时，激光只集中于某个特定的方向，只有 360° 旋转的一小部分。因此，机械激光雷达可以为每个激光脉冲提供更高的功率，而不会造成眼睛损伤，这样可以更容易地检测到反射光，因此在可预见的未来，机械激光雷达可能要比固态激光雷达具有更大的探测范围优势。

同时，大部分领先的固态激光雷达设计都面临着“远距离探测”这个巨大的挑战。MEMS 系统中的微型扫描镜能投射的激光量有限，这使得远处物体反射激光束并被探测的难度很大。光学相控阵方案相对于其他技术，产生的光束发散性更大，因此很难兼顾长距离、高分辨率和宽视场。而对于泛光成像激光雷达，每次发射的光线会散布在整个视场内，这意味着只有一小部分激光会投射到某些特定点。此外，光电探测器阵列中的每个像素都必须非常小，限制了它可以捕捉的反射光量。

总的来说，固态激光雷达虽有成本低、小型化、更容易量产等优势，但要大面积普及仍存在很大挑战，而机械激光雷达因其拥有的独特优势，预计在未来一些年将继续保持一定的市场地位。

5. 使用寿命

任何设备都会具有寿命的上限。对于机械式的激光雷达，一般会有一些影响其寿命的要素。例如，内部的机电系统，它使用的电机是无刷的还是有刷的。还有因为雷达是一个要进行旋转物体间的信号和电能传输的设备，那么怎样来进行相互的电能和信号的传输呢？行业内一般会用到一种叫作“导电滑环”的东西，它是目前激光雷达成本降不下来的主要职业瓶颈。“导电滑环”连续工作半年，它的寿命就会产生影响。激光雷达现在一般会采用一些新技术，如采用无刷电机和光电融合的技术，这样就能延长激光的寿命。

6. 成本

精度要求越高，激光雷达的成本就越大。但是用在服务机器人身上的激光雷达并不需要跟无人驾驶汽车上的激光雷达达到一样的精度。成本最主要体现在价格上，而价格主要跟技术和出货良品率有关。目前，随着供应链制度的完善以及激光雷达技术本身的进步，国内激光雷达厂商能够把服务机器人的激光雷达成本控制在千元级别，家用机器人市场更低，可以控制在百元级别。

由于进口激光雷达价格昂贵，国产激光雷达成为众多机器人厂商的首选。如表 4–2 所示，在机器人领域，我国从事激光雷达的企业有思岚科技、速腾聚创、禾赛科技等多家知名企业，基本以研发固态激光雷达为主，而思岚科技是最早一批做激光雷达的厂商，其产品已占据 70% 以上的市场份额，不同型号的激光雷达如图 4–12 所示。虽然在成本上，国内激光雷达比较具有优势，但是国产激光雷达芯片发展还落后于国外。如激光雷达发射器，国产激光雷达最高 40 线，国外可做到 64 甚至 128 线，国内高分辨率芯片生产工艺不成熟。激光雷达产业作为战略新兴产业的重要方向，我们要靠自己努力占领产业价值链的制高点，提升产业的核心竞争力。

表 4–2　国产机器人领域主流激光雷达厂商及其产品

公司名称	核心产品	雷达类型	应用领域
思岚科技	RPLIDAR 系列 360° 激光扫描测距雷达	机械	机器人、AGV
速腾聚创	RS–LiDAR–16/32 激光雷达	混合固态	无人车、机器人、无人机
禾赛科技	PandarGT/Pandora/Pandar40 激光雷达	机械 / 固态	无人车、机器人
北醒光子	TF 系列单点测距激光雷达	固态	无人车、机器人、AGV、无人机
玩智商	YDLIDAR 系列激光雷达	固态	机器人
雷神智能	N301 系列激光雷达	固态	服务机器人、AGV、无人机
北科天绘	A–Pilot/R–Angle/R–Fans 等系列激光雷达	固态	无人机、无人车
数字绿土	LiAir、LiEagle、LiMobile 系列激光雷达扫描设备	不详	无人机

图 4-12 思岚科技不同型号激光雷达

4.3 人脸识别技术

大数据时代的崛起，推动了人脸识别的应用热潮。从 2014 年逐步开始应用到目前“刷脸”时代的来临，人脸识别的应用领域逐步扩散，如图 4-13 所示。人脸识别技术作为人工智能的一部分，其算法技术不断得到优化更新，并且有不少科技类公司投入研发和生产，人脸识别算法是基于生物识别和计算机图像处理技术结合的新科技，将人脸特征进行数据提取建模，入库存储，并进行对比，这是一种典型的生物特征识别过程。

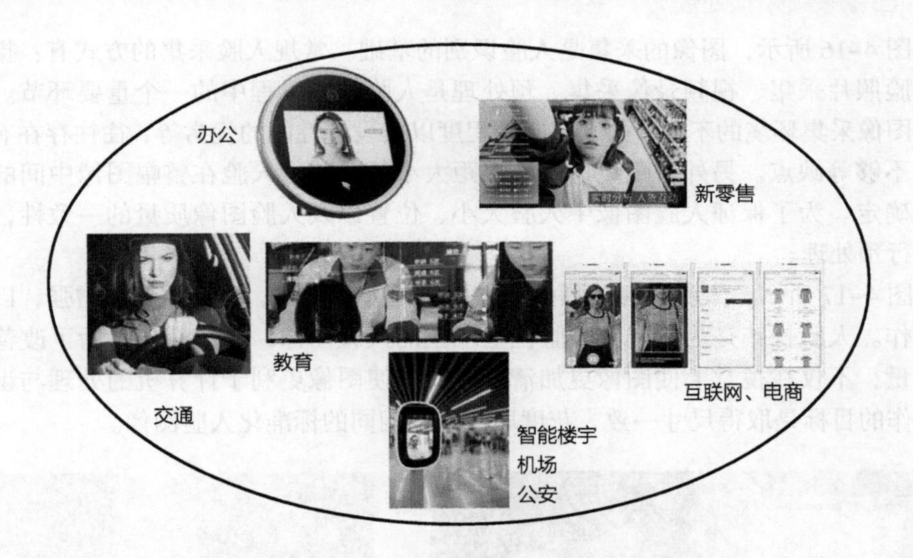

图 4-13 人脸识别技术应用广泛

4.3.1 人脸识别技术的工作原理

图 4-14 人面识别技术示意图

如图 4-14 所示，简单来说，人脸识别就是使用多种测量方法和技术来扫描人脸，包括热成像、3D 人脸地图、独特特征（也称为地标）分类等分析面部特征的几何比例，关键面部特征之间的映射距离，皮肤表面纹理。人脸识别技术属于生物统计学的范畴，即生物数据的测量。生物识别技术的其他例子包括指纹扫描和眼

睛 / 虹膜扫描技术。

当前人脸识别法主要集中在二维图像方面，二维人脸识别主要利用分布在人脸上从低到高 80 个节点或标点，通过测量眼睛、颧骨、下巴等之间的间距来进行身份认证。在这里，节点是用来测量一个人面部变量的端点，比如鼻子的长度或宽度、眼窝的深度和颧骨的形状。该系统的工作原理是捕捉个人面部数字图像上节点的数据，并将结果数据存储为面纹。然后，面纹被用作与从图像或视频中捕捉的人脸数据进行比较的基础。

人脸识别的主要工作流程包括人脸图像采集及预处理、人脸检测、人脸特征提取、人脸识别、活体鉴别等，如图 4–15 所示。

图 4–15 人脸识别工作流程示意图

1. 图像采集和预处理

如图 4–16 所示，图像的采集是人脸识别的基础，常规人脸采集的方式有：摄像头采集、人脸照片采集、视频录像采集。预处理是人脸识别过程中的一个重要环节。输入图像由于图像采集环境的不同，如光照明暗程度以及设备性能的优劣等，往往存在有噪声，对比度不够等缺点。另外，距离远近，焦距大小等又使得人脸在整幅图像中间的大小和位置不确定。为了保证人脸图像中人脸大小、位置以及人脸图像质量的一致性，必须对图像进行预处理。

如图 4–17 所示，人脸图像的预处理主要包括人脸扶正、人脸图像的增强，以及归一化等工作。人脸扶正是为了得到人脸位置端正的人脸图像；图像增强是为了改善人脸图像的质量，不仅在视觉上使图像更加清晰，而且使图像更利于计算机的处理与识别。归一化工作的目标是取得尺寸一致，灰度取值范围相同的标准化人脸图像。

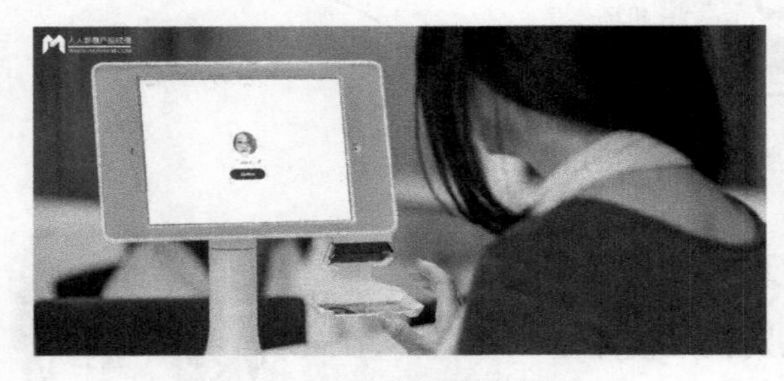

图 4–16 图像采集示意图

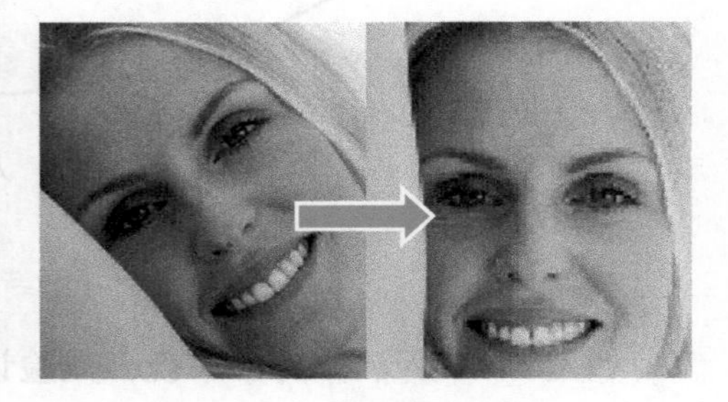

图 4–17 人脸扶正示意图

2. 人脸检测

人脸检测是人脸识别的一个环节。早期的人脸识别研究主要针对具有较强约束条件的人脸图像（如无背景的图像），往往假设人脸位置一致或者容易获得，因此人脸检测问题并未受到重视。但是随着人脸识别的场景增加，在人脸识别前首先要检测图像中是否含有人脸。

如图 4–18 所示，人脸检测是指对于任意一幅给定的图像，采用一定的策略对其进行搜索以确定其中是否含有人脸，如果是则返回人脸的位置、大小和姿态。实际的场景是在拍照时经常能看到一些标识人脸的小框框，这就是利用人脸检测技术所实现的功能。

3. 人脸特征提取

如图 4–19 所示，以基于知识的人脸识别提取方法中的一种为例，因为人脸主要是由眼睛、额头、鼻子、耳朵、下巴、嘴巴等部位组成，对这些部位以及它们之间的结构关系都是可以用几何形状特征来进行描述的，也就是说每一个人的人脸图像都可以有一个对应的几何形状特征，它可以作为识别人脸的重要差异特征。

图 4–18 人脸检测示意图

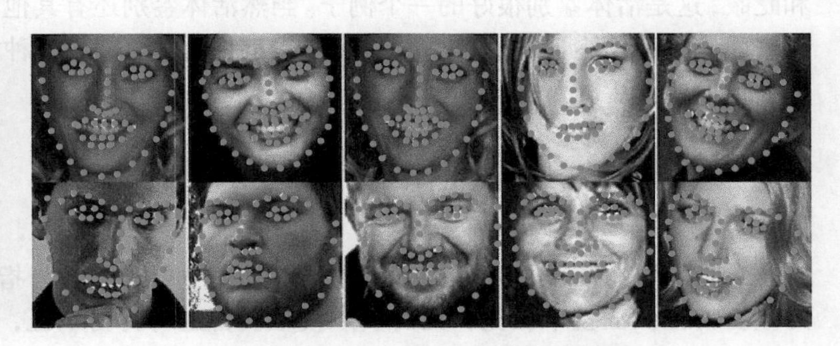

图 4–19 人脸特征点提取示意图

4. 人脸识别

人脸识别大致可以分为两类：

1）1:1 的筛选其身份验证模式本质上是计算机对当前人脸与人像数据库进行快速人脸比对，并得出是否匹配的过程，可以简单理解为“证明你就是你”。就是先告诉人脸识别系统，我是张三，然后用来验证站在机器面前的“我”到底是不是张三。

这种模式最常见的应用场景便是人脸解锁，终端设备（如手机）只需将用户事先注册的照片与临场采集的照片做对比，判断是否为同一人，即可完成身份验证。

2）1:N 的比对，即系统采集了“我”的一张照片之后，从海量的人像数据库中找到与当前使用者人脸数据相符合的图像并进行匹配，找出来“我是谁”，如图 4–20 所示。比如疑犯追踪、小区门禁、会场签到，以及新零售概念里的客户识别。

5. 活体鉴别

生物特征识别的共同问题之一就是要区别该信号是否来自于真正的生物体，比如，指纹识别系统需要区别带识别的指纹是来自于人的手指还是指纹手套，人脸识别系统所采集到的人脸图像，是来自于真实的人脸还是含有人脸的照片。因此，实际的人脸识别系统一般需要增加活体鉴别环节，例如，要求人左右转头、眨眼睛、开口说话等，如图 4–21 所示。

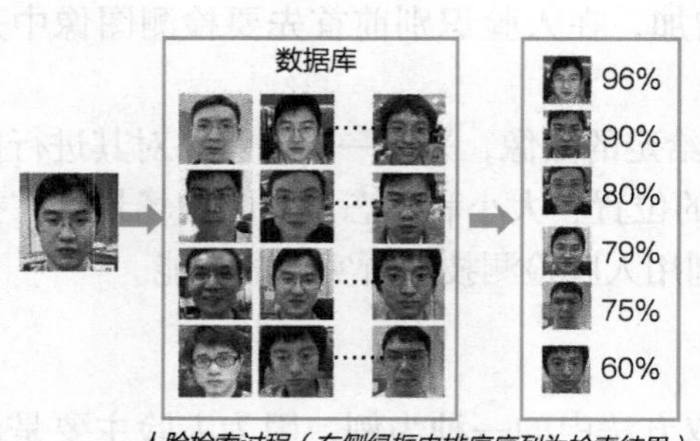

图 4-20　人脸识别示意图

图 4-21　活体鉴别示意图

在乘坐滴滴顺风车前用户需要进行人脸识别认证，在识别过程中需要用户左右摆头和眨眼，这是活体鉴别很好的一个例子。当然活体鉴别还有其他的方式如立体性活体检测、亚表面检测、红外 FMP 检测等，很多时候都是会综合使用多种活体检测技术来进行检测，最大化地减少活体入侵概率。

4.3.2　人脸识别的优势和局限性

1. 使用人脸识别技术的好处

人脸识别的使用带来了许多潜在的好处，主要包括：与指纹扫描仪等其他基于接触的生物特征认证技术相比，无需实际接触设备进行身份认证，提高了安全水平。与其他生物特征认证技术相比，需要更少的处理，易于与现有的安全特性集成。随着时间的推移，读数的准确性有所提高。可用于帮助自动化身份验证。

2. 人脸识别的局限性

虽然人脸识别技术可以使用各种测量值和扫描类型来检测和识别人脸，但也有一些限制：低分辨率图像和低光照会降低人脸扫描结果的准确性；不同的角度和面部表情，甚至是一个简单的微笑，都可能对人脸匹配系统构成挑战。如图 4-22 所示，当一个人戴着眼镜、帽子、围巾或遮住部分面部的发型时，面部识别就会失去准确性。化妆品和面部毛发也会给人脸检测程序带来问题。

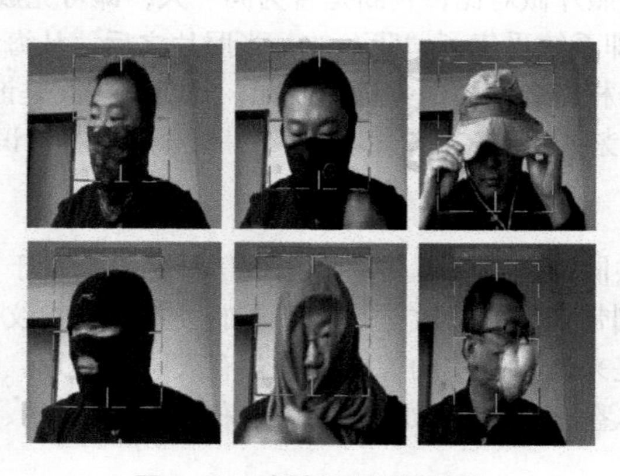

图 4-22　人脸识别时被遮挡

人脸扫描不一定与个人资料相关联，这意味着如果在可访问数据库中没有他们的照片，那么面部扫描可能就没有用处。如果没有匹配结果，人脸扫描背后的人的身份仍然是个谜。对隐私或安全的担忧也会限制人脸识别系统的使用。人脸识别系统的数据可能会被捕捉和存储，而个人甚至可能不知道。这些数据也可以被政府机构或广告商用来跟踪个人。人脸识别技术可以被用于邪恶的目的。例如，人脸识别数据如果能与在线照片或社交媒体账户匹配，可以让别有用心的人收集足够的信息来窃取一个人的身份。黑客可以访问这些信息，而个人的信息在不知不觉中传播开来。更糟糕的是，一个错误判定可能会将一个人牵连到他们没有犯下的罪行中。

人脸信息属于生物识别信息、敏感个人信息，收集个人信息时应获得个人信息主体的授权同意，在使用时要遵守 2020 年 10 月实施的《信息安全技术　个人信息安全规范》。据规范要求，在启动收集个人生物识别信息前，应单独向个人信息主体告知收集、使用个人生物识别信息的目的、方式和范围，以及存储时间等规则，并征得个人信息主体的明示同意。

4.4 状态机

有限状态机，即 Finite-State Machine（FSM），又称有限状态自动机，简称状态机，是表示有限个状态以及在这些状态之间的转移和动作等行为的数学模型。例如电脑操作系统就是基于软件的状态机，在创建一个任务时，任务则有挂起、运行、死亡、睡眠等状态，管理这些状态就需要一个完整的状态机实现，以保证何时、在何种条件下从当前状态跳转到另一个状态。

而状态机图用来描述状态的转移关系，常应用在程序的设计过程中，使用清晰明了的状态机图设计代码逻辑架构，再使用编程语言实现。状态机图涵盖 6 个元素：起始、终止、现态、动作、条件、次态（目标状态）。

① 起始：指开始新状态。

② 现态：是指当前所处的状态。

③ 动作：条件满足后执行的动作。动作执行完毕后，可以迁移到新的状态，也可以仍旧保持原状态。动作不是必须的，当条件满足后，也可以不执行任何动作，直接迁移到新状态。

④ 条件：又称为“事件”，当一个条件被满足时，将会触发一个动作，或者执行一次状态的迁移。

⑤ 次态：条件满足后要迁往的新状态。“次态”是相对于“现态”而言的，“次态”一旦被激活，就转变成新的“现态”了。

⑥ 终止：结束当前状态。

在描述机器人克鲁泽的状态转移时，用状态机图表达，见表 4-3，左侧的纵表头为当前状态等级，上面横表头为触发等级。每个等级表示的含义见表 4-4，00 为最高优先级，100 为最低优先级。00 等级表示的技能为地磁防护、UWB 防护和升级。观察表 4-3，在

00 等级状态时，只与状态 20 共存，其他状态全部禁止启动。在升级状态时，只能完成关机操作，其他操作均禁止。

表 4–3 机器人克鲁泽状态机图

当前等级	触发等级										
	00	10	20	30	40	50	60	70	80	90	100
00	禁止启动	禁止启动	共存	禁止启动	禁止启动	禁止启动	禁止启动	禁止启动	禁止启动	禁止启动	禁止启动
10	打断	禁止启动	共存	禁止启动	禁止启动	禁止启动	禁止启动	禁止启动	禁止启动	禁止启动	禁止启动
20	共存	打断	共存	禁止启动	禁止启动	禁止启动	禁止启动	禁止启动	禁止启动	禁止启动	禁止启动
30	打断	打断	共存	禁止启动	禁止启动	禁止启动	禁止启动	禁止启动	禁止启动	禁止启动	禁止启动
40	打断	打断	共存	打断	禁止启动	共存	禁止启动	禁止启动	禁止启动	禁止启动	禁止启动
50	打断	打断	共存	打断	共存	共存	共存	共存	共存	共存	共存
60	打断	打断	共存	打断	打断	共存	相互打断	禁止启动	禁止启动	禁止启动	禁止启动
70	打断	打断	共存	打断	打断	共存	打断	相互打断	共存	禁止启动	禁止启动
80	打断	打断	共存	打断	打断	共存	打断	共存	共存	共存	共存
90	打断	打断	共存	打断	打断	共存	打断	打断	共存	相互打断	禁止启动
100	打断	打断	共存	打断	打断	共存	打断	打断	共存	打断	相互打断

表 4–4 机器人等级描述表

状态等级	包含技能	内部规则	唤醒
00	地磁防护、UWB 防护、升级	禁止启动	不支持
10	按键急停、底盘过流、开机向导、手推模式、扫图建图	禁止启动	不支持
20	关机	共存	/
30	自动充电、视频连接、远程控制	禁止启动	不支持
40	导航指路、导览讲解、定位、自动回岗、自动消杀、电子皮肤、签到	禁止启动	支持
50	任务管理提示、测温、导览讲解问答	共存	支持
60	基础运动、迎宾、人脸识别、无感录入、任务管理触发	相互打断	支持
70	宣传广播、音乐、视频、舞蹈	相互打断	支持

（续）

状态等级	包含技能	内部规则	唤醒
80	自动巡游	共存	支持
90	（预留技能）	相互打断	支持
100	闲聊、TTS 播报	相互打断	支持

通过语音交互触发的任务，同样需要遵循所触发任务的状态规则来决策是否执行。例如，在导航（等级 40）的过程中，允许语音交互，但是如果说“播放音乐”（等级 70），不会执行播放音乐任务，因为导航不允许被音乐打断。

特殊情况：① 迎宾开始直至迎宾结束的整个过程中，不支持语音交互；② 任务管理提示可以打断“导航指路”状态。

4.5 迎宾方案设计流程

在学习了服务机器人迎宾功能中所使用的人体靠近识别和人脸识别技术后，接了下来以机器人克鲁泽为例了解服务机器人的迎宾方案的设计及实现流程，如图 4-23 所示。

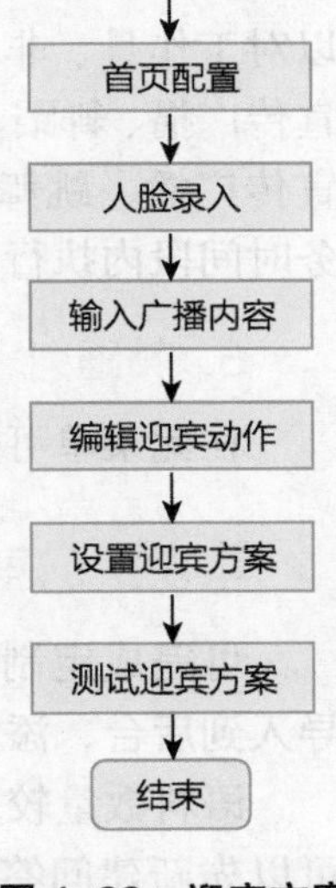

图 4-23 迎宾方案的基本设计流程

机器人克鲁泽迎宾相关的功能配置均可在 CBIS 智能系统上实现。CBIS 是机器人克鲁泽的管理后台系统，负责支持机器人生命周期中 AI 能力、交互行为、数据相关服务，以及相关业务的配置。CBIS 左侧目录树一级目录中涵盖：机器人、数据报表、远程配置、语音管理、地图管理、人脸识别、系统管理模块等菜单，供用户配置使用。

4.5.1 远程配置

远程配置包含首页配置、应用管理、推荐问法、迎宾方案、宣传广播、任务管理、舞蹈列表功能。

1. 首页配置

首页配置用于对机器人的首页进行自定义配置，快速满足轻量级定制，可以完成卡片式或海报式的首页布局、更换背景图片和 LOGO、更改时间日期显示方式、新增或删除卡片、卡片顺序调整等。

2. 应用管理

应用管理方便客户管理自有的或者定制化的应用，对应用资源进行更新、删除等维护，支持应用远程安装和卸载 APK，方便机器人管理员远程管理。

3. 推荐问法

推荐问法可针对特定的应用设置推荐问法词，便于引导用户使用语音指令与机器人进行问答。例如，地图导航时，可设置“你好，克鲁泽带我去……”词条，引导用户与机器人交流。

4. 迎宾方案

当机器人开启主动迎宾时，可根据后台配置不同的迎宾方案进行相应的迎宾展示。

首先创建分组，在模板菜单下默认“游客”和“陌生人”两个用户组，如需增加用户组可选择添加用户组，在操作“添加用户组”之前，需在“人脸识别→用户管理”中预先设置好人员分组和人员照片。

分组创建完成后，接下来添加迎宾内容，设置欢迎语标签、屏幕显示和动作选择，以实现迎宾时播报识别到的人员姓名、显示欢迎表情、图片和视频、完成不同的肢体动作。

5. 任务管理

任务管理可设置在某个特定时间段内，机器人在指定的时间点，执行定时任务。可以对工作日、非工作日时间段进行设置。任务类型：开机、关机、播放视频、播放音乐、宣传广播、舞蹈、关机充电、自动巡游、测温、导航、打开应用。针对播放视频、播放音频、宣传广播、跳舞、自动巡游、测温和导航任务，新增任务的时候可以设置是否允许在任务时间段内执行的任务被打断后重复执行，默认打开，打开则允许，关闭则不允许。

6. 舞蹈列表

在此菜单可查看机器人舞蹈列表。

4.5.2 语音管理

可完成定制问答添加，添加方式为用户可以手动添加，或按模板编辑好的问答语料导入到后台，添加完成后可在机器人端提供语音问答服务。

语料数量较多的情况下，需对语料内容进行一定的分类处理，便于日常管理与维护，可以先新建问答类别，然后再根据问答类别添加相应的定制问答。当语料较多时，也可以选择批量导入，下载导入模板，填写完毕后上传文件导入。语料数量较少时，可手动添加，比如临时新增几条语料。

语料设置时可对界面显示进行设置，设置内容有：无显示：问答时屏幕无任何显示；表情：可设置问答时显示表情；图片：设置问答时屏幕显示的图片（尺寸建议：1152×648，图片大小不超过 10M）；文本：可设置问答时需要屏幕端显示文本内容；动作：可设置问答时机器人做对应的肢体动作。问答列表支持按部门、类别、日期筛选，也支持按同步状态筛选。

热词管理：热词训练是语音交互过程中 ASR 听写过程中针对语音模型中不熟悉的词汇的特定模型的优化过程，开放热词功能，客户完成热词编辑后，一键上传至云端生效。

4.5.3 人脸识别

人脸识别模块主要用于添加人员信息，用于人脸识别。

在人脸识别模块可完成添加人员信息和新建分组信息、编辑标签和查看配置等操作。

添加人员信息：在“人脸识别” - “用户管理”，可以逐个新增人员，也可以选择下载模板批量导入人员信息。

新建分组信息（对应迎宾方案里的用户组）：在新建的分组里面添加相应的人员信息。单击“分组查看”按钮，查看当前分组下所有人员信息；可以对当前分组内的人员进行移除、编辑、添加操作。

编辑标签：标签可以为人员新增其他的标签信息。CBIS 编辑标签后，返回相应的标签信息到机器人端，机器人端可以获取对应人员所有的标签信息。

查看配置：可查看人脸识别的匹配阈值和策略。

4.5.4 系统管理

系统管理主要用于客户管理企业部门、CBIS 子账号和角色信息。

部门管理：用来新增和删除当前企业部门信息。

角色管理：用来管理子账号的权限信息，可新增角色信息，可设置在该 CBIS 子账号的功能权限。系统默认系统管理员、视频客服两个权限，不可编辑，创建完成后支持编辑删除操作。

用户管理：可新增、删除、编辑当前企业号下对应部门的账号，账号信息包含名字、所属部门、密码、角色权限等信息。

计划与决策

1. 小组分工研讨

请根据项目内容及小组成员数量，讨论小组分工，包括但不限于项目管理员、部署实施员、记录员、监督员、检查复核员等。

____

____

2. 工作流程决策

● 根据现场大会的需求，设计一套针对大会到场各类嘉宾完整的迎宾方案。为了设计迎宾方案，你觉得需要收集什么材料或信息？

____

____

____

● 你觉得如何将迎宾方案部署给机器人？通过什么工具或平台？包括哪些操作流程？

____

____

____

● 你觉得如何测试迎宾方案？测试过程需要注意什么问题？

____

____

____

____

任务实施

1. 机器人检查

按照项目 1 相关内容，完成机器人的常规检查与操作，包括外观及机器人工作环境检查、开机、电量查看、网络配置等。

2. 部署迎宾方案

为实现个性化的迎宾服务，服务机器人通常使用机器视觉技术实现人脸识别，从而针对不同的人群使用差异化的接待方式。因此迎宾方案的部署主要包括嘉宾信息录入、接待方式录入、首页配置三部分。对机器人克鲁泽而言，以上功能主要通过克鲁泽云端管理系统实现。

（1）嘉宾信息录入 单击“人脸识别”–“用户管理”即可进入嘉宾信息管理界面，包括人员管理、分组管理、标签管理三方面。

人员管理主要是对嘉宾具体信息进行管理，支持新增、编辑、删除、筛选、批量导入、用户信息及识别记录查看等操作，如图 4–24 所示。

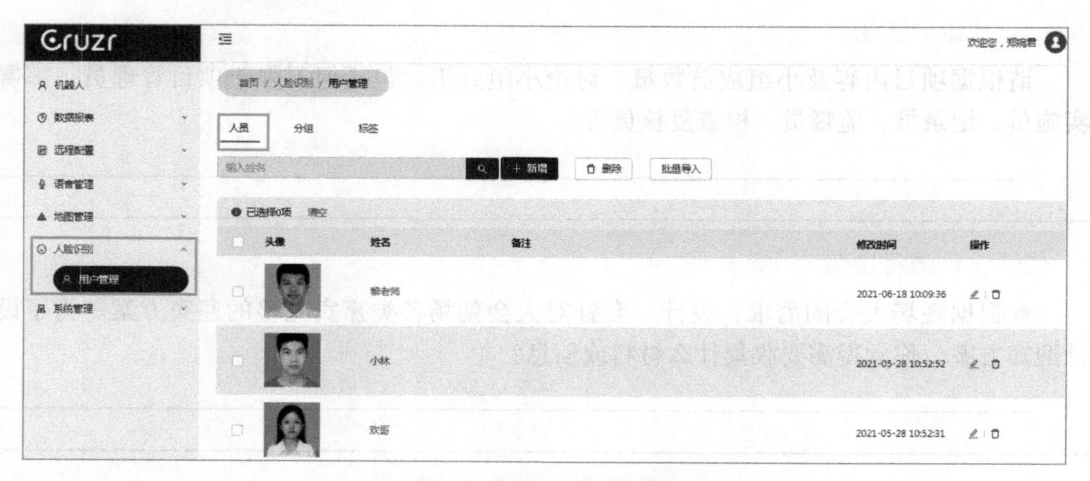

图 4–24 人员管理界面

分组管理主要是对嘉宾归属的组别进行管理，支持新增、编辑、删除、查看、成员添加与移除等操作，如图 4–25 所示。

标签管理主要是对嘉宾标签进行管理，支持新增、编辑、删除等操作，如图 4–26 所示。

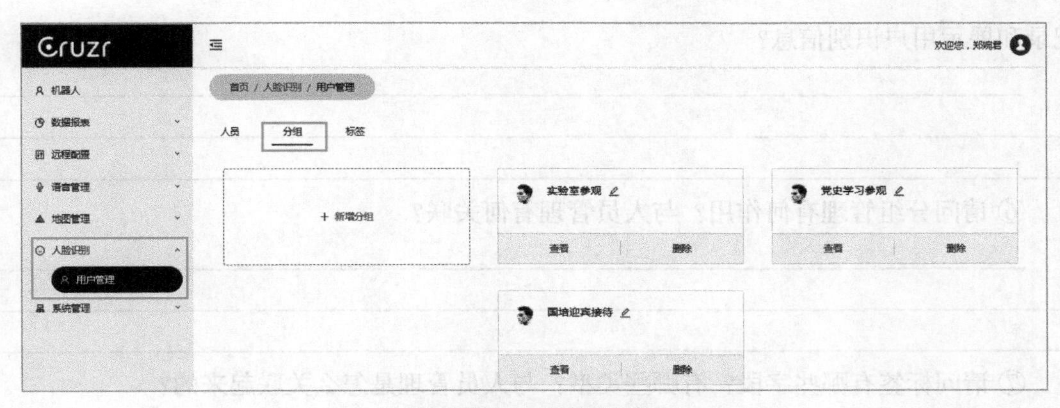

图 4-25 分组管理界面

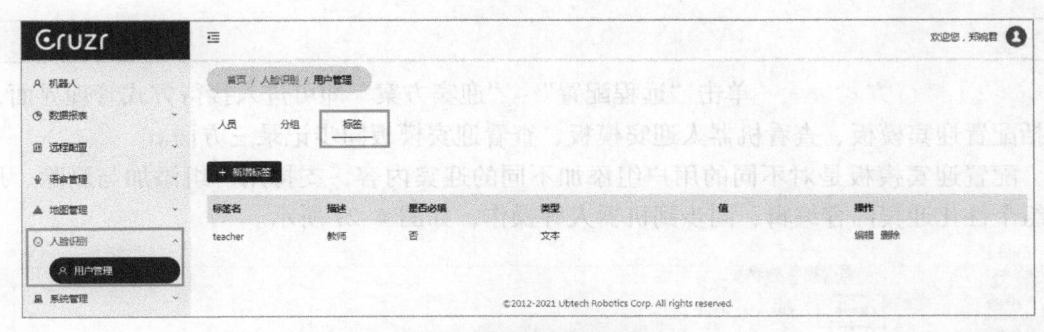

图 4-26 标签管理界面

思考与探索：

① 请问在人员管理中，可以录入哪些信息？其中哪些信息是必填项？必填项信息是否可以手工更改？请思考为何要将此类信息作为必填项？

____

____

② 收集人脸信息是为了改善接待流程，更好地服务客户。在人员信息录入时，是否需要提前告知用户收集了人脸信息呢？

____

____

③ 请问在人员管理中，人像信息是否支持可以上传多张？为何要如此设计？

____

____

④ 请探索在人员管理中，组别信息若在不填写的情况下，系统会如何处理？

____

____

⑤ 请探索如何查看用户识别记录？用户识别记录中都记录了什么信息？思考为何要

记录和展示用户识别信息？

____

____

____

⑥ 请问分组管理有何作用？与人员管理有何关联？

____

____

____

⑦ 请问标签有哪些字段？有哪些类型？与人员管理是怎么关联起来的？

____

____

____

（2）接待方式录入　单击“远程配置”－“迎宾方案”即可进入接待方式管理界面，包括配置迎宾模板、查看机器人迎宾模板、查看迎宾模板同步记录三方面。

配置迎宾模板是对不同的用户组添加不同的迎宾内容，支持用户组添加与删除、用户组个性化迎宾内容编辑、同步到机器人等操作，如图 4–27 所示。

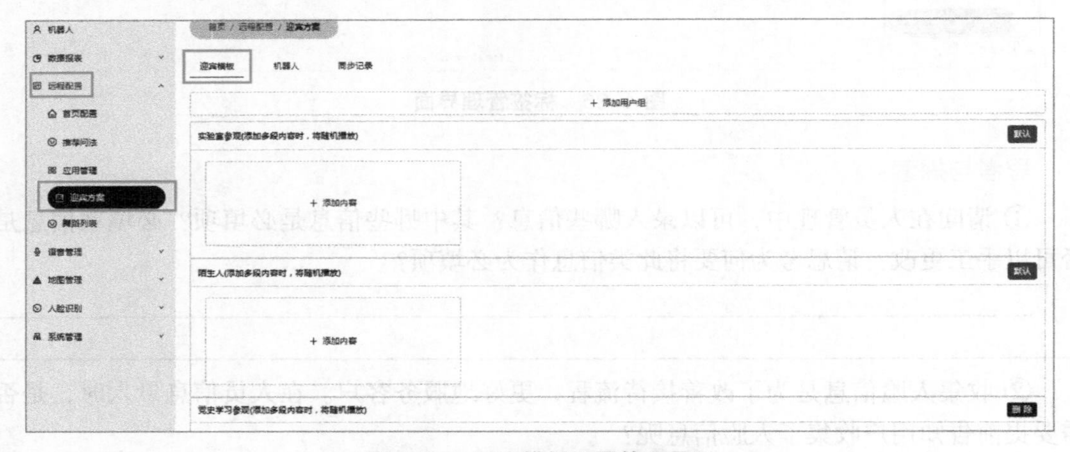

图 4–27　迎宾模板配置管理界面

查看机器人迎宾模板是查看不同机器人当前配置的迎宾内容，如图 4–28 所示。

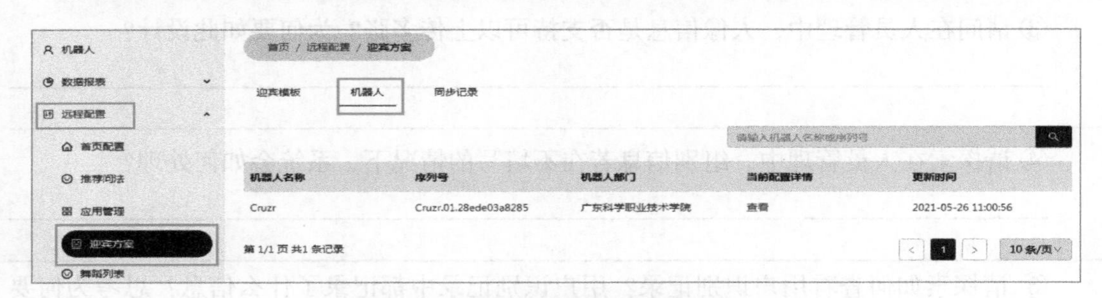

图 4–28　迎宾模板查看管理界面

查看迎宾模板同步记录是查看不同机器人对迎宾模板的同步情况，如图 4–29 所示。

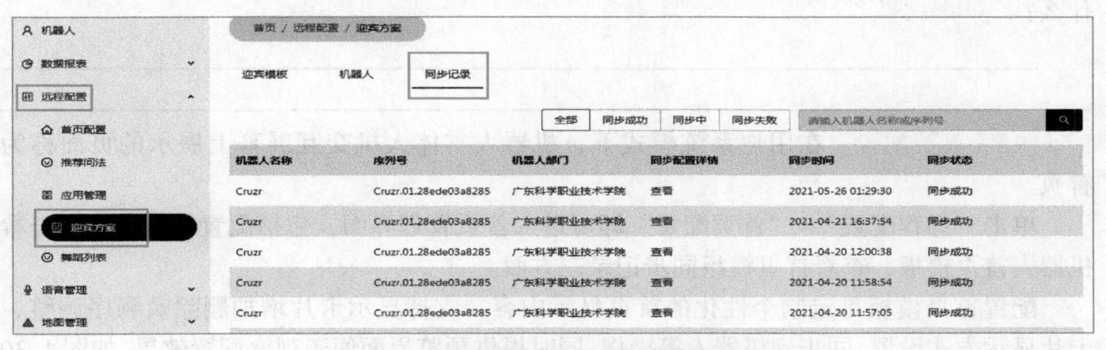

图 4–29　迎宾模板同步记录查看管理界面

思考与探索：

① 请问用户组中有多少组是默认的？默认组的名称是否可以更改？

② 请问迎宾模板配置中的用户组与嘉宾信息录入里的分组有何关联？

③ 请问针对同一用户组，是否支持录入多个迎宾内容？若可以，机器人如何挑选内容进行播放？

④ 请问迎宾内容具体包括哪几种类型？每种类型支持怎样的展示方式？

⑤ 请探索机器人是否支持同时存在多个迎宾模板？是否支持将一个迎宾模板同时同步到多台机器人？

⑥ 请探索机器人处在离线状态是否可以执行同步迎宾模板操作？如何判断是否同步成功？

⑦ 请探索是否支持复制迎宾模板？若支持，该如何操作？请思考这样设计的作用是什么？

____

____

（3）首页配置　在用户系统模式下，机器人本体人机交互屏幕上展示的页面称为首页。

单击“远程配置”-“首页配置”即可进入首页管理界面，包括配置首页模板、查看机器人首页模板、查看首页模板同步记录三方面。

配置首页模板是定制个性化的首页显示内容，支持显示卡片增加删除及顺序调整、卡片显示方式设置、同步到机器人等操作，同时提供预览界面便于观察配置效果，如图 4-30 所示。

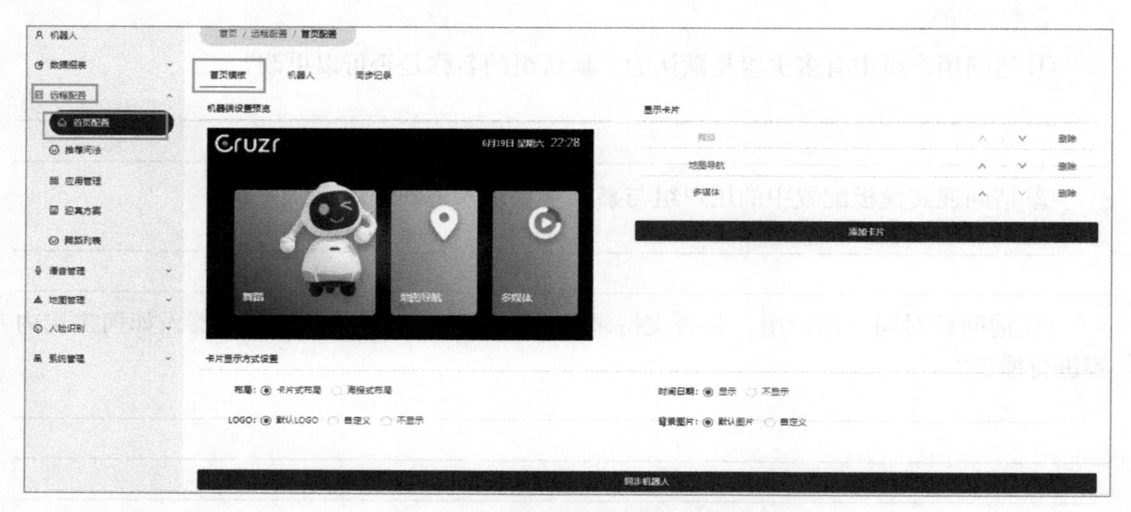

图 4-30　首页模板配置管理界面

查看机器人首页模板是查看不同机器人当前配置的首页内容，如图 4-31 所示。

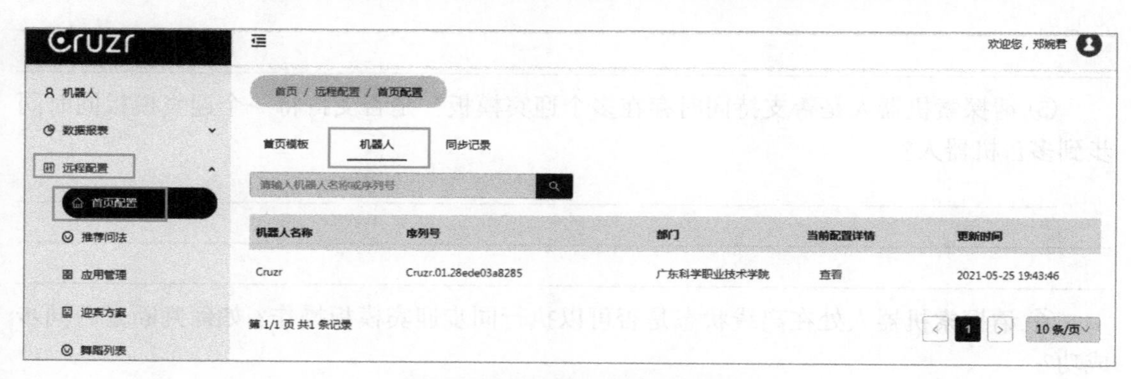

图 4-31　首页模板查看界面

查看首页模板同步记录是查看不同机器人对首页模板的同步情况，如图 4-32 所示。

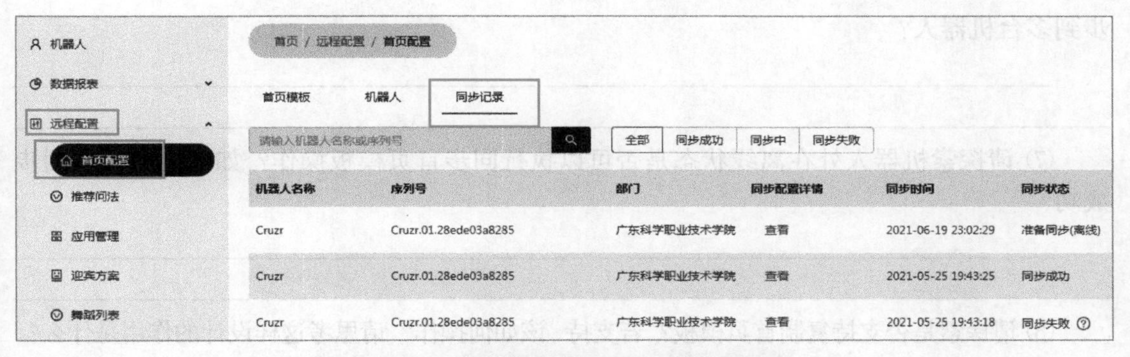

图 4-32　首页模板同步记录查看管理界面

思考与探索：

① 请问新增卡片时，需要填写哪些字段？其中哪些字段是必填项？

② 请问卡片显示方式设置中，具体有哪些内容可设置？

③ 请思考首页模板里所述的“卡片”与电脑 Windows 系统下的什么内容类似？其作用是什么？

④ 请探索选择“海报式布局”时，海报与卡片是否可以共存？他们之间的区别是什么？

⑤ 请探索选择“海报式布局”时，是否支持上传多张海报？若可以，多张海报之间是如何展示的？

⑥ 请探索机器人是否支持同时存在多个首页模板？是否支持将一个迎宾模板同时同

步到多台机器人？

____

____

⑦ 请探索机器人处在离线状态是否可以执行同步首页模板操作？如何判断是否同步成功？

____

____

⑧ 请探索是否支持复制首页模板？若支持，该如何操作？请思考这样设计的作用是什么？

____

____

____

3. 测试迎宾方案

（1）开启迎宾模式　在机器人本体，如图 4–33 所示找到并进入“迎宾配置”应用程序，即可进入迎宾配置管理界面，如图 4–34 所示。

图 4–33　进入迎宾配置应用程序

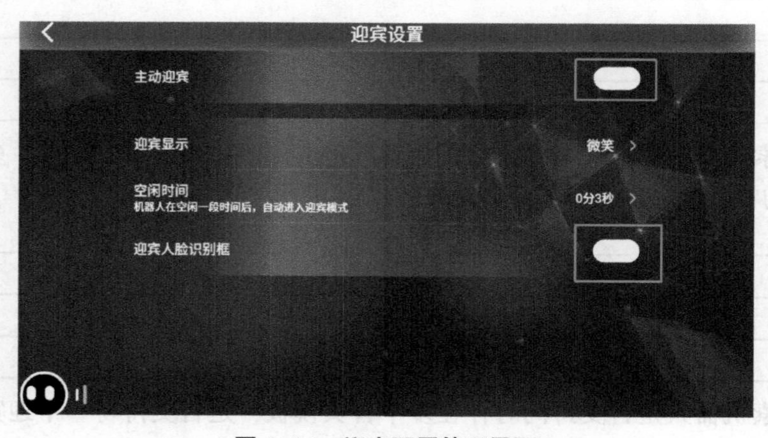

图 4–34　迎宾配置管理界面

思考与探索：

① 请问开启迎宾模式里具体有哪些内容可配置？

② 请探索“空闲时间”具体是指什么？即什么状态才算是机器人空闲状态？

（2）测试迎宾流程　测试内容主要围绕机器人是否按照定制的迎宾流程开展迎宾工作。读者可参照以下“思考与探索”相关问题开展测试。

思考与探索：

① 请探索如何确保机器人进入迎宾模式？

② 请测试机器人在迎宾等待过程时，人机交互屏幕上会展示什么内容？

③ 请探索在什么情况下会出现人脸识别框？

④ 请测试归属不同用户组的嘉宾被机器人识别匹配后，是否按照定制的迎宾方案开展迎宾？

⑤ 请探索什么情况下嘉宾会被纳入“陌生人”用户组？

⑥ 请测试按照定制的迎宾内容执行迎宾（包括语音播报、画面展示、动作等）后，机器人本体人机交互屏幕上会进入什么界面？

⑦ 请探索“迎宾配置”应用程序里迎宾人脸识别框是否开启，迎宾流程有何区别？

⑧ 请参考以上测试内容，总结机器人克鲁泽设置迎宾功能的相关步骤，尝试画出其迎宾业务流程。

⑨ 请思考嘉宾的头像等信息是否被同步到机器人本体？

⑩ 请探索如何测试人脸识别过程是完全在机器人本体就可完成，还是机器人本体与云端协同完成？

（3）开展培训　为便于客户自主使用，请根据以上任务实施的相关内容，尤其是结合“思考与探索”的相关经验，对客户开展培训，确保客户在后续相关应用场景中能自行将服务机器人部署成迎宾机器人。

任务检查与故障排除

序号	检查项目	检查要求	检查结果
1	机器人检查	是否完成机器人的常规检查与操作，包括外观及机器人工作环境检查、开机、电量查看、网络配置等	
2	迎宾方案设计	是否根据应用场景及其相关要求，完成迎宾方案设计	
3	迎宾方案部署	是否按照相关步骤完成机器人迎宾方案部署	
4	迎宾方案测试	是否按照相关步骤完成机器人迎宾方案的测试，且机器人能够按照定制的迎宾方案开展迎宾	
5	用户培训	是否完成了用户培训，且用户能够在个性化的应用场景中自行将服务机器人部署成迎宾机器人	

任务评价

实训项目							
小组编号		场地号			实训者		
序号	考核项目	实训要求	参考分值	自评	互评	教师评价	备注
1	任务完成情况（35分）	机器人检查	5				实训所要求的所有内容必须完整地进行执行，根据完成任务的完整性对该部分进行评分
		迎宾方案设计	5				
		迎宾方案部署	10				
		迎宾方案测试	10				
		用户培训	5				
2	实训记录（20分）	分工明确、具体	5				所有记录必须规范、清晰且完整
		数据、配置有清楚的记录	10				
		记录实训思考与总结	5				
3	实训结果（20分）	机器人检查	5				小组的最终实训成果是否符合“任务检查与故障排除”中的具体要求
		迎宾方案设计	5				
		迎宾方案部署	5				
		迎宾方案测试	5				
4	6S及实训纪律（15分）	遵守课堂纪律	5				小组成员在实训期间在纪律方面的表现
		实训期间没有因为错误操作导致事故	5				
		机器人及环境均没有损坏	5				
5	团队合作（10分）	组员是否服从组长安排	5				小组成员是否能够团结协作，共同努力完成任务
		成员是否相互合作	5				
异常情况记录							

实训思考与总结

1. 以思维导图形式描述本项目学过的知识。

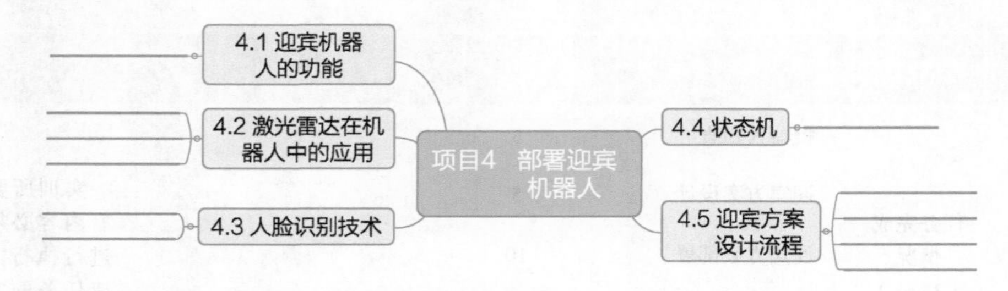

2. 思考在工作过程中可能会遇到什么故障，如何解决？

理论测试

请扫描以下二维码对所学的内容进行巩固测试。

项目 4 理论测试

实操巩固

为了更好地帮助中小学生学习建党 100 周年历史，某党史纪念馆针对当地中小学开展一日专题学习活动，当日仅接待已预约的记者、党务工作者和中小学生。当天拟采用机器人格鲁泽在门口进行迎宾，作为售后工程师请你在举办活动前完成以下工作：

1）设计迎宾方案。

2）部署迎宾方案。

3）将机器人部署到指定场地，检查完成测试。

4）交付并进行用户培训。

知识拓展

4.6 人体跟随

对克鲁泽机器人进行编程，可以实现人体跟随功能。人体跟随 demo 程序使用两种不同的传感器。物体靠近检测使用激光雷达，人体跟随使用深度相机。在跟随过程中，如果激光雷达检测到障碍物，克鲁泽机器人也会停止前进。

4.6.1 人体跟随基本原理

通过深度相机拍摄人像图片，判断人像在画面中的位置和大小，来控制机器人的底盘动作。具体来说，通过检测人像的位置来调整底盘的方位角（转左或转右），通过检测人像的大小（实质是人体离摄像头的远近）来驱动机器人是前进还是后退。

人体跟随 demo 的执行流程如图 4-35 所示。

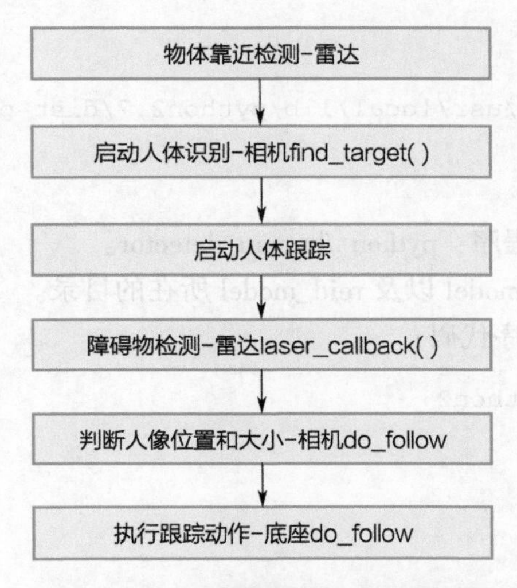

图 4-35 人体跟随 demo 执行流程

4.6.2 人体跟随 demo 使用方法

1. 安装依赖

（1）安装 openvino 下载 GPG key：

```
https://apt.repos.intel.com/openvino/2020/GPG-PUB-KEY-INTEL-OPENVINO-2020
```

将 GPG key 加入到系统 kering：

```
sudo apt-key add <PATH_TO_DOWNLOADED_GPG_KEY>
```

添加安装源：

```
sudo echo "deb https://apt.repos.intel.com/openvino/2020 all main"
sudo tee /etc/apt/sources.list.d/intel-openvino-2020.list
```

安装 openvino 包：

```
sudo apt update && sudo apt install intel-openvino-dev-ubuntu18-2020.1.023
```

更新环境变量：

```
echo "source /opt/intel/openvino/bin/setupvars.sh">> ~/.bashrc
```

重新初始化 bash 环境：source ~/.bashrc

（2）安装 staple 人体检测库　将 lib 目录中的 3 个 .so 文件拷贝到 /home/cruiser/cruzr_release/lib/ 中：

```
sudo cp lib/{libhuman_detect.so,libstaple.so,libuse_staple.so} /home/
cruiser/cruzr_release/lib/
```

2. 安装 python 库

```
sudo cp human.so /usr/local/lib/python2.7/dist-packages/
```

3. 运行 demo 程序

执行 human_detector 程序：python ./human_detector。

其中最后一个参数是 model 以及 reid_model 所在的目录。

● 人体跟随 Python 程序代码：

```
#!/usr/bin/env python2
#encoding: utf-8
import human
import rospy
import sys
import cv2
import cv_bridge
import message_filters
from geometry_msgs.msg import Twist
from sensor_msgs.msg import Image
from sensor_msgs.msg import LaserScan
from std_msgs.msg import Header
import os
import string
import random
import math

NAME = 'human_detector'

class follow_human:
  def __init__(self):
    self.bridge = cv_bridge.CvBridge()
     image_sub = message_filters.Subscriber("/canglong2/image_
raw",Image)
    depth_sub = message_filters.Subscriber("/camera/depth/image_
raw",Image)
    scan_sub = rospy.Subscriber("/scan",LaserScan,self.laser_callback)
    self.ts = message_filters.APProximateTimeSynchronizer([image_
sub,depth_sub], 10, 0.5)
```

```
        self.ts.registerCallback(self.image_callback)
        self.chassis_pub = rospy.Publisher("/cmd_vel_chassis",Twist,queue_
size=10)#底盘控制主题，向此主题发布消息来控制底盘运动方向和速度
        self.mat_pub = rospy.Publisher("/follow_staple/image_raw", Image,
queue_size=10) #图像主题，发布框好人体的图像，可以使用 rqt 来查看

        self.target = False #标志，如果找到可跟踪的人体，则置为 True
        self.x_speed = 0.4 #默认前进速度
        self.w_speed = 0.4 #默认转动速度
        self.max_absense = 20
        self.min_distance = 10000.0

    def image_callback(self, rgb_image, depth_image):
        # print(rgb_image.encoding)
        try:
            rgb_mat = self.bridge.imgmsg_to_cv2(rgb_image, "bgr8")
        except cv_bridge.CvBridgeError as e:
            print(e)
            return

        #将图像保存到随即文件
        file_name=''.join(random.choice(string.ascii_lowercase) for i in
range(16))
        image_path = ''.join(['/tmp/', file_name, '.bmp'])
        cv2.imwrite(image_path, rgb_mat)
        if self.target == False:
            #如果没有正在追踪的人，则通过图像识别来检测是否有人
            track_target = human.find_target(image_path)
            self.send_image(rgb_mat, track_target, rgb_image.header)
            if track_target:
                #检测到图像中有人，将此标志置为 True, human 模块中会有内部数据保
存被追踪者的相关信息
                self.target = True
            os.remove(image_path)
            return

        #如果程序走到这里，说明已经有跟踪到人了
        (track_ok, person) = human.update(image_path)
        # print(track_ok, person)
        os.remove(image_path) #图像文件不再使用，删除
        self.send_image(rgb_mat, person, rgb_image.header)

        if not track_ok:
            #丢失追踪目标
            print("track lost")
            self.target = False
```

```
            return
        self.do_follow(person) #机器人移动，执行跟随

    def laser_callback(self, scan_message):
        ''' 检查前方是否有障碍物，如果有，则停止前进

        激光雷达的角度：右臂 0，左臂 pi，正后方 pi/2，角度是顺时针递增的
        如果要知道激光雷达的消息定义，使用命令
         rosmsg info sensor_msgs/LaserScan
        来查看
         '''
        front_angle = math.pi * 3 / 2 #正前方，即 270 度
        angle_inc = math.pi / 6 #与正前方的夹角
        min_angle = front_angle - angle_inc
        max_angle = front_angle + angle_inc
        inc = scan_message.angle_increment
        min_index = int(min_angle / inc)
        max_index = int(max_angle / inc)
        min_distance = 10000.0 #初始化为一个足够大的值
        for index in range(min_index, max_index):
          curr_distance = scan_message.ranges[index]
          if min_distance > curr_distance:
               min_distance = curr_distance

        self.min_distance = min_distance
        # print(min_distance)
    def do_follow(self, position):
        speed_msg = Twist()
        speed_msg.linear.x = 0
        speed_msg.linear.y = 0
        speed_msg.linear.z = 0
        speed_msg.angular.x = 0
        speed_msg.angular.y = 0
        speed_msg.angular.z = 0
        x = position.x + position.width / 2     #检测到的人体在 x 轴的中线
        y = position.y + position.height / 2    #检测到的人体在 y 轴的中线
        w = position.width
        h = position.height
        if x < 300:
            speed_msg.angular.z = self.w_speed
        elif x > 340:
            speed_msg.angular.z = self.w_speed * -1
        else:
            speed_msg.angular.z = 0

        # speed_msg.linear.x = self.x_speed if (w*h <= 30000) else 0
```

```
            # 检查前方障碍物距离，如果小于 1.2 米，则不前进，只改变角度
              speed_msg.linear.x = self.x_speed if (self.min_distance > 
1.20) else 0
            # print("speed message: ", speed_msg)
            self.chassis_pub.publish(speed_msg)


        def send_image(self, rgb_mat, position, header):
            ''' 发布已标记人体框的图像，可以使用 rqt 来查看
            '''
            if position:
                p1 = (int(position.x), int(position.y))
                p2 = (int(position.x) + int(position.width),
                     int(position.y) + int(position.height))
                cv2.rectangle(rgb_mat, p1,p2, (255, 0, 0),2) # 画出人体框
            img_msg = self.bridge.cv2_to_imgmsg(rgb_mat, "bgr8") # 图像数
据格式转换
            img_msg.header.stamp = rospy.Time.now()
            img_msg.header.frame_id = "staple"
            self.mat_pub.publish(img_msg)

    def usage(name):
        ''' 程序使用帮助，参数不正确时提示 '''
        print("usage:")
        print("" + name + "</model/path>")
    if __name__ == '__main__':
        if (len(sys.argv)) != 2:
            sys.stderr.write("bad parameters!\n")
            usage(sys.argv[0])
            sys.exit()
        path = sys.argv[1] # 第一个参数是脚本名，第二个参数是模型文件所在的路径
        reid_protofile = path + '/reid_models/person-reidentification-
retail-0031.xml'
        reid_modelfile = path + '/reid_models/person-reidentification-
retail-0031.bin'
        detect_xmlfile = path + '/models/pelee_SSD.xml'
        detect_binfile = path + '/models/pelee_SSD.bin'
          rospy.init_node(name=NAME, log_level=rospy.DEBUG, 
anonymous=True)
        human.init(detect_xmlfile, detect_binfile, reid_protofile, reid_
modelfile)
        follower = follow_human()
        rospy.spin()
        human.uninit()
```

项目 5 “胸有成竹”——部署导航机器人

在很多场合，机器人需具备自主导航功能，如送餐机器人，如图 5-1a 所示。

顾名思义，导航机器人就是可以在自身位置和目标位置之间寻找到一条安全的路径并且沿着此路径不断向目的地移动的机器人。机器人在移动的过程中，需要同时完成地图的感知和自定位，并且不间断地规划新的路径，规避动态的障碍物。导航功能是服务机器人一项最基本也是最重要的功能之一，送餐机器人、巡逻机器人、安防机器人，如图 5-1b 所示，都会在执行任务中用到导航的功能。

在本项目中，我们将充分发挥服务机器人的自主导航功能，通过科学、合理、有效的配置，将服务机器人部署成一个导航机器人。

a）送餐机器人

b）安防机器人

图 5-1　常见的导航机器人

学习情境

无人系统大会正在进行中，有一些中途来参加会议的来宾，需要服务机器人来引导他们从正门前往主会场，作为交付或售后工程师，需要设置并调试服务机器人的导航功能，让机器人能够引导来宾，并在完成导航任务后，进行自动充电。

学习目标

知识目标

1. 了解机器人同步定位及建图；
2. 熟悉机器人环境感知传感器；
3. 熟悉服务机器人建图导航所需结构基础；
4. 掌握服务机器人建图导航的通用流程；
5. 掌握服务机器人建图导航常见的故障及排查措施。

技能目标

1. 能够看懂机器人所建栅格地图的含义；
2. 能够使用克鲁泽机器人完成工作空间扫图工作；
3. 掌握克鲁泽机器人启动时出现问题的排查流程及解决方案。

职业素养目标

1. 培养求真务实的工作作风；
2. 培养热爱劳动的精神。

重难点

重　点

1. 熟悉机器人环境感知传感器；
2. 掌握服务机器人建图导航的通用流程；
3. 能够看懂机器人所建地图。

难　点

1. 处理建图环境，能够使用服务机器人完成扫图工作；
2. 分析建图故障的原因并给出解决措施。

项目任务

1. 开展机器人检查；
2. 根据业务场景，分析并预处理扫图场地；
3. 机器人及扫图工具配置；
4. 机器人扫图起始点的选择与部署；
5. 扫图建图；
6. 使用扫图工具开展导航初步测试；
7. 地图导出与同步；
8. 自主导航功能测试；
9. 自动回充功能部署与测试；
10. 开展用户培训。

学习准备

表 5-1 学习准备清单

所需软硬件名称	版本号	地址
机器人克鲁泽	教育版	现场
本体 ROM	V3.304	预装
本体 ROS（1S）	V1.4.0	预装
Android	APK V1.0.5	预装
PC 软件	V3.3.20200723.04	/ 工具软件 /PC
机器人克鲁泽手机 APP	V2.02（安卓手机）	/ 工具软件 / 手机 APP

知识链接

5.1 机器人的同步定位与建图概念

首先思考这样一个问题：人们是如何在没有手机等导航工具的情况下认路的？当人们身处一个陌生的地区同时也没有其他辅助定位的手段时，第一步要做的是摸索环境。大多数人的做法都是先原地转圈，看看周围有什么，找一找容易记忆的标志物，心里把它们的特征、位置默记下来，然后前往下一个位置，行走的过程记住自己是怎么走的，到达一个新位置后，继续把周围的标志物记住，再前往下一个位置，直至完成指定区域的摸索与认知。当我们不停地循环这个动作后，最终就会完成对所处地域的一个初步的了解。这个过程主要有两个部分：一个是记忆周围环境的行为，也称为“建图”，另一个是在了解已有地图的基础上，在行走的过程中估计自身位置，也称为“定位”，而这两者往往是同时发生的，如果想要构建的地图精确一点，首先需要更精确的定位，精确的地图也是精准定位的基础。这样一个在人类潜意识中不断发生的过程，在服务机器人的实施和运维中，是一个单独的研究内容，叫作“同步定位及建图”（Simultaneous Localization And Mapping，SLAM）。

SLAM 技术涵盖的范围非常广，可以按照所用的传感器的类型将 SLAM 技术大致分为两种：一种是基于激光雷达的 LiDAR-based SLAM，根据激光雷达的不同，可进一步分为 2D 和 3D 激光 SLAM；另一种是基于视觉传感器的 Visual SLAM（VSLAM），根据传感器的不同（例如单目、双目、深度相机等），视觉 SLAM 也有不同的分支。

相比较这两种 SLAM 技术，激光 SLAM 比视觉 SLAM 起步早，在理论、技术和产品落地上都更加成熟，视觉 SLAM 目前还处于进一步研发与产品逐渐落地阶段。基于激光雷达的 2D SLAM 相对更成熟，也是大多服务机器人通常采用的核心 SLAM 技术。

基于激光雷达的 SLAM 采用 2D 或 3D 激光雷达，也叫单线或多线激光雷达。2D 激光雷达一般用于室内机器人，如常见的扫地机器人和商用场景中的服务型机器人，而 3D 激光雷达多用于无人驾驶领域。

激光雷达的优点是测量精确，能够比较精准的提供角度和距离信息，可以达到 <1° 的角度精度以及厘米级别的测距精度，扫描范围广（通常能够覆盖平面内 270° 以上的范围）。激光 SLAM 通过对不同时刻的两片点云进行匹配与比对，计算激光雷达相对运动的距离和姿态的改变，也就完成了机器人自身的定位。2D 激光 SLAM 建立的地图常用二维占用栅格地图（Occupancy Grid Map）表示，如图 5-2 所示，每个栅格以概率的形式表示被占据的概率，存储非常紧凑，适合于进行路径规划。3D 激光 SLAM 用 3D 点云图或三维占用栅格地图的形式来表示地图。

激光数据采集于机器人的激光传感器，运动里程计信息可以使用机器人的轮速计或者惯性测量单元（Inertial Measurement Unit，IMU）等可以反映机器人的运动状态的传感器。激光 SLAM 的建图框架如图 5-3 所示，由此可以看出，机器人的定位与建图模块是互相影响的。

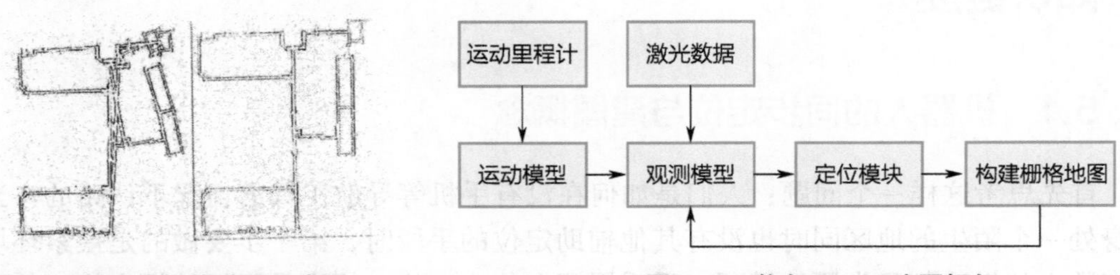

图 5-2 二维栅格地图示意图　　**图 5-3 激光 SLAM 建图框架**

SLAM 技术是机器人关键技术之一，也是机器人自主执行任务的基石，只有构建精确的地图信息作为先验条件的同时对自身进行准确定位，机器人才能高效地完成任务。在环境勘测、救援、排雷、物流等对环境的认知度依赖极高的作业场景中，SLAM 技术的作用更加突出。要想熟练地应用服务机器人实现各种功能，首先要了解机器人同时定位与建图的原理，只有通过真正地在机器人端进行实践，才能够对服务机器人同时建图与定位的流程以及核心思想有深入的体会。

5.2 机器人克鲁泽的 SLAM 传感器

构建导航系统，机器人克鲁泽采用以激光雷达为主，超声波、RGBD、红外传感器为辅的方式，导航系统分布位置如图 5-4 所示。其中激光雷达主要用于机器人建图以及环境避障，其他传感器用于弥补激光雷达的盲区。机器人克鲁泽通过以上传感器的排列组合，减少盲区，优化导航避障效果，如图 5-5 所示。

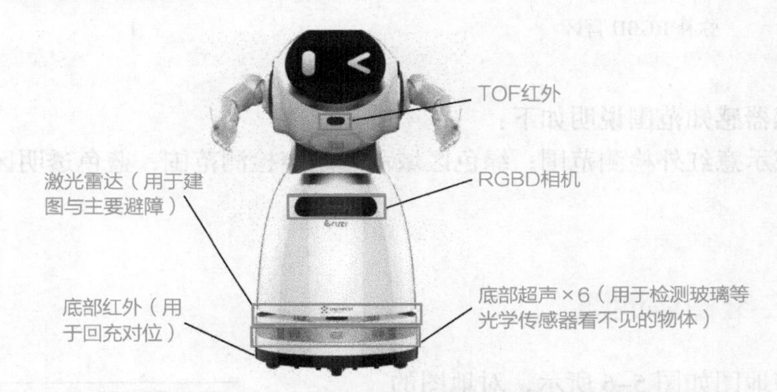

图 5-4　机器人克鲁泽用于建图及导航的传感器及其位置

图 5-5　机器人克鲁泽各个传感器范围示意图

每种传感器的参数和配置见表 5-2。

表 5-2　机器人克鲁泽主要传感器参数及配置

类型	作用	数量	失效场景
超声波传感器	1）检测周边 0.04~0.5m 障碍物 2）弥补红外不能检测玻璃的缺陷	5	■斜向达到光滑平面 ■吸音材料、泡沫材料

（续）

类型	作用	数量	失效场景
超声（封闭式）	弥补 RGBD 盲区	3	■黑色吸光物体 ■高反材质 ■镜面反射 ■自然光干扰 ■透明玻璃
红外（地检）	弥补地面到雷达扫描区域高度的检测盲区	6	
红外（回充）	用于回充避障	1	
红外接收头	用于回充过程中克鲁泽与回充座对位	2	
激光雷达	1）避障 / 导航建图 2）探测范围：0.2~20m，角度分辨率 0.25°，有效距离 16m，雷达开口角 360°，雷达离地 12cm	1	
RGBD	1）检测前方立体障碍物 2）检测悬空障碍物	1	
红外（ToF）	弥补 RGBD 盲区	1	

图中传感器感知范围说明如下：

红色区域示意红外检测范围；绿色区域示意超声检测范围；蓝色透明区域示意 RGBD 检测范围。

5.3 二维栅格地图

二维栅格地图如图 5-6 所示，对地图的解释如下：

1）障碍物：在地图上显示为黑色部分，表示环境中的障碍物比如墙面、车辆或办公桌椅。

2）非障碍物：在地图上显示为白色部分，表示环境中可自由通行的区域。一般情况下一张地图上的大部分为非障碍物区域。

3）未知区域：在地图上显示为灰（蓝）色部分，表示环境中未被传感器探测到的数据。

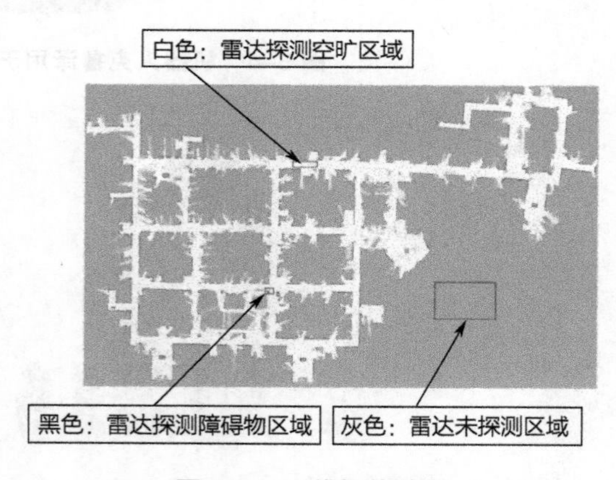

图 5-6 二维栅格地图

5.4 建图导航场景限制与处理

机器人在建图时的场景限制如下：

1）类矩形导航空旷区域，长和宽不能同时大于 10m。

2）类圆形导航空旷区域半径不能大于 6m。

3）对于含有阶梯、楼梯、电梯等危险区域和周围 10m 范围内，若有玻璃、黑色瓷砖、铝合金、不锈钢等黑色材料、透光材料、高反射材料，必须在距离地面 8~18cm 处贴上非透明贴纸，以便雷达可扫描到。

4）不能位于露天或者半露天场景。

5）机器人移动地面条件：

①地面不得有超过 1cm 的台阶；

②地面不得有宽度超过 0.6cm 的凹槽；

③地面不得有坡度超过 5° 的斜坡；

④地面不得有较大范围的开孔。

其中一些常见的对机器人导航比较危险的场景如图 5-7 所示。

黑色椅子

黑色物体会吸收红外光，雷达、RGBD、ToF等红外传感器对其无效，无法获取到物体的特征点，可通过虚拟墙规避

悬空凳子

由于传感器无法对悬空空间进行特征点获取，导航过程中会误以为前方区域为安全区域，可通过虚拟墙规避

不锈钢材质桌椅

由于不锈钢物体为镜面反射，反射给红外传感器的信息量较少，导致无法判断区域是否安全，可通过虚拟墙规避

反光地面

反光地面会造成RGBD和ToF红外产生误报情况，机器人行进路径选择时，尽量避开此类场景

低于12cm台阶

12cm低于雷达和底部超声的检测高度，导致机器人无法检测到该台阶区域，从而发生安全事故，建议划虚拟墙规避

不锈钢过渡

不锈钢物体为镜面反射场景，反射给红外传感器的信息量较少，导致机器人经常无法判断前方区域是否存在障碍物

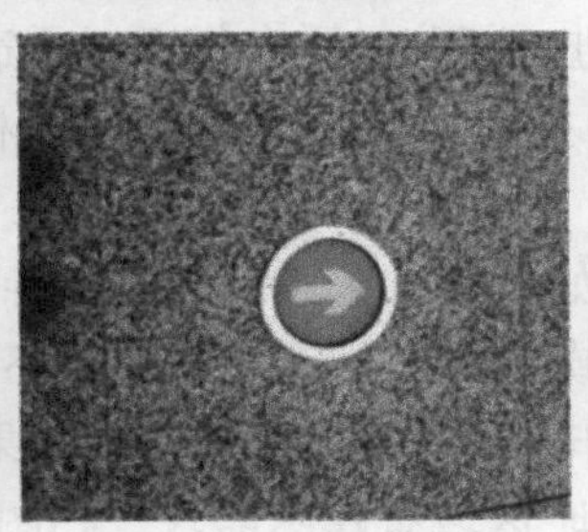

黑白相间地面

黑白相间的地面对地检和ToF会造成误报影响，条件允许情况下可铺设地毯。建议选择充电桩位置时，周边1.5m范围内避开黑白相间地面区域

图 5-7 建图场景限制

对机器人的工作环境采取图 5-8 所示操作可以大大改善机器人导航性能。

◆ 玻璃墙处理	◆ 踢脚线处理	◆ 高反射率材料处理	◆ 充电桩布置
若环境中存在玻璃墙，建议在距离地面8~18cm处贴上非透明贴纸（雷达可扫描到）	距离地面12cm处的踢脚线位置，若有黑瓷砖墙面、铝合金，不锈钢等（黑色材料，透光材料，高反射材料）建议在距离地面8~18cm处贴上白色非透明贴纸	有一些黑色瓷砖区域，机器人雷达距离较远的话返回信号较差，扫描地图时候可以考虑靠近黑色瓷砖区域扫图	充电桩的位置选择很重要，尽量避开复杂的地面，充电桩前方1.5m范围内不要有影响地检传感器的地面

图 5-8　工作环境改善措施

5.5 扫图技巧

5.5.1 建图注意事项

扫图的过程中，一定要注意以下几点：

1）扫图之前，确保机器人本端无任何地图处于使用状态。

2）起点选择时，选择环境相似度低的地方，待雷达数据稳定后再开始扫图。

3）开启手推模式扫图，扫图过程中保持机器人平稳前进，避免机器人行进过程中颠簸。

4）建图范围尽量大于机器人实际工作范围，保证机器人在工作范围边界也有足够定位数据。

扫图时其他的一些注意事项如下：

1）扫图时尽量控制机器人沿着一个方向运动，在扫图未闭合的时候，在一条道上来回行走容易使地图发生重影，影响建图质量与导航效果。

2） 在环境中选择通行道路时，避开颠簸地面与斜面，机器人默认是在平面上走。

3）开始扫图起步过程中需平稳，避免打滑，开始扫图打滑非常影响后续的闭环成图，尽量走直线，避免行走中左顾右盼。

4）遇到雷达数据比较少的墙面（如黑色、高反材料墙面），在条件允许情况下，尽量靠近这些材质行进，部分材质在靠近时雷达数据会有所好转。

5）扫图过程中操作人员尽量保持处于机器人后方，避免操作人员被雷达扫到当做噪点。

6）扫图过程中如果部分区域雷达数据特别少或者基本没有，导致该区域地图不理想，可以尝试在这些区域多走几圈，有助于回环，但是后续定位仍然会有影响，最好的解决方案就是贴上一层非透明材质，保证雷达效果。

7）如果部分空旷区域有建图需求，扫图时尽量先沿着两边走，保证雷达有数据，后续可以通过地图编辑把空白区域补齐，过于空旷区域目前雷达不支持。

8）建图过程中，在条件允许情况下，尽可能多地扫描环境中的细节特征，保证后续的定位效果。

5.5.2 扫图技巧

1）在一个存在多个分区的环境中，尽量选取环形路线，即走之前自己走过的路线，有助于地图回环，同时地图中存在多个环形路线，应当先走小环路线，再走大环路线，如图 5–9 所示。

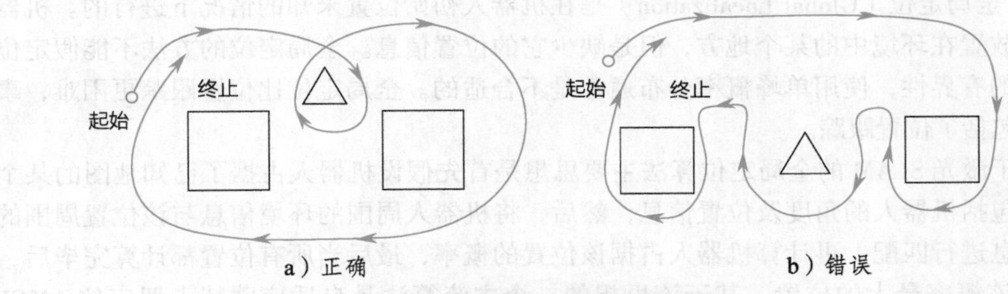

图 5–9 多个分区环境的扫图技巧

2）开始扫图的位置要在附近环境比较独特，相似度较低的地方，不建议在相似度较高的地方开始扫图。

3）在办公室工位数量多且工位相似度较高的长走廊正中，环境相似度较大，没有明显区分与其他环境的特征，不容易闭环，如图 5–10 所示，图中左侧开始位置不适合作为起点，图中右侧位置适合。

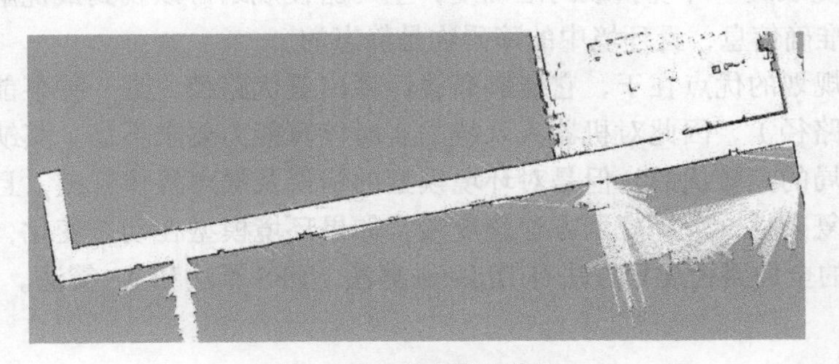

图 5–10 长走廊示意图

4）长直走廊环境单一，周边参照物较少，不适合作为扫图起点，也不适合地图做初始化定位的起点。

5.6 定位与导航

5.6.1 已知地图下定位

地图、初始位置、目的地是智能服务机器人实现自主导航的三要素，“地图”和“目的地”可以由用户来指定，而“初始位置”可以由部署在服务机器人端的定位模块完成。定位可分为局部定位及全局定位两种：

1）局部定位（Local Localization）也称为位置跟踪（Position Tracking）。假定机器人初始位置已知，通过适应机器人运动噪声来完成机器人定位。此类噪声影响通常很微弱，因此位置跟踪方法经常依赖位置误差小的假设，位置不确定性经常用单峰分布（如高斯分布）来近似。位置跟踪问题是一个局部问题，是因为不确定性是局部的，并且局限于机器人真实位置附近的区域。

2）全局定位（Global Localization）是在机器人初始位置未知的情况下进行的。机器人最初放置在环境中的某个地方，但是缺少它的位置信息。全局定位的方法不能假定位置误差的有界性，使用单峰概率分布通常是不合适的。全局定位比位置跟踪更困难，事实上它包括了位置跟踪。

基于激光 SLAM 的全局定位算法主要思想是首先假设机器人占据了已知地图的某个位置，包括机器人的角度及位置信息，然后，将机器人周围的环境信息与该位置周围的环境信息进行匹配，再计算机器人占据该位置的概率，最后当所有位置都计算完毕后，输出令该概率最大的位置。基于该思想的一个主流算法是自适应蒙特卡罗定位 AMCL（Adaptive Monte Carlo Localization）。

5.6.2 全局地图导航

自主导航也称为路径规划，移动机器人的路径规划分为全局路径规划和局部路径规划两种。全局路径规划（Global Path Planning）是在已知的环境中给机器人规划一条路径，路径规划的精度取决于环境获取的准确度，全局路径规划可以找到最优解，但是需要预先知道环境的准确信息，且环境中的障碍物是静态的。

全局路径规划的优点在于，它能够离线计算出最优路径，是一种事前规划（即机器人运动前规划路径），因此对机器人系统的实时计算能力要求不高。其缺点在于，虽然规划结果是全局的、较优的，但是对环境模型的错误及噪声鲁棒性差，且由于机器人运动规划的内在复杂性，全局规划方法速度慢，如果环境模型在动态变化，则无法处理。其中比较典型的全局路径规划方法有 Dijkstra 算法、BFS 算法和 A* 算法。

5.7 常见的故障及解决方案

部署机器人同时建图导航时遇到的常见问题可以分为地图类问题和扫图类问题，具体内容及其解决方案如下。

5.7.1 地图类故障及解决方案

1. 故障 1：在机器人安卓端选择使用地图，提示失败

可能原因及解决方案如下。

1）对应导航系统方案选择错误。

解决方案：在机器人安卓端切换对应的导航方案，并重启机器人。

2）FTP 服务器内没有对应地图文件。

解决方案：FTP 地图内对应地图名文件被删除，重新同步该地图。

3）方案 – 地图文件异常（方案 – 地图名 .targz），实际地图文件被加密，或者在传输过程中损坏。

解决方案：在不加密的电脑上，用压缩工具打开地图名 .targz 文件，看是否可以不报错打开，正常打开无问题。

2. 故障 2：地图下载到 PC 上，使用机器人 PC 工具同步到机器人端失败

故障分析：外网不稳定。

解决方案：使用稳定的 WiFi 网络。

5.7.2 扫图类故障及解决方案

1. 故障 1：扫图完成后地图未闭环

可能原因及解决方案如下。

1）对于扫图注意事项不熟悉，导致地图未闭环。

解决方案：按照机器人扫图建图指引文档进行扫图，多熟悉练习。

2）现场环境过于空旷（如机场、广场），远超机器人雷达视距。

解决方案：建议配合 UWB 与长距离雷达使用。

2. 故障 2：扫完图后地图区域出现明显重影

可能原因及解决方案如下。

1）对于扫图注意事项不熟悉，导致地图未闭环。

解决方案：按照机器人扫图建图指引文档进行扫图，多熟悉练习。

2）环境中存在大量雷达不友好材质（黑色吸光、高反、镜子等）、激光雷达在这些区域效果不好。

解决方案：对这些不友好材质进行环境处理（贴膜等）。

3. 故障 3：扫图过程中 APP 崩溃退出

可能原因及解决方案如下。

APP 与机器人 ROS 网络不稳定，APP 无连接。

解决方案：重新设置稳定的 WiFi，APP 重新连接 ROS，通过扫图工具包。

计划与决策

1. 小组分工研讨

请根据项目内容及小组成员数量，讨论小组分工，包括但不限于项目管理员、部署

实施员、记录员、监督员、检查复核员等。

2. 工作流程决策

- 根据业务场景，分析扫图场地是否存在限制或危险场景，并给出处理方案。
- 根据场景实际情况，选择扫图起点，并规划扫图路线。
- 根据场景实际情况，请分析有哪些扫图注意事项和扫图技巧。

任务实施

无线网络→打开 APP 登录→选择建图模式→开始建图→操纵机器人运动建图→保存地图。

1. 机器人检查

按照项目 1 相关内容，完成机器人的常规检查与操作，包括外观及机器人工作环境检查、开机、电量查看、网络配置等。

2. 扫图场地处理

（1）危险场景加工处理　结合本项目“知识链接”中有关场景限制与处理、扫图技巧等内容，根据“计划与决策”制定的扫图场地的分析及处理方案，对扫图场地进行处理，确保机器人工作的安全性和所建地图的准确性。

（2）充电桩布置　为实现机器人自动回充功能，需选择合适位置放置充电桩，以便机器人在低电量或听到相关指令后可以安全地自主回到充电桩位置开始充电。

思考与探索：

① 请记录本任务开展了加工处理的危险场景，通过拍照对比处理前后的情况。

② 请分析本任务危险场景加工处理方法的原理。即为何采用如此的加工处理方法后，危险可以减弱乃至消除？

③ 请列举本任务尚未涉及的 3 种危险场景，给出对应的加工处理方法，并分析其原理。

____

____

3. 机器人扫图起始点的选择与部署

结合本项目“知识链接”中有关扫图技巧等内容，根据“计划与决策”选定的起始点，将机器人部署到起始点位置。

思考与探索：

① 扫图起始点选择的原则是什么？请分析为何要按这样的原则去选择？

____

____

② 请根据项目 1 至项目 4 所学内容，列举将机器人部署到起始点位置的方法有多少个？其方法分别是什么？你觉得哪种方法最简便且安全？

____

____

4. 机器人及扫图工具配置

为便于用户开展导航建图工作，服务机器人通常配套有专用扫图工具，对机器人克鲁泽而言，专用扫图工具为 U-SLAM 软件。下面以 U-SLAM 软件为例，介绍机器人及专用扫图工具配置相关内容。

U-SLAM 软件是安装在手机、平板电脑等智能终端的应用程序。打开该应用程序后，将弹出登录界面，如图 5-11 所示。使用正确的账户及密码登录后，将出现机器人配置界面，如图 5-12 所示。在 U-SLAM 机器人配置界面中，单击“+”按钮，根据提示输入机器人 IP 地址，即可完成扫图工具与机器人之间的网络连接，进入导航建图管理界面，如图 5-13 所示。

图 5-11 U-SLAM 登录界面

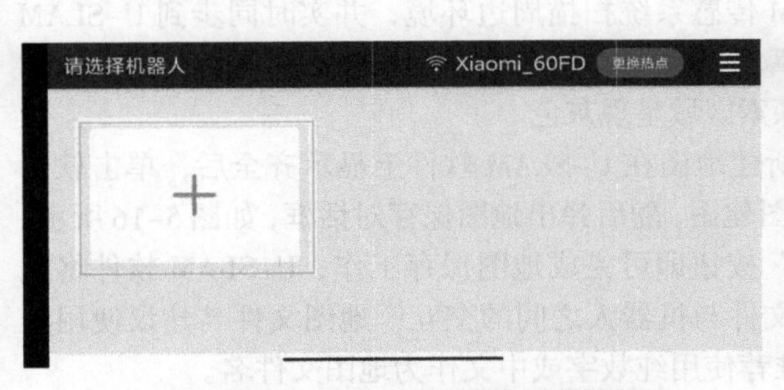

图 5-12 U-SLAM 机器人配置界面

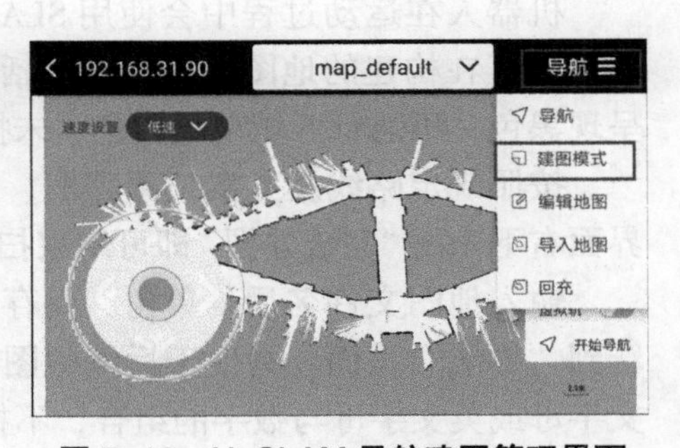

图 5-13 U-SLAM 导航建图管理界面

思考与探索：

① 请问机器人的网络 IP 有几类？分别是什么？请探索扫图工具与机器人连接时，是使用哪一个网络 IP？

____

____

② 请问智能终端与机器人之间一般采用哪种网络连接？两者的网络具体有何要求？

____

____

5. 扫图建图

在 U-SLAM 导航建图管理界面，单击右上角菜单，选择“建图模式”，将会弹出建图方式的选择框，如图 5-14 所示，包括两种建图方式，单击“开始建图”将进入普通建图方式，单击“增量式建图”将进入增量式建图方式。

（1）普通建图方式　进入普通建图方式后，U-SLAM 软件界面如图 5-15 所示。“雷达”按钮开启后，将会在软件中部的地图上看到雷达数据。待雷达数据稳定后，便可让机器人按照“计划与决策”规划的路线以及罗列的扫图注意事项、技巧行走，机器人在行走过程，U-SLAM 软件将会自动显示所构建的地图。

而让机器人运动的方式，除了项目 2 所介绍的三种方式外，U-SLAM 软件也提供控制机器人运动的功能，如图 5-15 所示，可以设置机器人运动的速度，控制机器人前进、后退、向左旋转、向右旋转等运动。

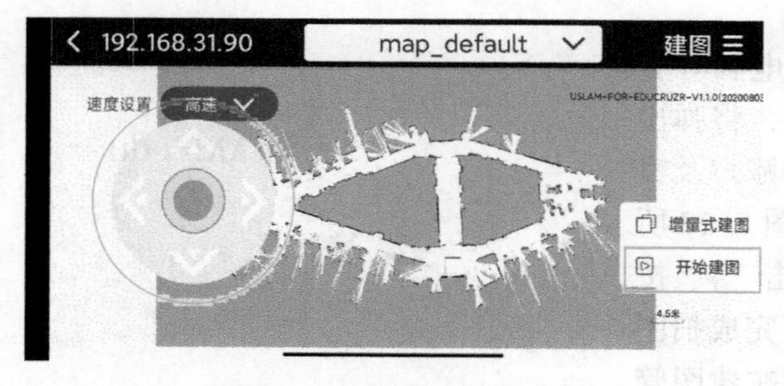

图 5-14　建图方式的选择框

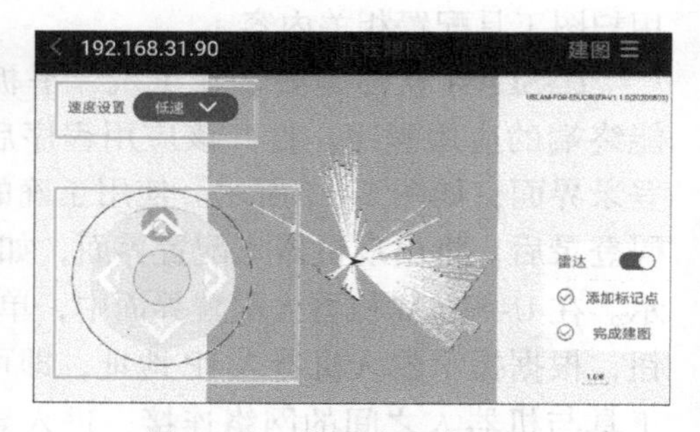

图 5-15　普通建图方式

机器人在运动过程中会使用 SLAM 传感系统扫描周边环境，并实时同步到 U-SLAM 软件上正在构建的地图，地图上包括障碍物、可通行区域以及未探索区域，其中障碍物呈现黑色，可通行区域呈现白色，未探索区域呈现灰色。

按照既定路线及方案扫图完毕，所建地图在 U-SLAM 软件上显示齐全后，单击软件界面右下角的“完成建图”即可结束扫图建图，随后弹出地图保存对话框，如图 5-16 所示。

输入地图文件名后，单击“保存”按钮即可完成地图保存工作，U-SLAM 软件将跳转到“导航”页面。为便于后续地图文件与机器人之间的交互，地图文件名建议使用英文字母或英文字母与数字的组合，不推荐使用纯数字或中文作为地图文件名。

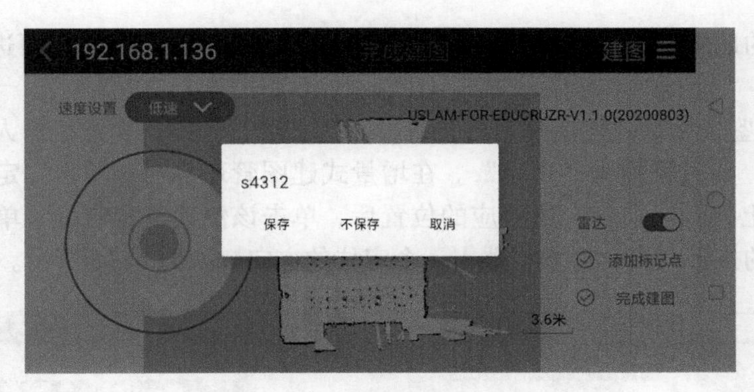

图 5-16　地图保存对话框

若单击“不保存”按钮，则新建的地图数据将不被保存，U-SLAM 软件直接跳转到“导航”页面；若单击“取消”按钮，则返回“继续建图”页面，可以继续操控机器人移动构建新地图。

思考与探索：

① 请探索雷达按钮在开和关状态下，U-SLAM 软件上显示的地图有何区别？总结出雷达信号的特点是怎样的？

____

____

____

② 请问扫图过程，控制机器人运动的方式具体有几种？分别是什么？从机器人安全性及扫图可靠性角度来看，一般采用哪种方式？使用该方式扫图过程应注意哪些问题？

____

____

____

③ 请根据所建地图效果，评估在“计划与决策”中规划的路线是否妥当？如有不妥之处，请给出改善方案，并根据方案重新建图。

____

____

____

④ 请根据所建地图效果，评估在“计划与决策”中罗列的扫图注意事项及扫图技巧是否齐全？若不齐全，请补全扫图方案，并根据方案重新建图。

____

____

____

（2）增量式建图方式　增量式建图是指在已有的地图基础上继续构建地图，但构建出的新图不会覆盖原有地图。如图 5-17 所示，增量式建图需要在 U-SLAM 软件界面顶部中间处选择已有的地图，然后单击“导航 – 建图模式 – 增量式建图”，即可进入增量式建图管理界面。

1）定位。鉴于增量式建图是在已有地图基础上进行建图，因此机器人需要准确找到当前所处位置，此过程称为“定位”。在增量式建图管理界面，单击“定位”按钮，在所选地图基础上找到当前位置所对应的位置后，单击该位置进行定位，单击的同时注意需进行有方向的拖拽，以此给予机器人一个定位的方向，如图 5–18 所示。

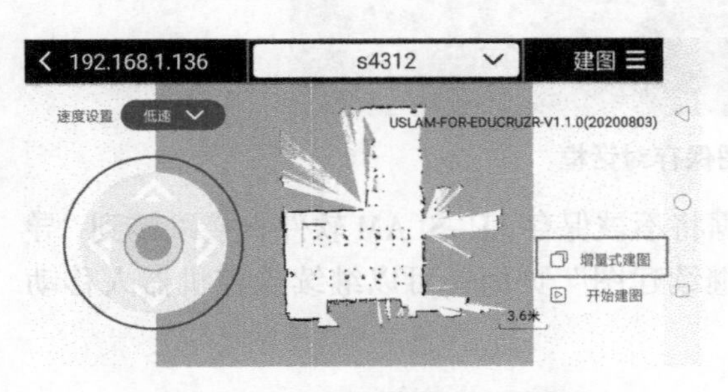

图 5–17　进入增量式建图方法

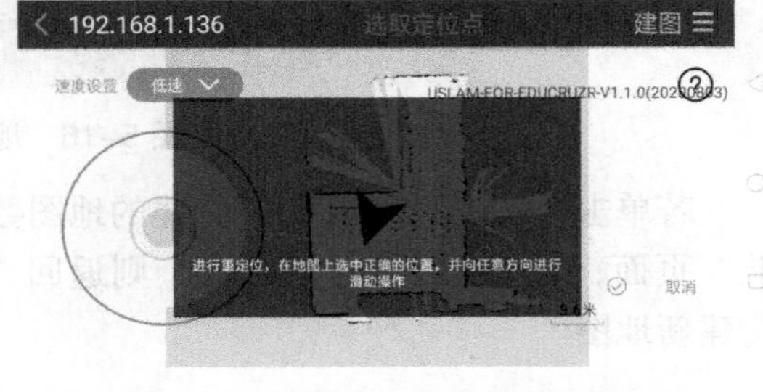

图 5–18　定位点选取功能界面

选择地图位置并赋予方向后，机器人将会自动扫描周围环境开展自定位工作，若在地图上选择的位置能落在机器人真实位置3米范围之内，则会返回定位成功提示，如图5–19所示；否则，将会给出定位失败提示，如图5–20所示，要求定位成功后方可开展增量式建图。

图 5–19　增量式建图定位成功提示

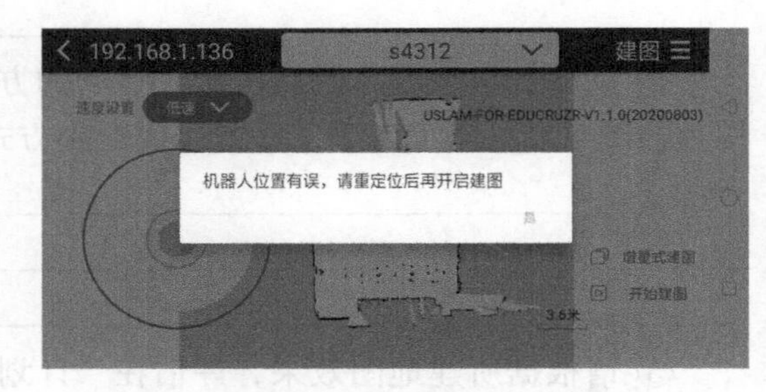

图 5–20　增量式建图定位失败提示

2）扫图及更新建图。定位成功后，单击“更新建图”，便可开展扫图、更新建图工作，如图 5–21 所示。更新建图工作的方法与普通建图方式类似，如图 5–22 所示，主要是通过操控机器人到相关的业务区域开展扫图工作，在此不再赘述。

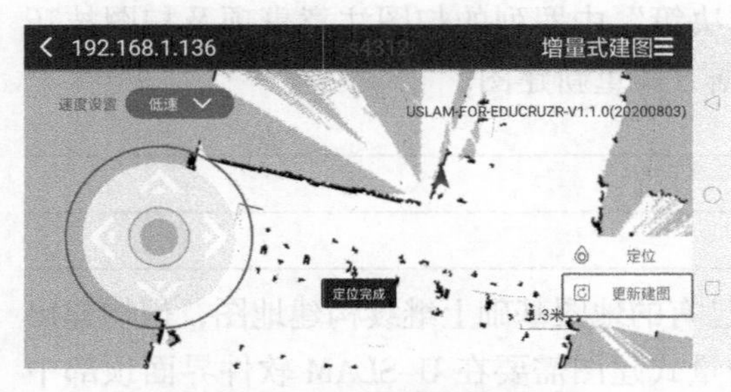

图 5–21　开始增量式建图过程

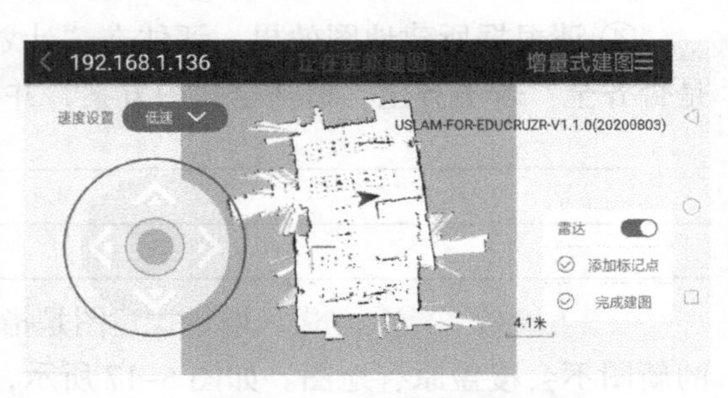

图 5–22　增量式建图过程

思考与探索：

① 请思考增量式建图一般在什么业务场景或需求下使用？

____

____

② 请思考增量式建图为何需要开展定位且必须定位成功后才可开展扫图工作？

____

____

6. 导航初步测试

使用 U-SLAM 软件可以对所建的地图进行测试评估，测试的步骤及内容包括：地图编辑、重定位、导航。

（1）地图编辑　在 U-SLAM 软件界面中，单击右上角菜单栏，选择“编辑地图”菜单，即可进入地图编辑界面，地图编辑主要包括标记点、虚拟墙、虚拟轨、实体墙、橡皮工具等，如图 5-23 所示。

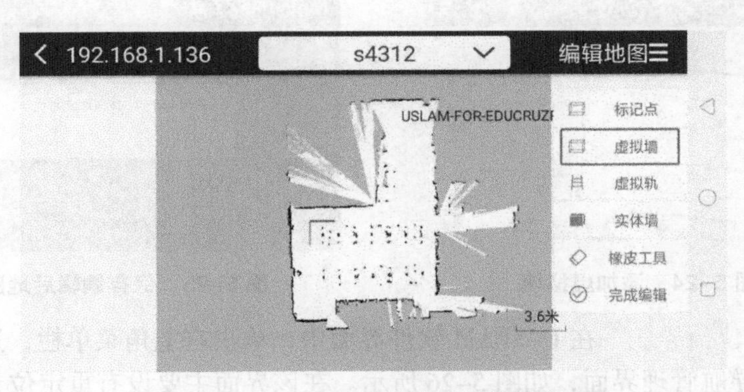

图 5-23　U-SLAM 软件地图编辑界面

各个工具的功能说明如下：

1）标记点：需手动添加，可添加多个。设置的标记点是机器人导航的目标点，包括充电桩位置和普通位置。若设定了多个标记点，机器人将根据设定标记点的先后顺序进行导航。

2）虚拟墙：需手动添加，可多次编辑。设置虚拟墙后，机器人在导航过程中无法穿越虚拟墙，若目标点与机器人坐标在地图上被虚拟墙隔离，机器人将无法成功导航到目标点。

3）虚拟轨：需要手动添加，可多次编辑。设置虚拟轨道后，机器人在进行有轨导航过程中，将沿着虚拟轨进行移动导航。

4）实体墙：需要手动添加，无法多次编辑。设置实体墙后，机器人在导航过程中无法穿越实体墙，若目标点与机器人坐标在地图上被实体墙隔离，机器人将无法成功导航到目标点。“实体墙”功能通常用于地图实体墙模糊或实体墙位置不准确的地方进行手动编辑。特别注意的是：添加实体墙后，一旦单击“完成编辑”，则无法删除画下的实体墙，因此建议还没确定修改完毕的情况下，请勿单击“完成编辑”。若因操作失误添加了不需要的实体墙，唯一修改的方法是用下面第 5 点介绍的“橡皮工具”来对实体墙进行修改编辑。

5）橡皮工具：通过涂抹的方式对地图进行编辑。橡皮工具分为“白橡皮”和“灰橡皮”。“白橡皮”可将涂抹区域变成白色，常用于涂抹因操作失误而添加在可通行区域内的实体墙以及涂抹因扫描误差出现在地图可行区域内的障碍物。“灰橡皮”可将涂抹区域变成灰色。其中白色区域代表可通行区域，导航目标点只能设立在白色区域；灰色区域是不可通行区域，导航目标点无法在灰色区域内设立。特别注意的是：在单击“完成编辑”前，可对涂抹操作进行撤回操作以及取消撤回操作，一旦单击“完成编辑”，所有涂抹痕迹无法撤回。

如图 5-24 是添加虚拟墙后的效果，完成相关工具添加后，便可单击“完成编辑”保存编辑后的地图，软件将会给出提示询问是否设置为当前地图，如图 5-25 所示。注意编辑后保存的地图将覆盖原图。

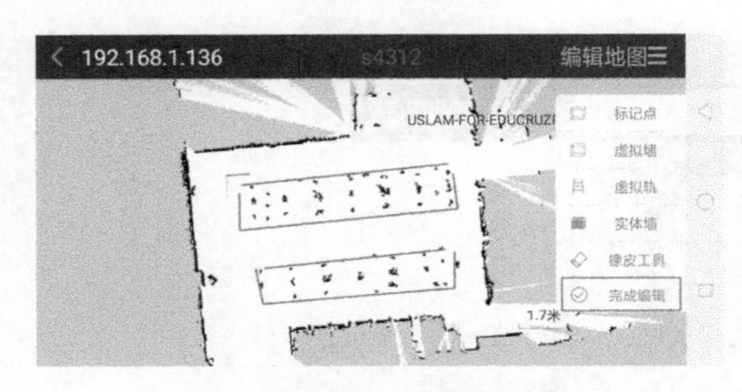

图 5-24 添加虚拟墙

图 5-25 保存编辑后地图的提示

（2）重定位与导航　在 U-SLAM 软件界面中，单击右上角菜单栏，选择“导航”菜单，即可进入导航管理界面，如图 5-26 所示。在该界面主要设有重定位、目标点、雷达开关、虚拟轨开关等功能。

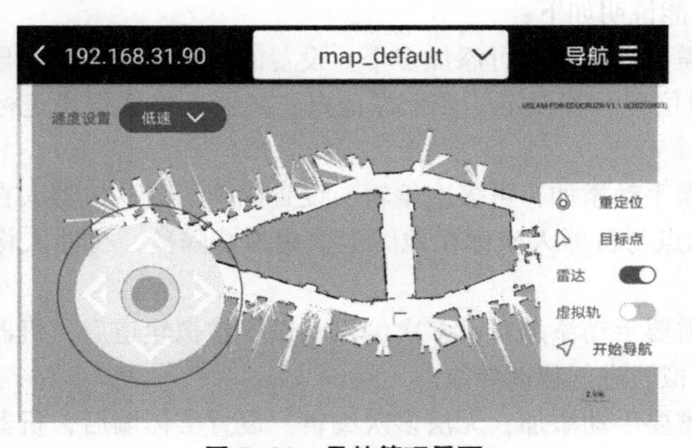

图 5-26 导航管理界面

在机器人导航前，必须使用“重定位”功能对机器人自身在地图中的具体位置进行定位。重定位的方法与“增量式建图方式”中定位的方法相同，在此不再赘述。

单击“目标点”后，即可对先前编辑添加的标记点进行选择，当选择一个目标点时，机器人将执行单点导航；当选择了多个目标点时，机器人将执行连续多点导航。选择目标点后，单击“开始导航”，机器人将会按照导航算法自行选择最后的导航路径进行行走运动。

思考与探索：

① 请探索虚拟轨按钮在什么情况下是无法打开的？

____

____

② 请探索在多点导航时，机器人按照怎样的顺序进行导航？

____

____

③ 请探索在什么条件下，机器人会执行无轨导航？

____

____

____

④ 请探索在什么条件下，机器人会执行有轨导航？

____

____

____

⑤ 请探索当目标点距离虚拟轨较远位置时，机器人在有轨导航的设置下，能否成功到达目标点？假如在无轨导航的设置下，是否可以成功到达目标点呢？

____

____

____

7. 地图导出与同步

使用 U-SLAM 软件对地图进行编辑与导航需要手机、平板电脑等智能终端的辅助，在某些业务场景下是不适合采用这种方法的，因此需要将地图同步到机器人本端，以便在机器人本端执行导航操作。

（1）地图导出　在 U-SLAM 软件界面的顶部单击地图选择菜单，将会弹出“选择地图”对话框，在该对话框找到需要导出的目标地图文件，采用向左滑动的方式可以弹出相关的操作按钮，如图 5-27 所示。单击“导出”按钮后，软件将会将地图相关文件保存在智能终端某个文件夹下，为了便于查找对应的路径，注意将导出成功后的提示截图保存，如图 5-28 所示。根据提示找到地图文件存储的路径，找到相关文件后，即可通过传输线或 QQ、微信、邮件等方式从智能终端传输到电脑中。

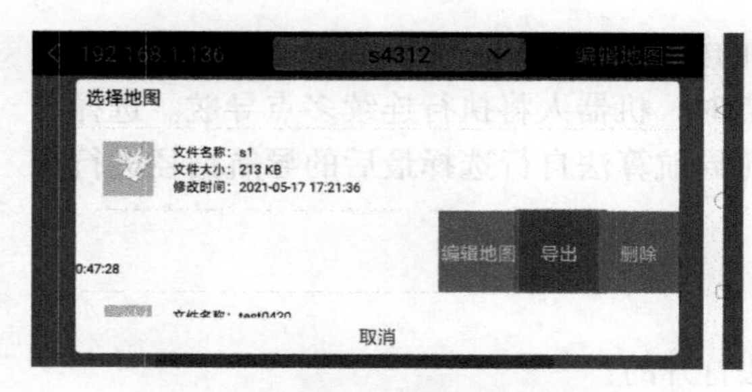

图 5-27 地图操作按钮

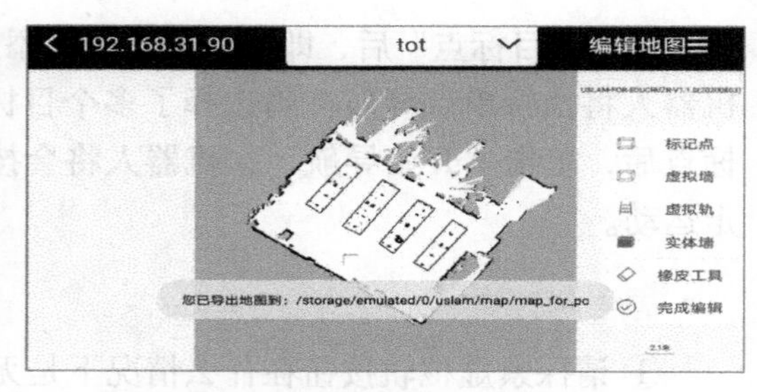

图 5-28 地图导出成功提示

（2）地图编辑 导出的地图，可以通过项目 1 及项目 2 中介绍的电脑端 Cruzr 软件进行编辑。如图 5-29 所示，在电脑端 Cruzr 软件中，依次单击“地图管理”-“导入”，即可弹出地图选择对话框，选择目标地图文件，即可进行导入操作。

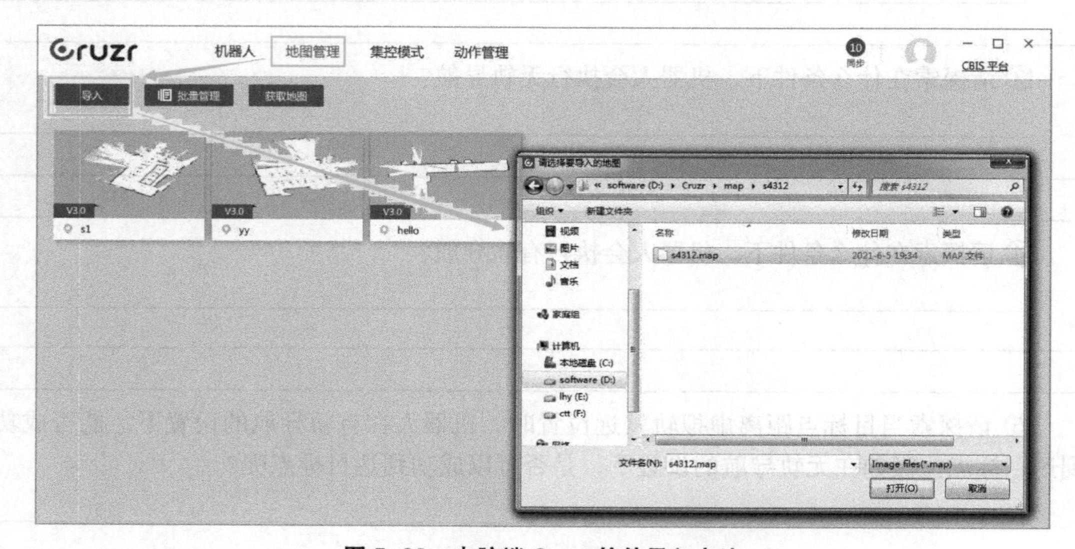

图 5-29 电脑端 Cruzr 软件导入方法

导入地图后，电脑端 Cruzr 软件将提供地图更名功能，如图 5-30 所示，可根据业务实际决定是否更改名称。

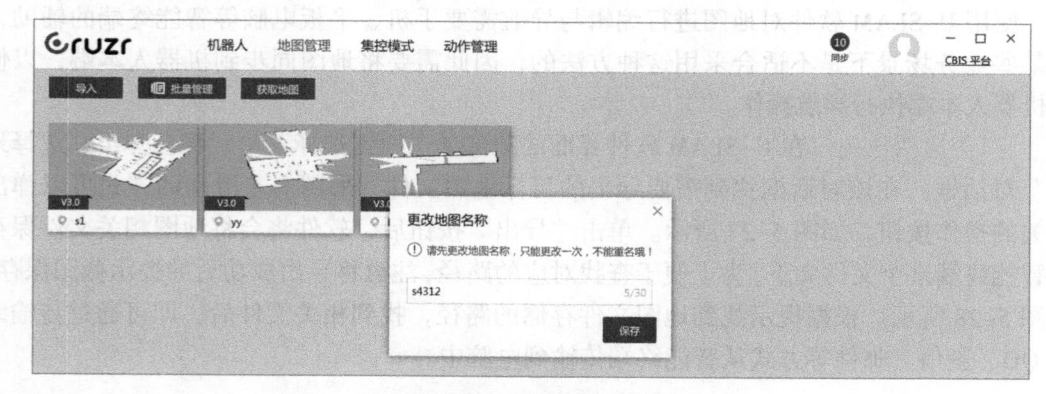

图 5-30 地图更名功能

导入地图后，电脑端 Cruzr 软件将提供对每个地图进行编辑地图、预览地图、将地图上传 CBIS、查看地图基本信息、同步地图、导出地图、删除地图等操作的功能，如图 5-31 所示。

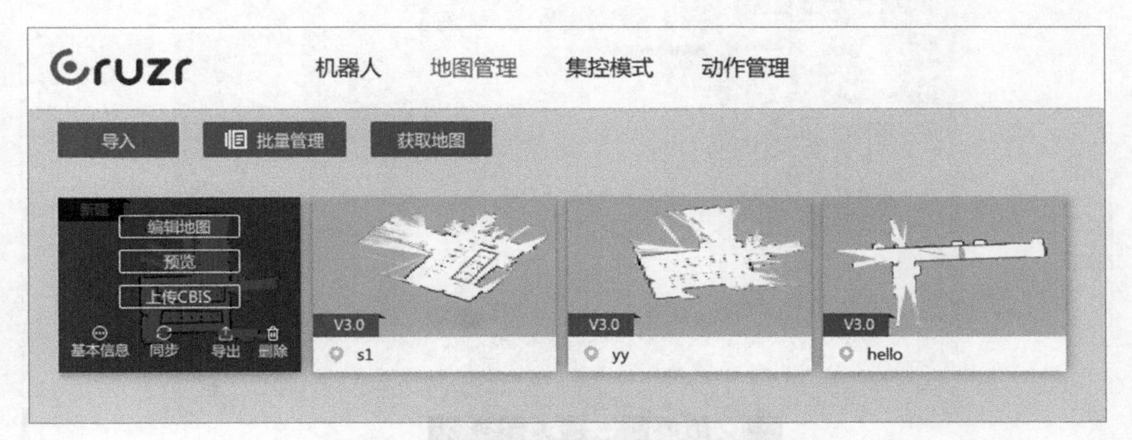

图 5-31　电脑端 Cruzr 软件提供的地图操作功能

在目标地图文件上单击“编辑地图”按钮，即可进入地图编辑管理界面，如图 5-32 所示。电脑端 Cruzr 软件的地图编辑主要是添加标记点，包括普通位置和充电桩两种标记点，添加标记点时，可增加文本、图片、音视频等介绍内容。

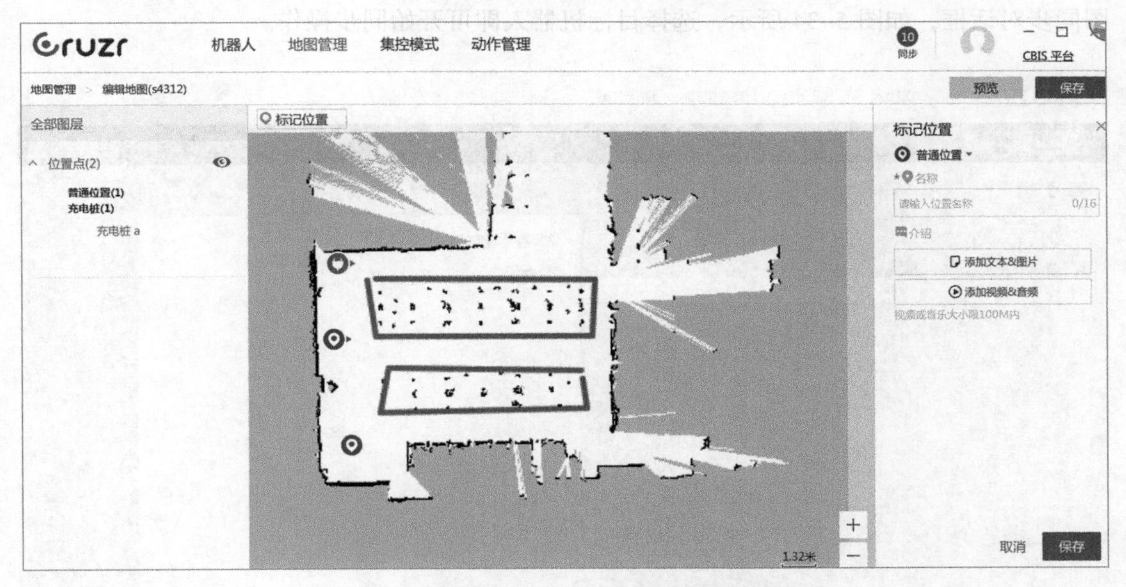

图 5-32　电脑端 Cruzr 软件的地图编辑管理界面

（3）地图同步　地图同步是指将编辑好的地图传输到机器人本端。电脑端 Cruzr 软件提供了单个地图同步以及多个地图一次性同步的批量管理功能。

单个地图同步操作：选中目标地图，单击“同步”按钮，即可弹出地图同步对话框，如图 5-33 所示，选择目标机器人即可开始同步操作。

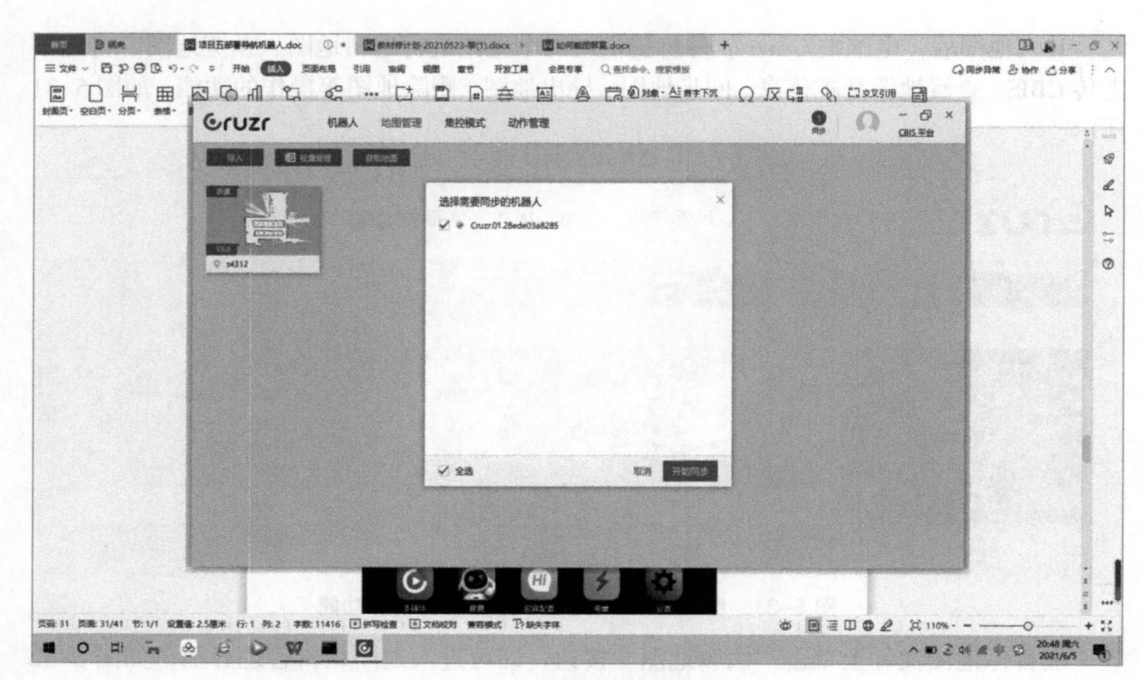

图 5-33　单个地图同步操作

多个地图一次性同步操作：单击“批量管理”，选中需要同步的地图，即可弹出地图同步对话框，如图 5-34 所示，选择目标机器人即可开始同步操作。

图 5-34　多个地图一次性同步操作

电脑端 Cruzr 软件提供同步结果查看功能，单击右上角“同步”按钮，将弹出同步列表对话框，如图 5-35 所示，选中“已完成”菜单，即可查看已经完成同步的地图。

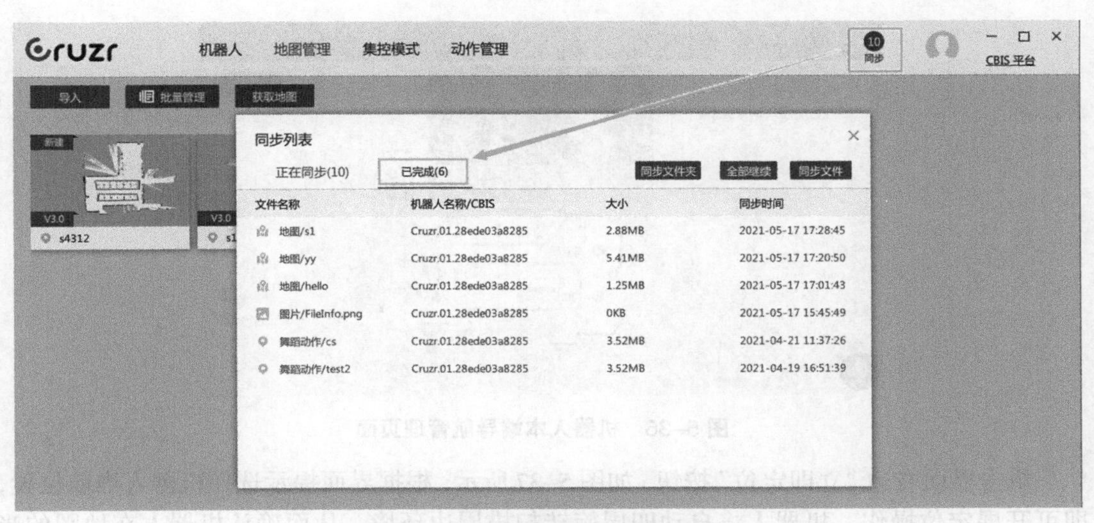

图 5-35 地图同步结果查看

思考与探索：

① 请探索在 U-SLAM 软件完成的地图编辑的信息，如标记点、虚拟墙、虚拟轨、实体墙等信息，导出后是否会保留？该类信息是否可以连带地图同步到机器人本端？

② 请问从智能终端导出的地图文件包括哪些文件？这些文件的格式是什么？

③ 请问电脑端 Cruzr 软件导入的地图文件是什么格式？是否支持其他格式的文件导入？

④ 请探索机器人到达标记点后，其朝向是否可以设定？若可以，该如何设定？

⑤ 请问需要执行同步操作，对机器人的工作状态有何要求？

8. 导航测试

地图成功同步到机器人后，即可在机器人本端进行导航测试。在机器人本端，进入管理员模式，打开“地图”应用程序，即可进入导航管理页面。如图 5-36 所示，在该页面顶部选择与业务场景相符的地图，单击界面右边的“更多”按钮，依次单击“使用地图”-“确定”，机器人将会依据选中的地图开展后续的导航工作。

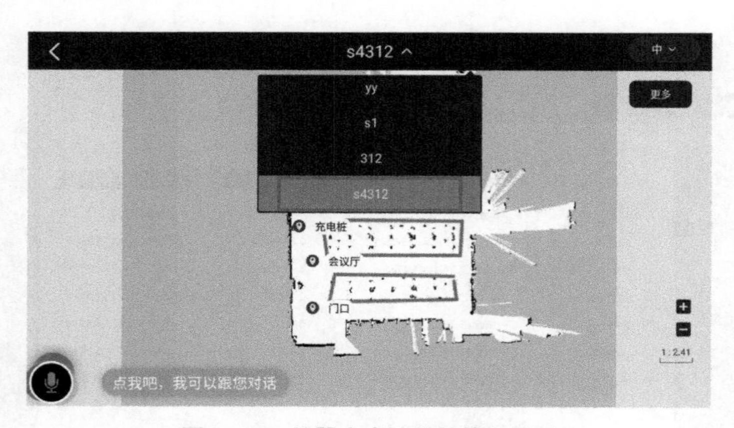

图 5-36 机器人本端导航管理页面

单击界面右边“立即定位”按钮，如图 5-37 所示，根据界面提示选择机器人当前位置，即可开展定位操作。机器人将自动四周旋转扫描周边环境，从而确认机器人在地图的当前位置。定位过程界面将有相关提示，如图 5-38 所示，其耗时依据场景复杂程度而有所不同。

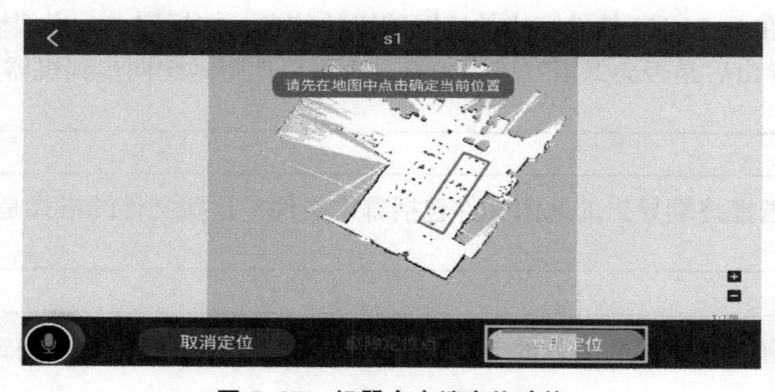

图 5-37 机器人本端定位功能

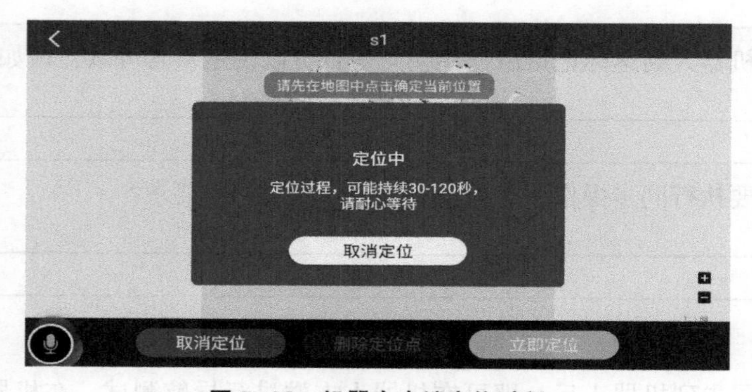

图 5-38 机器人本端定位过程

选中需要前往的标记点，机器人将会自动计算出距离及所需时间，单击“立即前往”即可启动机器人自主导航前往目的地。

思考与探索：

① 请探索是否可以通过语音指令启动机器人自主导航到某个标记点？若可以，请测试该使用怎样的语音指令？

② 请思考在机器人定位过程，为了保证定位准确，有哪些注意事项？操作人员应该如何做？

③ 请探索机器人在导航过程中遇到障碍物将会如何做？

④ 请探索机器人自主导航过程中将会有哪些信息展示？是否可以暂停或终止导航？若可以，该如何操作？

9. 自动回充

为确保工作的可靠性，服务机器人往往需要配置自动回充功能。对机器人克鲁泽而言，在成功建立业务场景地图，且在地图上准确标注了充电桩位置的情况下，可以实现自动回充功能，机器人提供了低电量自动回充和语音控制回充两种方案。

（1）低电量自动回充　在机器人本端，进入管理员模式，选择“电量”应用程序，单击“充电”菜单，即可进入低电量自动回充设置管理界面，如图 5-39 所示。在该界面，设有自动回充开关、自动回充电量阈值、边充边用开关、连续使用时长限制阈值等设置功能。打开自动回充开关，并设置固定的自动

图 5-39　机器人低电量自动回充设置

回充电量阈值，当机器人电路低于所设定的阈值时，将会自动前往充电桩进行充电。

（2）语音控制回充　为便于用户操作，机器人提供了自动回充的语音交互功能。当用户即将结束相关工作或发现机器人电量不足时，对机器人发出语音指令，机器人识别到相关指令后，将会给出提示框开展指令确认，如图 5–40 所示。机器人在得到确认后，将会根据设定的充电桩位置自行导航前往充电桩进行充电。

图 5–40　机器人语音控制回充指令确认

思考与探索：

① 从机器人安全性角度考虑，请思考并探索机器人充电桩放置位置有哪些注意事项？

____

____

② 请探索机器人在低电量自动回充时，将会有哪些提示？机器人是否可以自动上桩并成功充电？

____

____

③ 请探索控制机器人回充的语音指令集是什么？

____

____

10. 开展培训

为便于客户自主使用，请根据以上任务实施的相关内容，尤其是结合思考与探索的相关经验，对客户开展培训，确保客户在后续相关应用场景中能自行将服务机器人部署成导航机器人。

任务检查与故障排除

序号	检查项目	检查要求	检查结果
1	机器人检查	是否完成机器人的常规检查与操作，包括外观及机器人工作环境检查、开机、电量查看、网络配置等	
2	扫图场地处理	是否根据应用场景及其相关要求，完成危险场景加工处理及充电桩布置	
3	机器人扫图起始点的选择与部署	是否按照相关步骤完成机器人扫图起始点的选择与部署	
4	机器人及扫图工具配置	是否按照相关步骤完成机器人及扫图工具配置	

（续）

序号	检查项目	检查要求	检查结果
5	扫图建图	是否按照相关步骤使用机器人及扫图工具完成扫图建图工作	
6	导航初步测试	是否按照相关步骤使用机器人及扫图工具完成导航初步测试，确保机器人可以成功定位和导航到指定标记点	
7	地图导出与同步	是否按照相关步骤进行地图导出、编辑与同步工作	
8	导航测试	是否按照相关步骤在机器人本端完成导航测试，确保机器人可以成功定位和导航到指定标记点	
9	自动回充	是否按照相关步骤完成机器人自动回充测试，确保机器人在低电量或收到相关语音指令时可以成功回充	
10	用户培训	是否完成了用户培训，且用户能够在个性化的应用场景中自行将服务机器人部署成导航机器人	

任务评价

实训项目							
小组编号		场地号			实训者		
序号	考核项目	实训要求	参考分值	自评	互评	教师评价	备注
1	任务完成情况（35分）	机器人检查	1				实训所要求的所有内容必须完整地进行执行，根据完成任务的完整性对该部分进行评分
		扫图场地处理	5				
		机器人扫图起始点的选择与部署	3				
		机器人及扫图工具配置	3				
		扫图建图	5				
		导航初步测试	5				
		地图导出与同步	3				
		导航测试	3				
		自动回充	5				
		用户培训	2				

（续）

序号	考核项目	实训要求	参考分值	自评	互评	教师评价	备注
2	实训记录（20分）	分工明确、具体	5				所有记录必须规范、清晰且完整
		数据、配置有清楚的记录	10				
		记录实训思考与总结	5				
3	实训结果（20分）	机器人检查	2				小组的最终实训成果是否符合“任务检查与故障排除”中的具体要求
		扫图场地处理	2				
		机器人扫图起始点的选择与部署	2				
		机器人及扫图工具配置	2				
		扫图建图	2				
		导航初步测试	2				
		地图导出与同步	2				
		导航测试	2				
		自动回充	2				
		用户培训	2				
4	6S及实训纪律（15分）	遵守课堂纪律	5				小组成员在实训期间在纪律方面的表现
		实训期间没有因为错误操作导致事故	5				
		机器人及环境均没有损坏	5				
5	团队合作（10分）	组员是否服从组长安排	5				小组成员是否能够团结合作，共同努力完成任务
		成员是否相互合作	5				
异常情况记录							

实训思考与总结

1. 以思维导图形式描述本项目学过的知识。

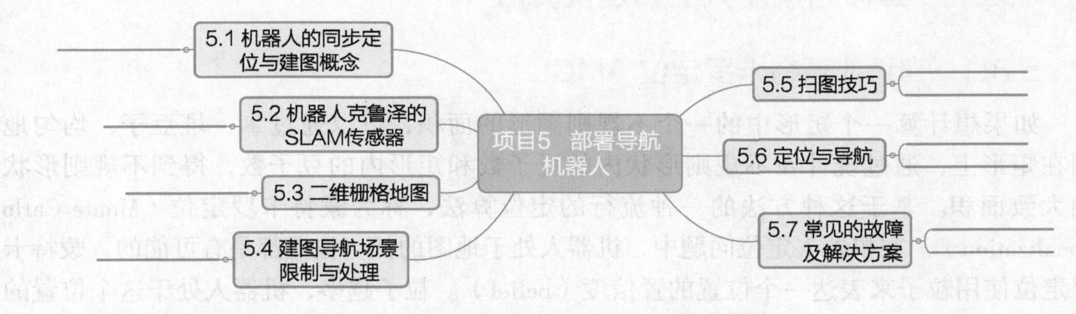

2. 思考在工作过程中可能会遇到什么故障，如何解决？

理论测试

请扫描以下二维码对所学的内容进行巩固测试。

Test

项目 5 理论测试

实操巩固

在“人工智能”主题月，高校开展“服务机器人实验室开放日”活动，充分展示服务机器人实验室，拟采用机器人克鲁泽进行导航完成引导来宾和自动充电的工作。为保障当天工作顺利开展，请您完成以下工作：

1）开展机器人检查。

2）分析并预处理扫图场地。

3）完成机器人及扫图工具配置。

4）选择与部署机器人扫图起始点，完成扫图建图。

5）使用扫图工具开展导航初步测试。

6）地图导出与同步。

7）自主导航功能测试。

8）开展用户培训。

知识拓展

5.8 经典移动机器人全局定位算法

5.8.1 自适应蒙特卡罗定位 AMCL

如果想计算一个矩形中的一个不规则图形的面积，可以通过拿一堆豆子，均匀地洒在矩形上，通过统计在不规则形状内的豆子数和矩形内的豆子数，得到不规则形状的大致面积。基于这种方法的一种流行的定位算法，称为蒙特卡罗定位（Monte Carlo Localization）。在机器人定位问题中，机器人处于地图的任一位置都是有可能的，蒙特卡罗定位使用粒子来表达一个位置的置信度（belief）。粒子越多，机器人处于这个位置的可能性越高。

图 5-41 给出了一个在真实的办公室环境中应用蒙特卡罗定位的示例。图 5-41a 中，机器人从起点移动约 5m 后，机器人位置仍全局不确定，粒子分布在自由空间的大部分区域。图 5-41b 中，即使机器人到达了左上角的位置，它的置信度仍集中在 4 个可能的位置。最后在图 5-41c 中，机器人移动了约 55m 后，它自身的位置才得到了确定。

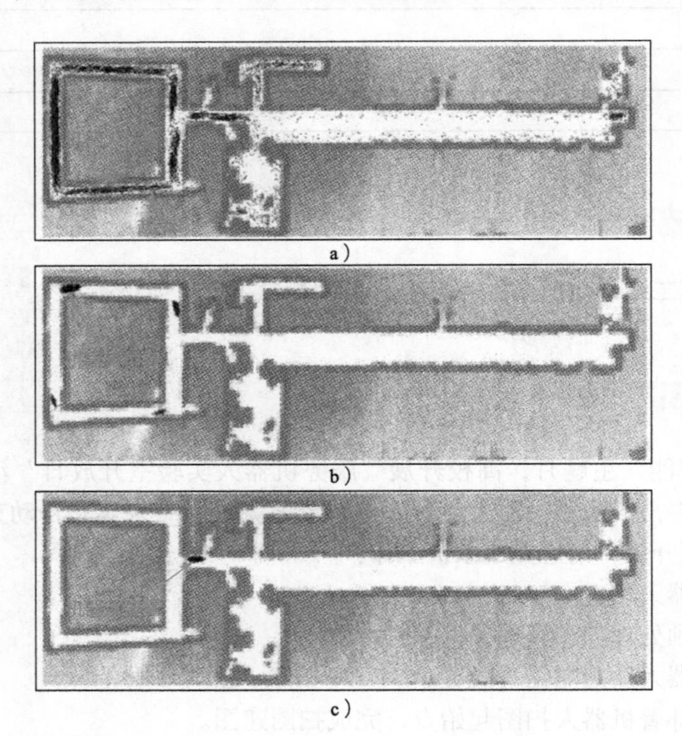

图 5-41　办公环境中蒙特卡罗定位示例

蒙特卡罗定位能解决全局定位问题，但是不能从机器人绑架中或全局定位失效中恢复。因为此方法在获取机器人位置的过程中，不在最可能位姿处的粒子会逐渐消失。在某个时刻，只有单一位姿的粒子“存活”（如图 5-41c），但如果这个位姿碰巧是错误的，算法并不能恢复。当粒子数很小，并且粒子扩散到整个范围较大的区域时，这个问题就特别重要了。

自适应蒙特卡罗方法解决了机器人绑架问题。其通过假设机器人可能以小概率遭到绑架，当它发现粒子们的平均分数突然降低了（意味着正确的粒子在某次迭代中未“存活”），就注入随机粒子，在运动模型中产生一些随机状态。

同时，自适应蒙特卡罗方法结合了库尔贝克－莱布勒散度（Kullback-Leibler Divergence，KLD）采样解决了采样集合大小固定的问题。在处理全局定位和位置跟踪问题时，定位早期阶段需要大量的粒子数来满足精确表示置信度的需求，但是一旦确定了机器人的位置，则仅需要一小部分粒子就足以跟踪机器人的位置了。

KLD 采样使得粒子数能随着时间改变。粒子覆盖的体积由覆盖在三维状态空间的栅格来衡量，比如栅格地图中，粒子占的栅格越多，说明粒子越分散，在每次迭代重采样的时候，允许粒子数量的上限越高；如果粒子占的栅格数量少，说明粒子已经集中，上限将会降低。

5.8.2 Dijkstra 算法

Dijkstra 算法从初始节点开始，访问图中的节点，迭代检查待检查节点集中的节点，并把和该节点最靠近的、尚未检查的节点加入待检查节点集。检查的过程就是计算当前节点与初始点的距离，如此迭代计算从初始节点开始向外扩展，直到到达目标节点。这样就能保证找到一条最短路径。

如图 5-42 所示，中心节点是初始点，边界的是目标点，而类菱形的有色区域则是 Dijkstra 算法扫描过的区域。颜色最浅的区域是离初始点最远的，因而形成探测过程（exploration）的边境（frontier）。

5.8.3 BFS 算法

BFS 算法不能保证找到一条最短路径，然而它比 Dijkstra 算法更快，因为它用了一个启发式函数（Heuristic Function）快速地导向目标节点。如图 5-43 所示，越浅的节点代

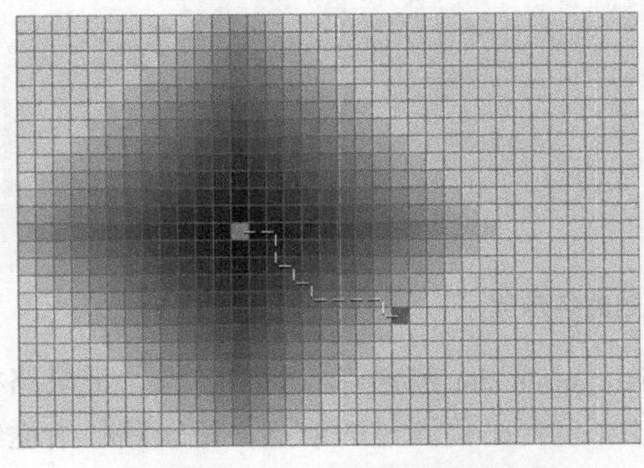

图 5-42 Dijkstra 算法规划路径示例

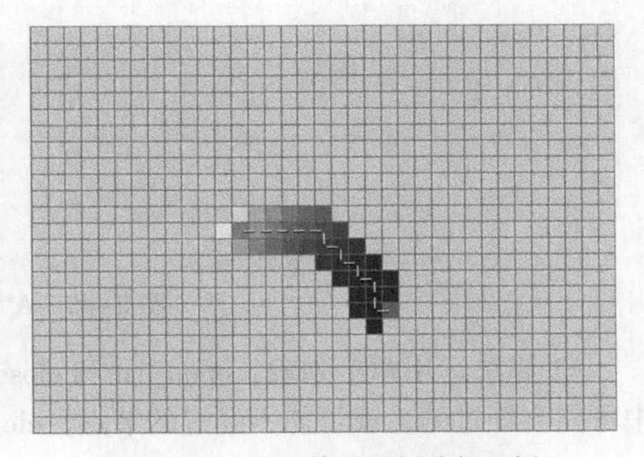

图 5-43 BFS 算法规划路径示例

表越高的启发式值（移动到目标的代价高），而越深的节点代表越低的启发式值（移动到目标的代价低）。对比两图，可以很明显地看出两种算法扫描的区域范围差别。

然而，在上述无障碍物的简单环境中，Dijkstra 和 BFS 算法虽然均能表现较好，但在复杂环境中，比如环境存在 U 形障碍物，二者性能往往均不如人意。Dijkstra 算法运行得较慢，但确实能保证找到一条最短路径，而 BFS 运行得较快，但是它找到的路径明显不是一条好的路径，如图 5-44 所示。

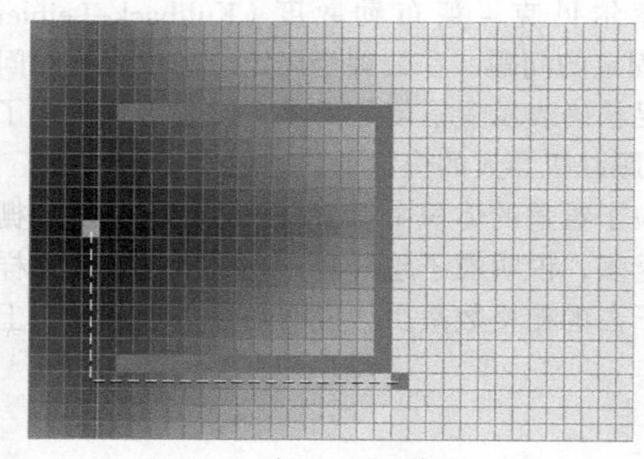

a）Dijkstra 算法

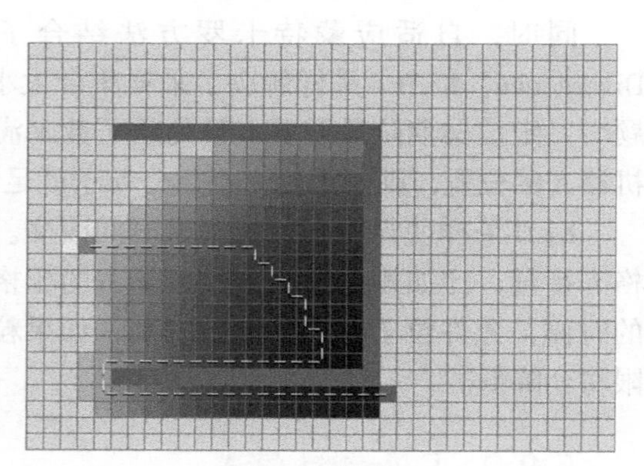

b）BFS 算法

图 5-44 规划路径对照示例

5.8.4 A* 算法

A* 算法结合前面两种算法的优点，作为一种启发式搜索（Heuristically Search）算法被提出，利用问题拥有的启发式信息来引导搜索、减少搜索范围、降低问题复杂度，达到搜索出图中指定节点对之间的最小代价路径。在复杂情况下，如上述 U 形障碍物环境中，它也能找到一条有效的最短路径，如图 5-45 所示。

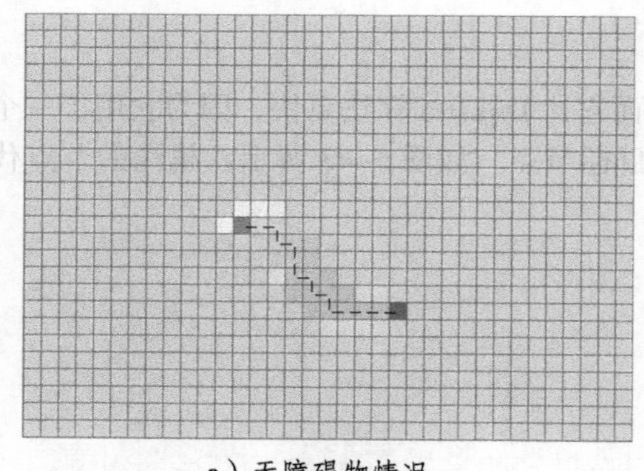

a）无障碍物情况

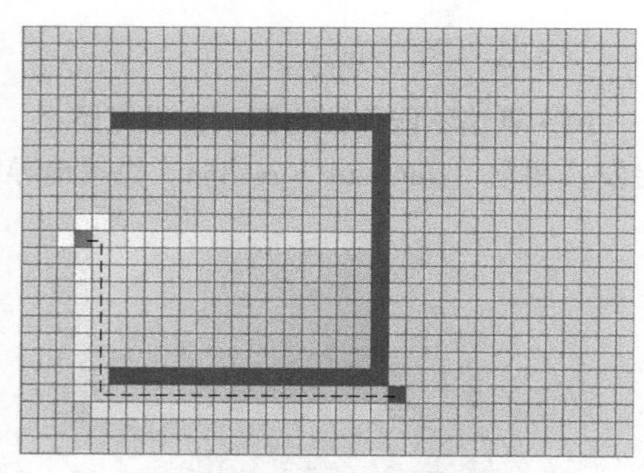

b）U 形障碍物情况

图 5-45 A* 规划路径示例

A* 算法运用两个列表：open list 和 close list，open list 包含待检测的节点，记录路径中可能会经过的，或可能不经过的节点；close list 包含已检测过的节点，记录路径沿途经过的节点。每个节点 n 记录三个数据：从初始点到当前节点 n 的实际代价 g（n）、从当前点 n 到目标点的启发式估计代价 h（n）一般采用欧几里距离或曼哈顿距离计算）以及从初始点经由当前节点 n 到达目标节点的估计代价 f（n）。算法步骤如下：

1）把起点加入 open list。

2）重复如下操作：

① 遍历 open list，查找 f（n）值最小的节点，把它作为当前要处理的节点；

② 把该节点移到 close list;

③ 遍历当前节点的 8 个相邻节点。若它不可抵达或者它在close list中则忽略；若它不在open list中则将它加入，并且把当前节点设置为它的父节点，记录该节点三个数据值；如果它已在open list中，则检查这条路径（即经由当前节点到达该节点）是否更好，用 g 值做参考：g 值越小则表示路径越优，把它的父节点设置为当前节点，并重新计算它的 g 值和 f 值。若open list中是按f值排序，则需重新排序；

④ 停止：若目标点加入到 open list 中（此时路径已找到）；若查找目标点失败且 open list 为空（此时没有路径）。

3）保存路径。从目标点开始，每个节点沿着父节点移动至初始点，便是规划后的最优路径。

5.9 移动机器人局部路径规划

局部路径规划（Local Path Planning）允许环境信息完全未知或部分可知，能够达到在机器人运动时规划路径。侧重于考虑机器人当前的局部环境信息，让机器人具有良好的避障能力，通过传感器对机器人的工作环境进行探测，以获取障碍物的位置和几何性质等信息。

这种规划需要搜集环境数据，并且对该环境模型的动态更新能够随时进行校正，局部规划方法将对环境的建模与搜索融为一体，要求机器人系统具有高速的信息处理能力和计算能力，对环境误差和噪声有较高的鲁棒性，能对规划结果进行实时反馈和校正。但是由于缺乏全局环境信息，容易陷入局部最优，甚至可能找不到正确路径或完整路径。

项目 6

“一览无余”——部署导览机器人

在项目 5 我们部署了导航机器人，结合实际应用来想一想，是否有可以改进的地方。首先，机器人是可以自己找到一条路了，可是它太过自由了，如果一不小心驶进了某个“闲（机器）人免进”的地方就麻烦了；其次，机器人每次都要自己来寻找路径，如果有一条事先规划好的大致路径，就可以节省大量的运行时间；最后，导航机器人只是负责把客户引导到指定地点，中途不会和客人有更多的互动，未免让人心生沉闷。

针对上述的问题，我们可以在导航机器人的基础上，进行进一步的扩展，让机器人在引导客户时既能够自主规划路线，也能按照既定路线开展引导，同时具备与客户开展智能语音交互、到达指定地点后可进行语音播报、展示一些欢迎动作等功能，让机器人更具亲和力，也就是导览机器人，如图 6-1 所示。

a）克鲁泽导览机器人

b）其他导览机器人

图 6-1　亲和力爆表的导览机器人

学习情境

全球无人系统大会结束后，举办方将组织参会者参观中德工业 4.0 智能制造实训与认证基地，希望服务机器人可以继续发挥导览功能，自主引导客人参观，介绍基地的相关情况，到达指定位置时可为参观者介绍基地相关设备及其用途，并指挥设备进行演示。作为交付或售后工程师，需要设置并调试服务机器人的导览功能，让机器人能够更亲切地完成引导来宾的工作。

学习目标

知识目标

1. 理解机器人导航技术；
2. 熟悉机器人克鲁泽导航方案；
3. 理解危险场景的含义与分类；
4. 理解虚拟墙的含义。

技能目标

1. 掌握复杂场景下扫图危险场景分析与处理；
2. 掌握扫图环境评估的方法及技巧；
3. 掌握虚拟墙建立的方法及技巧；
4. 掌握机器人导览方案设计与实施的方法与步骤；
5. 掌握机器人交付部署综合方案设计、实施的方法及技巧。

职业素养目标

1. 培养正确认识问题、分析问题和解决问题的职业能力；
2. 增强民族自豪感，坚定理想信念。

重难点

重　点

1. 掌握复杂场景下扫图危险场景分析与处理；
2. 掌握机器人导览方案设计与实施的方法与步骤；
3. 掌握机器人交付部署综合方案设计、实施的方法及技巧；
4. 掌握扫图环境评估的方法及技巧。

难 点

1. 理解机器人导航技术；
2. 理解危险场景的含义与分类。

项目任务

1. 机器人检查与场景勘察；
2. 机器人交付部署综合方案设计与实施；
3. 开展用户培训。

学习准备

表 6-1 学习准备清单

所需软硬件名称	版本号	地址
机器人克鲁泽	教育版	现场
本体 ROM	V3.304	预装
本体 ROS（1S）	V1.4.0	预装
Android	APK V1.0.5	预装
PC 软件	V3.3.20200723.04	/ 工具软件 /PC
机器人克鲁泽手机 APP	V2.02（安卓手机）	/ 工具软件 / 手机 APP

知识链接

6.1 机器人导航技术

6.1.1 自主导航条件

从项目 5 的任务实践可以看出，想要实现自主导航，机器人需要地图、定位、环境感知、路径规划等条件或功能。

服务机器人需要地图作为基准坐标系，用于指导机器人行走行为。地图有很多种表示方式，例如，用经纬度标识的中国地图、城市的地铁图、校园指引图等。

第一种一般称为尺度地图（Metric Map），每一个地点都可以用坐标来表示，如图 6-2 所示是天地图，广东科学技术职业学院在东经 113.37°，北纬 22.18°。

第二种一般称为拓扑地图（Topological Map），每一个地点用一个点来表示，用线来连接相邻的点，如图 6-3 所示是深圳地铁局部线路图，从该图可以知道地铁少年宫站与市民中心站、福田站、莲花村站相连。

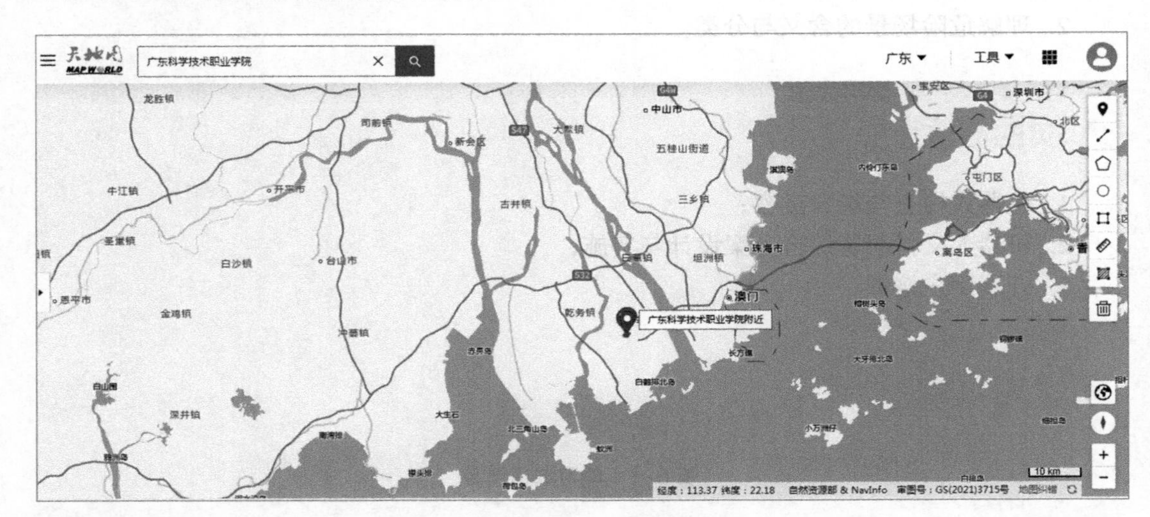

图 6-2 天地图

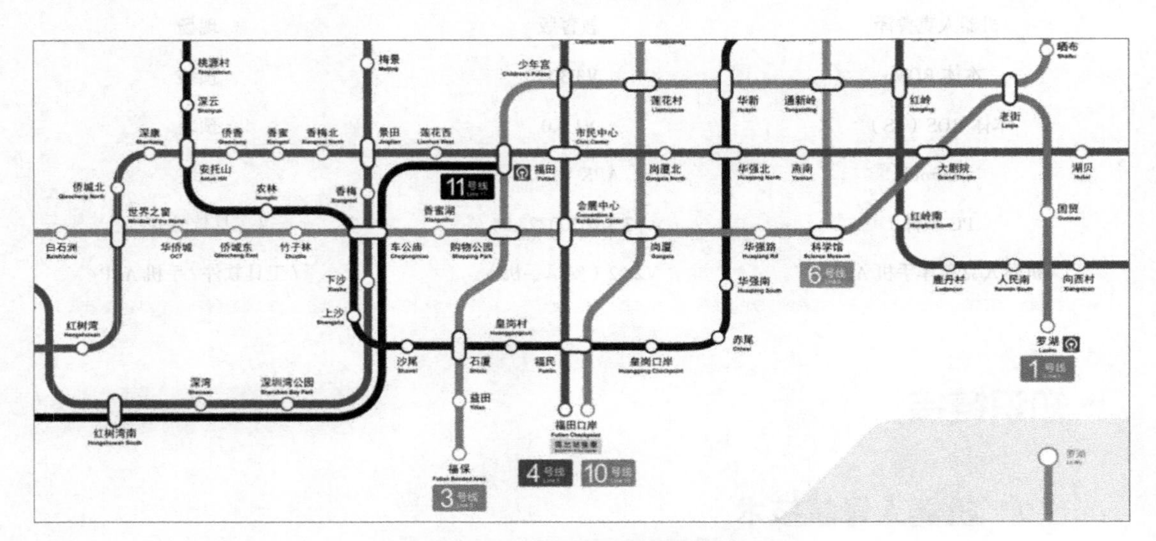

图 6-3 深圳地铁局部线路图

第三种为语义地图（Semantic Map），如图 6-4 所示是校园指引图，其中每一个地点和道路都会用标签的集合来表示。

在机器人领域，尺度地图常用于地图构建（Mapping）、定位（Localization）和同步定位与地图构建（Simultaneous Localization And Mapping，SLAM），拓扑地图常用于路径规划（Path Planning），而语义地图常用于人机交互（Human Robot Interaction）。为了适应计算机计算特性，通常使用栅格地图描述机器人的尺度地图。

定位是测量或估计机器人的位置的功能，实际上是探索“我在哪里”的过程。按照是否需要外部设备辅助，可分为以下三种：

图 6-4 校园指引图

（1）我看到我在哪里 机器人通过“眼睛”（激光雷达、相机等）算法主动计算出定位信息，通常精度较高。有了地图、激光数据（观测值）、里程计（模型），通过蒙特卡罗定位法等算法便可计算机器人所处的当前位置。

（2）我估摸我在哪里 机器人通过“腿”（轮速码盘）走的步数丈量世界，大概算出我在哪里，通常精度不高。里程计是一种利用从移动传感器获得的数据来估计物体位置随时间的变化而改变的装置。该装置被用在各种轮式或者腿式机器人系统上，用于估计这些机器人相对于初始位置移动的距离。该方法是通过速度对时间积分来求得位置，其对估计时所产生的误差十分敏感，因此快速而精确的数据采集、设备标定以及高效处理过程是使用该方法的重要保障。该方法的优点是模型简便、不依赖外部传感器，其缺点是容易打滑不准，误差会累积。

（3）别人告诉我我在哪里 机器人通过“耳朵”（UWB 接收、GPS 接收）收听到别人“嘴巴”（UWB 基站、GPS 基站）里面说出来的定位信息，精度可高可低。UWB（也称超宽带技术）是一种短距离的无线通信技术，可用于高精度测距与定位。一套典型的 UWB 定位方案中包含多个 UWB 基站以及 UWB 标签，其基本工作方式是采用 ToF（Time of Flight）或者 TDOA（到达时间差）的方式来进行无线测距，测出空间中基站与基站、基站与标签之间的距离关系，根据测距值快速准确计算出位置。如图 6-5 所示是 UWB 定位系统框架图，其中：基站一般安装在使用环境的四周，通过 UWB 信号与标签通信；标签是待定位物体，发现周围基站，并与基站相互通信测距；传输是指标签在每个测距周期与基站测距，结果通过接口传输给终端；计算机终端根据已配置好的基站位置与标签上报的测距值，计算出标签位置并显示。该方法的优点是适用于全局定位，机器人运动不影响；缺点是部署工作量大，易受外部环境影响。

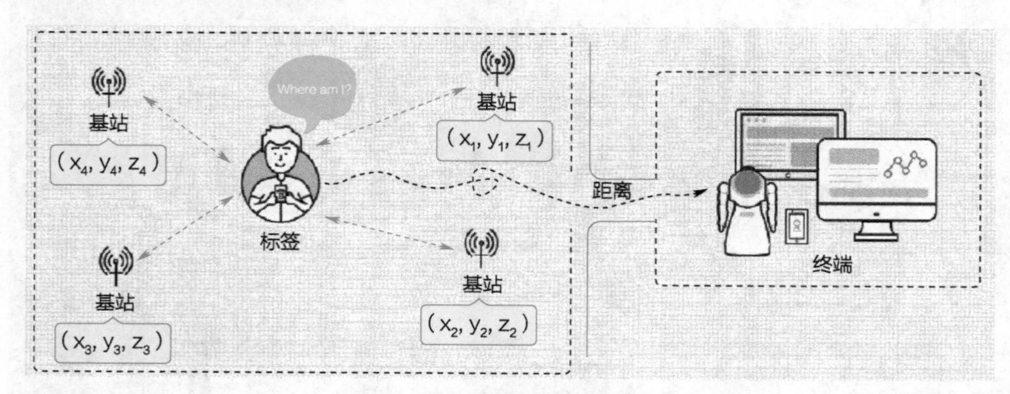

图 6-5　UWB 定位系统框架图

以上关于“眼睛”“嘴巴”“腿”的描述只是为了形象地描述其区别，实际上传感器并非严格对应这些器官特性。

环境感知是识别障碍物的功能，如墙壁、阻挡物体等。环境感知系统的一个重点工作是不同传感器信息的协同处理，常用的解决方案是引入分层代价地图（Layered Costmap）数学模型，其基本思路是不同层存储用于不同目的的模型，最终投影到主平面，如图 6-6 所示。代价地图是机器人收集传感器信息建立和更新的二维或三维地图，其结构形式采用网格（栅格）形式，每个网格的值（cell cost）从 0~255。一般分成三种状态：被占用（有障碍）、自由区域（无障碍）、未知区域。该方法的优点是不同层之间分离计算，同时按照传感器特性给各层赋权重。

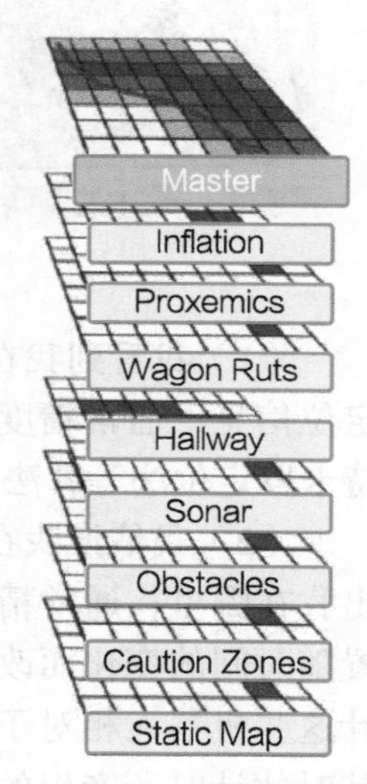

图 6-6　分层代价地图工作原理示意图

路径规划是能够计算出最优路线并行驶的功能。如图 6-7 所示，已知地图及定位信息，机器人如何在地图中从起点走到目的地？该过程与日常生活中驾车导航的过程是类似的，如图 6-8 所示，主要分为两个过程：

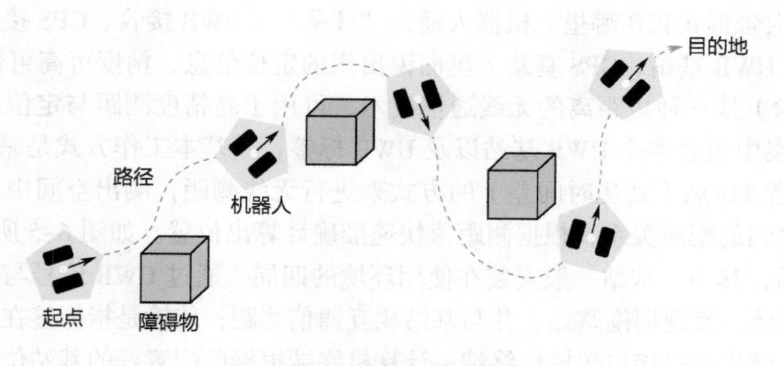

图 6-7　路径规划示意图

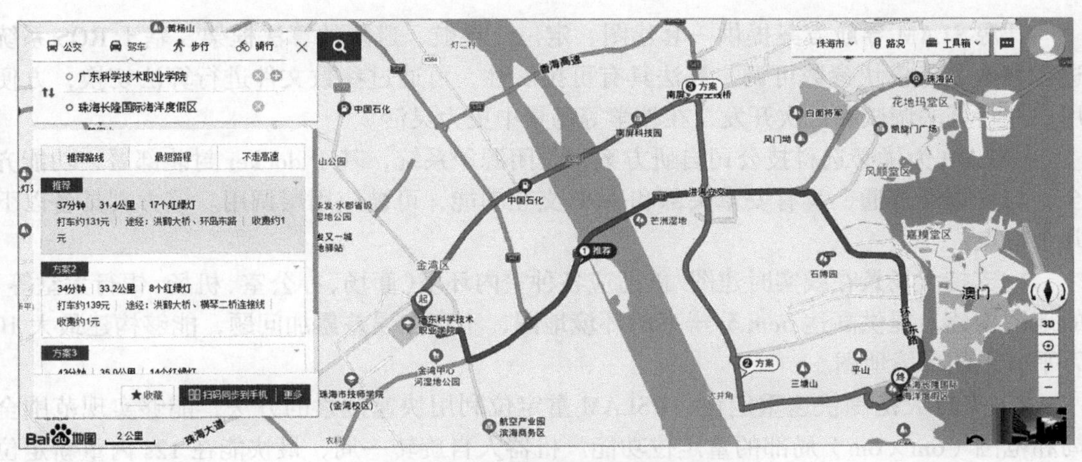

图 6-8　驾车导航过程示意图

1）首先规划出一条全局指导路线，避开已知的障碍物，由起点到目的地，此过程属于全局规划。常用的全局规划算法是 A*（A-Star）算法，该算法是一种静态路网中求解最短路径最有效的直接搜索方法，也是解决许多搜索问题的有效算法。算法中的距离估算值与实际值越接近，最终搜索速度越快。全局规划的优点是可以规划较优路径，其缺点体现在耗时、静态两方面。

2）机器人沿着全局规划的路线走，在行走过程中若存在障碍物，机器人将会自主规划躲避障碍物的路径，如开车途中等红绿灯、避开行人和车辆等，此过程属于局部规划。局部规划适用于环境动态快速变化，小范围内的避障动作。常用的局部规划算法是动态窗口算法。

6.1.2 机器人克鲁泽导航方案

如图 6-9 所示，机器人克鲁泽内置开源 SLAM、自研 USLAM 两套建图导航方案。

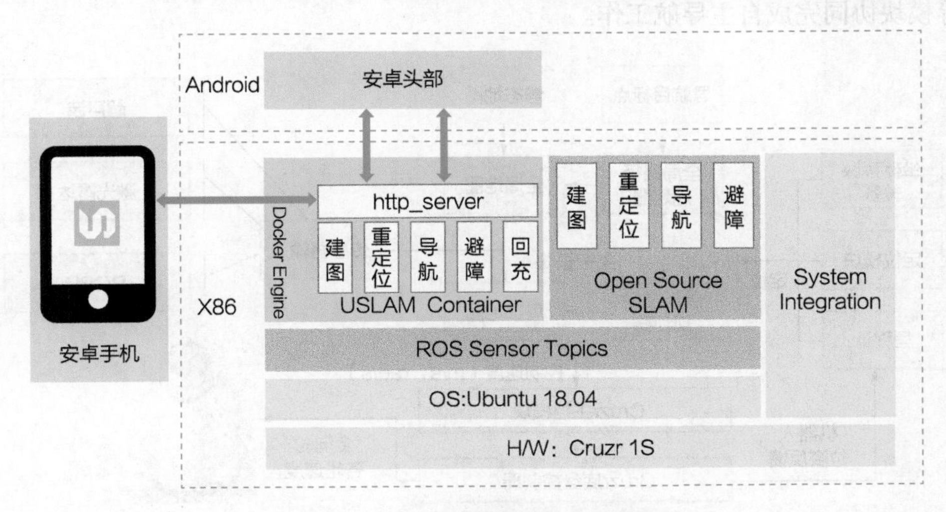

图 6-9　机器人克鲁泽导航框架

开源 SLAM 导航方案提供一套建图、定位、导航、避障的算法框架，基于 ROS 系统进行修改，各模块参数可调，算法具有可拓展性，可通过参数文件进行算法切换，方便用户进行算法调试和二次开发，在教学等场景中更为灵活。

USLAM 为优必选科技公司自研方案，是闭源子系统，基于 docker 封装部署，功能齐全，与安卓端打通，具有安卓头部和 APP 交互功能，可被应用层调用。该方案具备以下几个特点：

1）支持大场景在线实时建图：能适应各种室内环境（商场、办公室、机场、银行大堂等）的地图构建，提供高达 5cm 分辨率的环境地图，不存在误差累加问题，能够构建最大 10 万平方米的环境地图。

2）支持大范围快速重定位：USLAM 重定位利用快速搜索的方法，能够实现范围全局和范围（6m × 6m）局部的重定位功能。机器人自旋转一周，最快能在 12s 内重新定位在已知地图中的位姿，且通用重定位精度能够达到 30cm 以内。重定位时，融合了激光雷达、里程计和视觉等数据来感知周围环境，通过检测到的环境轮廓信息与精度地图进行匹配，以获得机器人的初始位姿。

3）支持多传感器融合定位：定位模块通过粒子滤波和牛顿匹配算法融合多种传感器数据，提供机器人导航时的实时位姿。在不误判的条件下可以判断位置是否丢失，然后进行定位恢复。重复导航定位精度满足 ± 30cm， ± 15° 。

4）支持多种导航方式：该方案支持自由导航、有轨导航、混合导航三种方式，实时路径规划 6Hz，不受地图影响，多种模式混合，提升体验性。

5）支持多种障碍物避障：支持激光雷达、RGBD 相机、超声、红外、ToF 等多种传感器；利用代价地图进行数据融合和障碍物记忆，能够避让激光雷达可视范围之外的多种不同类型障碍物；可规避障碍物类型：悬空障碍物（0.2~1.3m）、低矮障碍物（0.05~0.2m）、花盆、桌椅、透明玻璃、镜子等；支持 0.9m 宽窄道的良好通过性，导航速度支持 0.7m/s。

机器人克鲁泽的导航工作原理如图 6-10 所示，通过定位、主控、多传感阵列、底盘控制等模块协同完成自主导航工作。

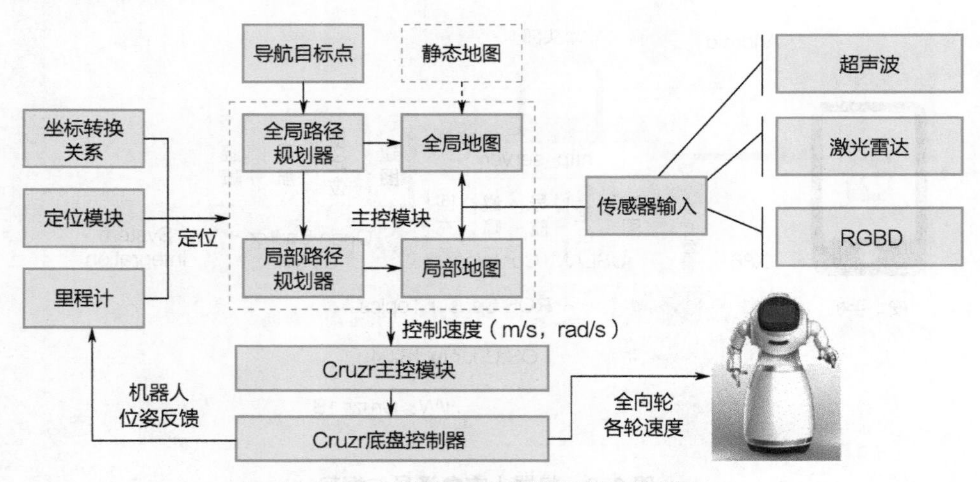

图 6-10 机器人克鲁泽的导航工作原理

根据机器人克鲁泽导航工作条件及工作原理，结合项目 5 的任务实践，可总结出机器人克鲁泽导航导览的工作流程，如图 6–11 所示。

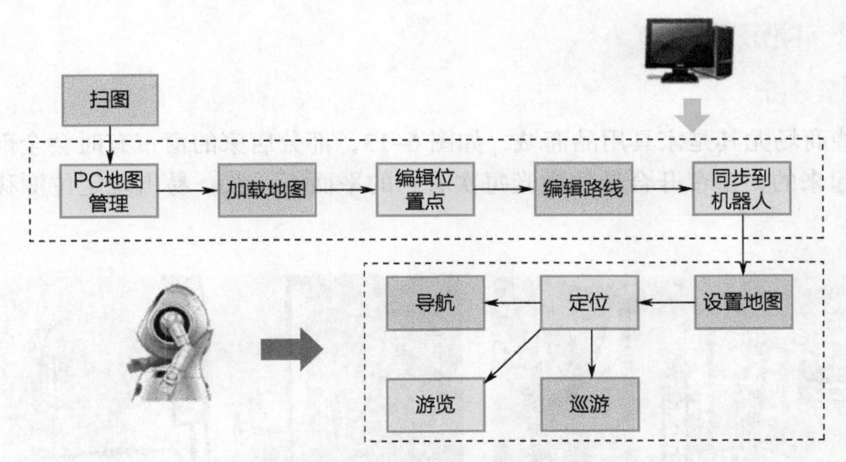

图 6–11　机器人克鲁泽的导航导览工作流程

6.2　复杂场景下扫图危险场景分析与处理

6.2.1　自动扶梯区域

1. 场景分析

自动扶梯区域是最危险的场景之一，如图 6–12 所示，在该区域附近的玻璃都有镂空，扫图时激光几乎无有效数据，此区域容易出现定位丢失与定位偏移的问题，偏移后可能导致严重后果。其他场景电梯附近基本都是玻璃围栏，此种情况也容易出现定位丢失和定位偏移。

图 6–12　自动扶梯区域示意图

2. 解决方法

1）将镂空区域用适当的挡板遮挡起来，使激光能有效建图。

2）如无镂空区域但是有玻璃，需要将玻璃进行贴条部署。

3）在电梯等危险区域贴磁条，部署磁条防跌落方案。

6.2.2 窗帘区域

1. 场景分析

在某些商场尤其是家具用品商城，如图 6-13，部分店家的窗帘有时会全部拉上，有时会是收起来的，窗帘开合导致激光每次看到的平面不一致，易出现定位漂移或定位丢失的问题。

图 6-13 窗帘区域示意图

2. 解决方法

扫图完毕后需要确定窗帘位置在地图中的位置,采用原图编辑将窗帘区域全部擦除掉。

6.2.3 活动区域物体经常会变化

1. 场景分析

商城特定区域会做一些活动，摆放一些大型物品，如图 6-14 所示，此时扫图会是很好的特征点，但过一段时间活动结束撤掉或者换了活动的物品，由于场景内特征物体大范围移动容易造成定位漂移。

图 6-14 特征物体大范围移动示意图

2. 解决方法

1）首选方案：定期更新地图。

2）变动的区域设置为展示区域，固定不变的区域设置为高亮区。在某些导航方案会提供区域设置选项，设定区域为展示区域时，该区域匹配权重低，设置为高亮区域时，权重高。但如果环境变化过大，如高亮区占比小于 70%，以上方法依然存在风险，尤其是该区域附近存在电梯等危险环境时，建议重新扫图。

6.2.4 活动区域存在少量悬空物

1. 场景分析

机器人在该类场景行走过程中，可能出现撞到悬空物体的情况，如图 6–15 所示。

2. 解决方法

1）机器人采用不避障策略（有轨导航不避障）。
2）线路规划要避免与悬空物体过近。

6.2.5 场景较为宽阔区域

1. 场景分析

机器人如果行走的路线在宽阔场景的正中间，且激光的范围不足以探测到两边墙壁的情况，如图 6–16 所示，易造成定位漂移及丢失。

图 6–15 活动区域存在少量悬空物示意图

图 6–16 场景较为宽阔区域示意图

2. 解决方法

机器人不走中间，仅靠着两边走廊行走，保证至少有一侧有充分雷达数据。

6.2.6 存在贵重物品区域

1. 场景分析

若区域内存在贵重物品，当机器人发生定位漂移等特殊情况时，容易撞到贵重物品从而产生较大经济损失，因此需要进行特殊处理。如图 6–17 所示，花瓶架子不是很稳，同时花瓶底下的架子腿很细，雷达不易探测到，容易碰撞，导致花瓶掉下来。

2. 解决方法

1）尽量避免在该区域使用机器人。

2）有轨导航规划路线沿另一侧行走。

图 6–17　存在贵重物品区域示意图

6.2.7　镜子区域

1. 场景分析

如图 6–18 所示，现场看消防栓分布较为稀疏，仅很少的区域会有，应该不会对定位造成影响。如果存在大片区域都有镜子，会使机器人定位漂移或丢失。

图 6–18　镜子区域示意图

2. 解决方法

如存在较大区域范围都是镜子，建议在镜子区域贴膜。

6.2.8　区域存在阶段性广告门

1. 场景分析

广告门一般属于非固定物体，如果扫图时有广告门框，一段时间后门框拆除了，如图 6–19 所示，造成环境与地图不匹配，容易出现定位漂移的情况。

图 6–19　阶段性广告门示意图

2. 解决方法

1）编辑地图，将广告门框区域擦除掉。
2）将广告门框区标记为展示区。

6.2.9 大厅旋转门区域

1. 场景分析

在机器人定位漂移或者避障的过程中，存在卡进旋转门的风险，如图 6-20 所示。

2. 解决方法

1）旋转门区域采用磁条防跌落方案，防止机器人越过磁条撞门。
2）尽量让机器人工作区域远离旋转门。

6.2.10 不规则墙壁区域

1. 场景分析

机器人在此区域正走和反走看到的特征是不一致的，存在定位漂移和定位丢失的风险，如图 6-21 所示。

图 6-20 大厅旋转门区域示意图

图 6-21 不规则墙壁区域示意图

2. 解决方法

机器人只能沿着扫图的方向走，并且机器人设置为不避障策略。

6.2.11 斜面区域

1. 场景分析

激光在光滑斜面上容易发生镜面反射，导致激光无法看到该区域，现场这种场景分布很稀疏，如图 6-22 所示，不会对定位造成太大影响。

2. 解决方法

如果存在大量此类场景，考虑场景改造，或该区域不部署机器人。

图 6-22　斜面区域示意图

6.2.12　装修区域

1. 场景分析

装修区域的改变会造成激光看到的与地图不匹配，如图 6-23 所示，可能出现定位漂移以及定位丢失的情况。

a）装修中

b）装修后

图 6-23　装修区域示意图

2. 解决方法

1）由于装修并不是很频繁，建议装修后重新进行扫图及进行路径规划。

2）装修区域设置为展示区。

3）尽量避免机器人行走到装修区域。

6.2.13　存在可移动花盆的区域

1. 场景分析

花盆位置的变化会造成机器人定位漂移及定位丢失的风险，如图 6-24 所示。

图 6-24　存在可移动花盆的区域示意图

2. 解决方法

1）由于场景中仅看到一个店铺门口有移动的花盆并且花盆不大，所以将地图中扫到的花盆擦除即可。

2）如果花盆比较密集并且移动频率高，建议机器人不要在该区域运行。

6.2.14 镂空门或墙壁区域

1. 场景分析

由于镂空的洞比较大并且现场镂空的门不到 1m 宽，如图 6–25 所示，对定位的影响有限。

2. 解决方法

如果场景中有大面积镂空的门并且激光不能有效识别的话，建议将此区域在地图上擦除。

图 6–25 镂空门或墙壁区域示意图

6.2.15 玻璃墙内部物品可变化区域

1. 场景分析

一些商场的店铺都是玻璃墙面，玻璃墙里的摆放物品经常变化，如图 6–26 所示，造成机器人定位漂移。

图 6–26 玻璃墙内部物品可变化区域示意图

2. 解决方法

1）在易变化区域布置二维码，采用二维码进行辅助定位。

2）在易变化区域布置 RFID 码，采用 RFID 进行辅助定位。

6.2.16 地面存在小沟壑区域

1. 场景分析

此区域由于机器人越障能力有限，过沟槛时会出现机器人卡住的情况，如图 6–27 所示。

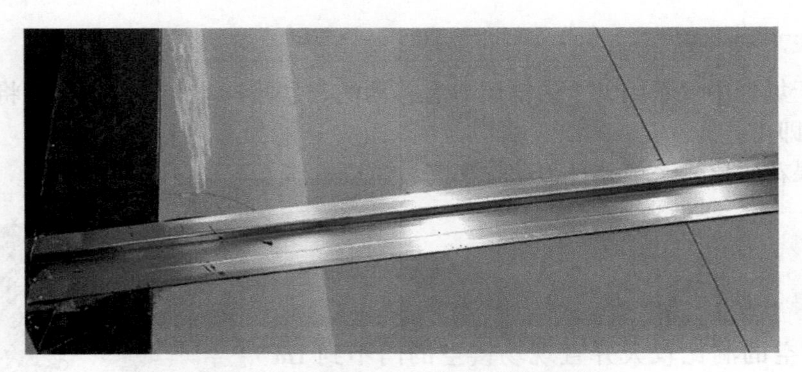

图 6-27 地面存在小沟壑区域示意图

2. 解决方法

1）采用虚拟墙，防止机器人避障过程中进入沟槛。
2）机器人行走路线尽量远离该区域。
3）机器人不在此区域使用。

6.2.17 激光扫描高度存在人工草坪和鹅卵石区域

1. 场景分析

人工草坪和鹅卵石区域存在激光数据不稳定的情况，如图 6-28 所示。

图 6-28 激光扫描高度存在人工草坪和鹅卵石区域示意图

2. 解决方法

1）激光安装高度升高，使其扫描到具有更稳定特征的物体。
2）将此区域在地图中擦除。

6.3 复杂场景下导航限制与选择

服务机器人工作场景各异，环境不可控因素较多，机器人传感器识别范围有限。为了保障机器人工作安全可靠，需要对导航场景进行有效限制。

6.3.1 危险场景含义

机器人在运动或导航中存在一定的危险性，特别是当遇到传感器无法识别或识别率低的物品时。在这些场景中，部署人员需要对导航的危险场景进行有效评估，尽可能使机器人远离这些场景，尽量让机器人在较为理想的环境中进行运动或导航。

在危险场景中部署导航时，部署人员需要严格按照导航部署的步骤进行把关，每一项都需要达到交付标准才能进行导航。在危险场景中扫图时，现场操作人员需对现场环境进行初步分析，根据现场环境特征，培养初步确定扫图策略的能力。

6.3.2 危险场景分类

危险场景一般分为强制选项和建议选项两种。鉴于服务机器人工作环境依赖于机器人底盘类型以及激光雷达性能，如单线、多线、测距范围等。下面以机器人克鲁泽为例，分析机器人工作环境的相关要求。

1. 强制选项

工作环境不满足以下任意一项，请勿进行导航部署。

1）空旷区域导航规定，类矩形导航空旷区域，长和宽不能同时大于 10m；类圆形导航空旷区域半径不能大于 6m。

2）对于含有阶梯、楼梯、电梯等危险区域，周围 10m 范围内，若有玻璃、黑瓷砖墙面、铝合金、不锈钢、镜面反射等（黑色材料、透光材料、高反射材料），必须在距离地面 8~18cm 处贴上非透明贴纸。

3）露天或者半露天场景。

4）机器人移动地面条件：

① 地面不得有超过 1cm 的台阶；

② 地面不得有宽度超过 0.6cm 的凹槽；

③ 地面不得有坡度超过 5° 的斜坡；

④ 地面不得有较大范围的开孔。

2. 建议选项

以下工作环境中，采取相应操作可以大大改善机器人导航性能。

1）踢脚线处理：距离地面 12cm 处的踢脚线位置，若有黑瓷砖墙面、铝合金、不锈钢等（黑色材料、透光材料、高反射材料），建议在距离地面 8~18cm 处贴上白色非透明贴纸。

2）玻璃墙处理：若环境中存在玻璃墙，建议在距离地面8~18cm处贴上非透明贴纸（雷达可扫描到）。

3）高反射率材料处理：在一些黑色瓷砖区域，机器人雷达距离较远的话返回信号较差，扫描地图时可以考虑靠近黑色瓷砖区域扫图。

6.3.3 扫图环境评估

在进行一个场地的扫图工作之前，需要收集现场的环境信息，环境信息主要包含：

1）现场环境的导视图或者 CAD 图。

2）现场危险场景的图片，主要包括电梯口附近、斜面、空旷区域等，详情可参考本项目有关“复杂场景下扫图危险场景分析与处理”的相关内容。

3）现场全部环境的视频，现场人员可以通过手持或者其他拍照装置拍摄环境视频，要求尽可能覆盖需要建图的所有区域，主要需要拍到雷达高度附近的环境信息。

4）客户要求导航区域划分，在导视图上标明客户需要导航的区域。

下面以某家居用品商场为例，通过导视图，如图 6-29 所示，结合现场环境图片进行分析。如图 6-30 所示，环境中标注了①、②、③、④、⑤、⑥对应区域为环境中的部分带斜坡或者阶梯路口，这些区域将 3 号馆以及 4 号馆和回廊隔开。

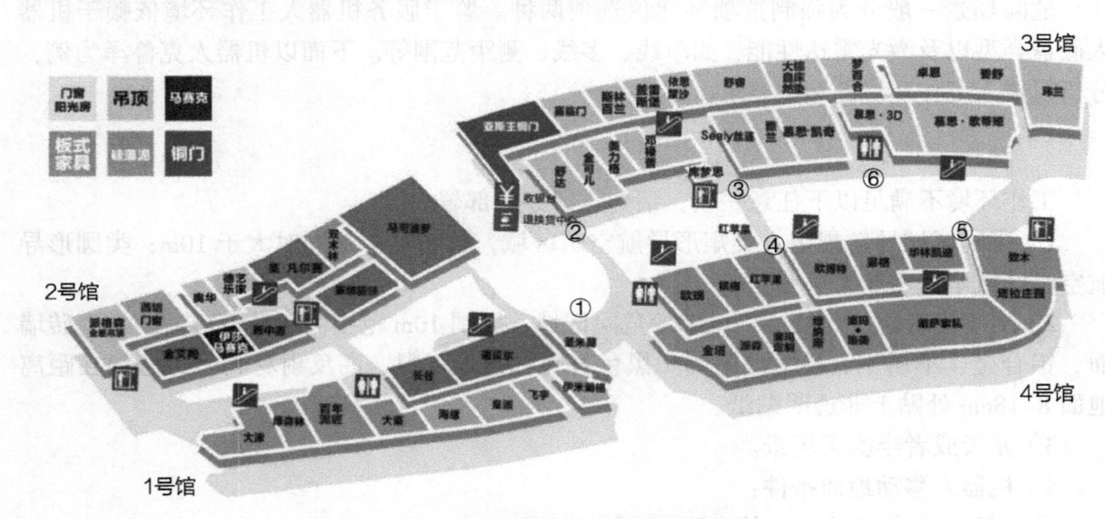

图 6-29　某家居用品商场导视图

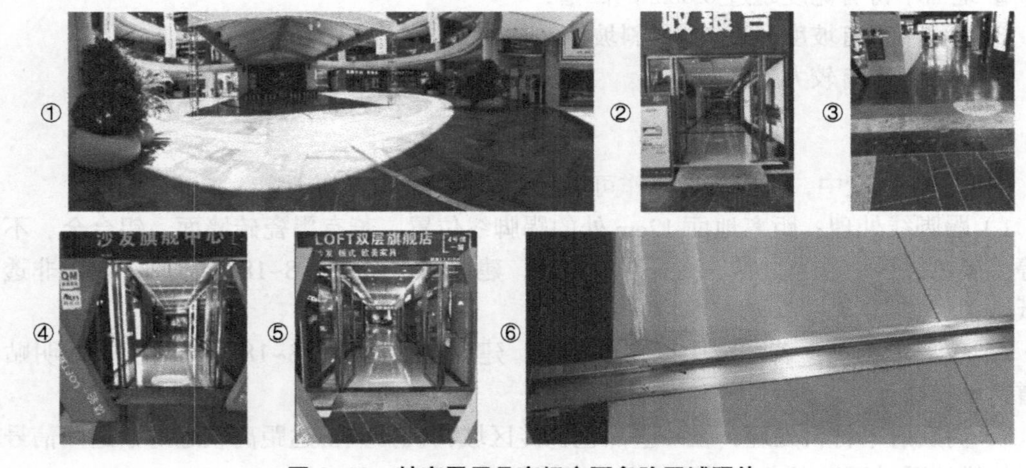

图 6-30　某家居用品商场主要危险区域照片

如上图所示，区域①为中央广场，由于中央广场直接露天，并且比较开阔（10m × 20m），不建议机器人在此区域活动，所以可以不扫该区域的地图。其他几个标记区域②、③、④、⑤、⑥的，都为台阶或者斜面，机器人无法通过该区域，所以实际建图的时候，不要将③、④以及中庭回廊区域一次性建图，分开建图为宜，图6-31所示为调整之后建议扫图区域。

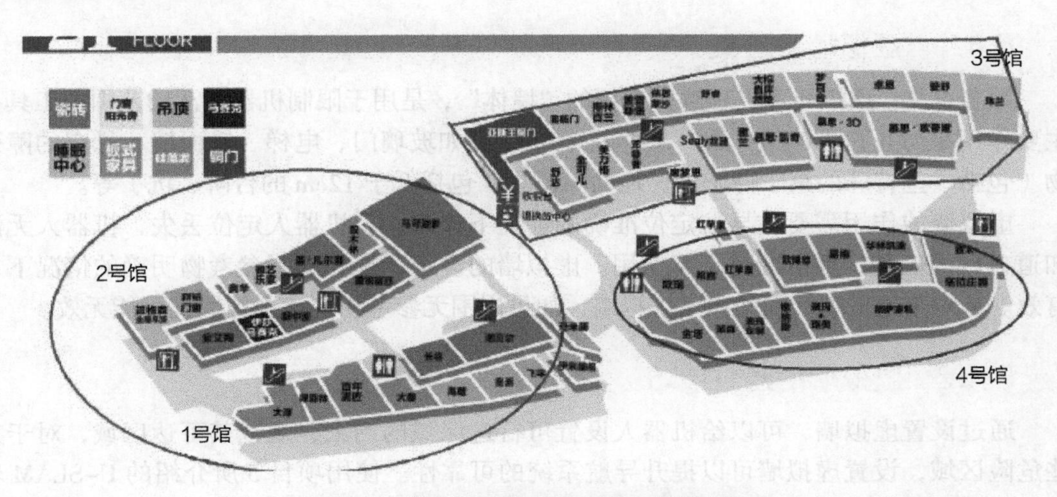

图 6-31　某家居用品商场调整后的扫图分区

6.3.4　复杂场景中的导览部署

1. 导览场景评估与客户需求

首先，对客户场景进行有效评估，分析确定哪些区域存在一定的风险性，哪些区域需要进行特殊处理。

其次，了解客户导览需求，并对无法导览区域或危险性区域进行解释，最终形成一个可行的导览服务方案。

最后，对导览区域进行地图创建，编辑虚拟墙、虚拟轨道。

2. 地图审核

首先，参考项目 5 中有关扫图建图注意事项，对所建地图进行初步审核，确保地图边缘清晰、闭环成功、导览范围内均已探明。

其次，准确使用虚拟墙，一般需要将机器人导览范围用虚拟墙围成一个封闭区域。

最后，巧妙使用虚拟轨道，设置虚拟轨道时，需要尽可能远离墙、桌椅、台阶、楼梯、玻璃等。

3. 交付测试

首先，建图完成后，需要部署人员对地图进行严格审核。

其次，审核通过后，将地图导入 PC 端软件进行标注导览点。

再次，将所有点进行导览，确保每个点能够导览成功。

最后，一般重复 5 遍导览测试，才能进行导览交付。

6.4 虚拟墙

6.4.1 虚拟墙的含义

顾名思义，虚拟墙可以理解为虚拟的“墙体”，是用于限制机器人活动范围的工具，主要作用是防止机器人进入到一些危险区域，例如玻璃门、电梯、镜面墙、悬空的障碍物（包括一些特殊的桌子椅子）、地面障碍物（包括低于 12cm 的台阶、坑）等。

虚拟墙的作用需要在导航定位准确的前提下体现，若机器人定位丢失，机器人无法知道自己的位置，虚拟墙就不起作用。虚拟墙的设定前提在周围参考物明确的情况下才有效。针对落地玻璃，即使画了虚拟墙，如果周围无参考物，该虚拟墙仍可能无效。

6.4.2 虚拟墙的建立技巧

通过设置虚拟墙，可以给机器人设置可行进区域的约束，规范其可达区域，对于某些危险区域，设置虚拟墙可以提升导航系统的可靠性。使用项目 5 所介绍的 U-SLAM 软件可以绘制虚拟墙，如图 6-32 所示，在虚拟墙绘制时候需要注意以下几点：

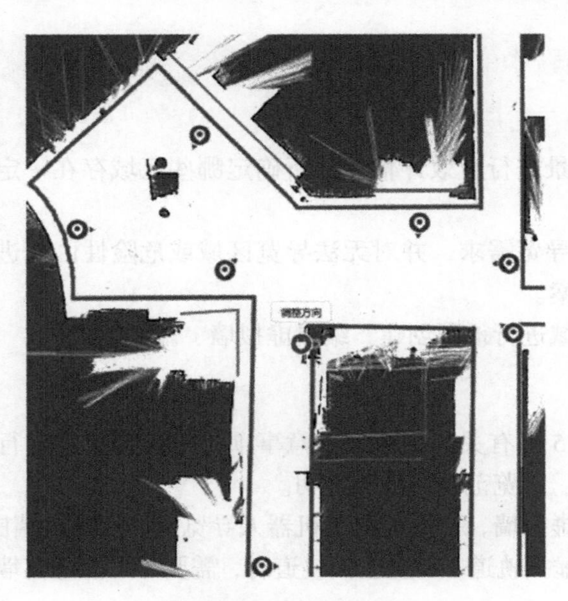

图 6-32 虚拟墙示意图

1）尽量在悬崖、玻璃或者不希望进入的区域绘制虚拟墙。

2）如果存在物理墙壁，无需绘制虚拟墙。

3）虚拟墙在定位可靠的情况下有效。

4）虚拟墙尽量贴近实际场景。

计划与决策

1. 小组分工研讨

请根据项目内容及小组成员数量，讨论小组分工，包括但不限于项目管理员、部署实施员、记录员、监督员、检查复核员等。

____
____
____
____
____

2. 工作流程决策

● 根据业务场景，谈论并给出导航部署方案，包括步骤及注意事项等。

____
____
____
____
____

● 请拍摄现场危险场景的图片，并分析场景具体的危险因素及降低危险的方案。

____
____
____
____
____

● 请根据业务场景现场实际，谈论并给出地图审核、地图编辑（含虚拟墙、虚拟轨、标记点等设置）方案。

____
____
____
____
____

任务实施

1. 机器人检查与场景勘察

按照项目 1 相关内容，完成机器人的常规检查与操作，包括外观及机器人工作环境检查、开机、电量查看、网络配置等。

综合运用项目 2~ 项目 6 所学知识，结合客户业务需求，对机器人即将工作的业务场所的网络环境、地面、装饰布置等场景进行实地勘察，为后续方案设计积累原始素材。

思考与探索：

请记录机器人检查与场景勘察过程中发现的问题及解决方法。

2. 机器人交付部署综合方案设计与实施

（1）机器人应用程序安装与测试　根据项目 1 所学知识，在服务机器人上安装巡游、广播、党建等新应用程序，测试并探索其功能及使用方法。

思考与探索：

请记录机器人应用程序安装与测试过程中发现的问题及解决方法。

（2）机器人跳舞方案设计与实施　根据项目 2 所学知识，选定接待点位置，设计接待舞蹈动作，并在服务机器人上部署与测试。

思考与探索：

请记录机器人跳舞方案设计与实施过程中发现的问题及解决方法。

（3）机器人智能语音交互方案设计与实施　根据项目 3 所学知识，结合业务场景及客户需求，设计智能语音交互方案，并在服务机器人上部署与测试。

思考与探索：

请记录机器人智能语音交互方案设计与实施过程中发现的问题及解决方法。

（4）机器人定点迎宾方案设计与实施　根据项目 4 所学知识，选定接待点位置，结合业务场景及客户需求，设计定点迎宾方案，并在服务机器人上部署与测试。

思考与探索：

请记录机器人定点迎宾方案设计与实施过程中发现的问题及解决方法。

____

____

____

____

____

（5）机器人导航方案设计与实施　根据项目 5 所学知识，结合业务场景及客户需求，设计扫图建图方案，并在服务机器人上部署与测试其导航功能。

思考与探索：

请记录机器人导航方案设计与实施过程中发现的问题及解决方法。

____

____

____

____

____

（6）机器人导览方案设计与实施

1）复杂环境的评估与处理。如图 6–33 所示是中德工业 4.0 智能制造实训与认证基地的导视图，图 6–34 是该基地部分实景图，请结合本项目知识链接相关内容，进行危险场景的识别与处理，并划分导览区域。

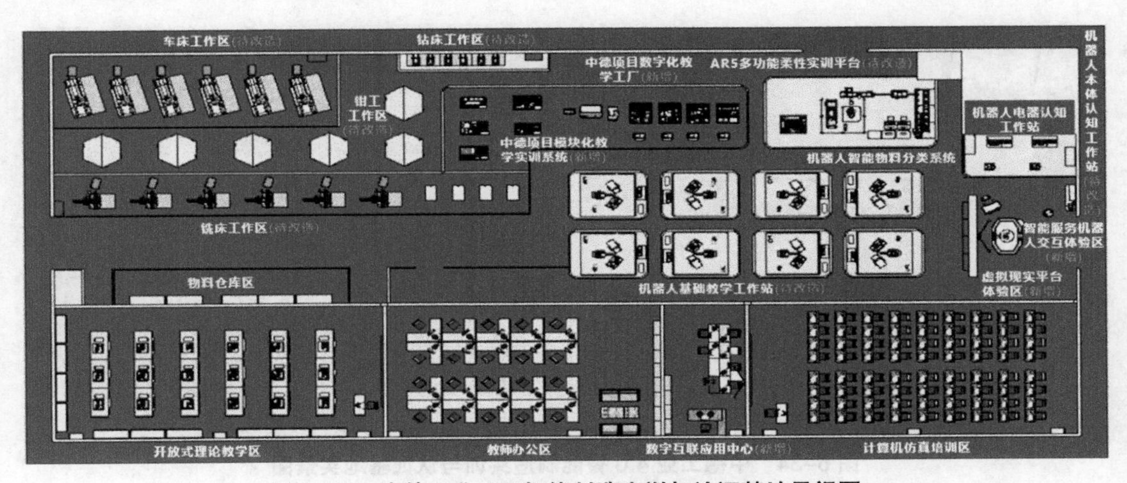

图 6–33　中德工业 4.0 智能制造实训与认证基地导视图

a）宽阔区域

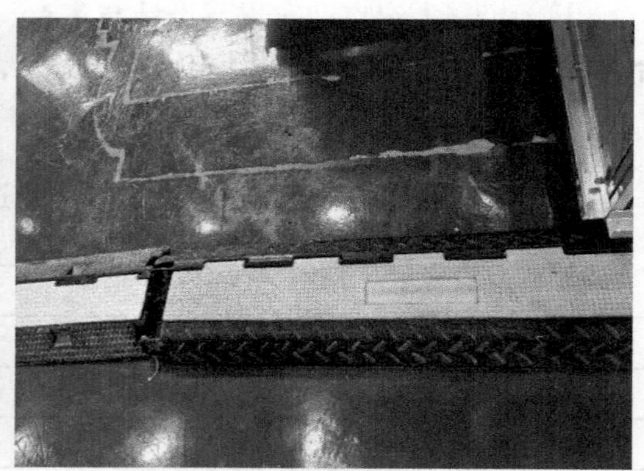

b）台阶区域

c）玻璃区域

d）镂空区域

e）少量悬空物区域

f）镂空区域

g）镂空区域

图 6-34 中德工业 4.0 智能制造实训与认证基地实景图

思考与探索：

① 请记录所发现的危险场景以及消除危险的方法。

② 请画出导航导览区域划分示意图，并设计扫图建图方案。

2）扫图建图。按照设计的扫图建图方案，参考项目 5 的相关内容，对业务场景进行扫图建图，得到地图文件，如图 6–35 所示。

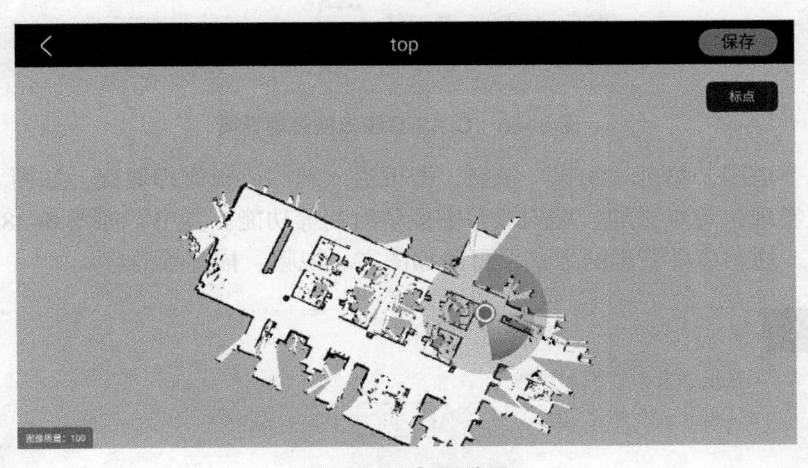

图 6–35　扫图结果

3）地图审核与编辑。参考项目 5 的相关内容，对所建地图进行初步审核，确保地图边缘清晰、闭环成功、导航范围内均已探明。

地图文件通过初审后，可以开展地图编辑工作，除了使用项目 5 所介绍的 U–SLAM 软件、电脑端 Cruzr 软件两种地图编辑工具外，还可以使用克鲁泽云端管理系统（CBIS 系统）进行编辑。如图 6–36 所示，进入 CBIS 系统后，在“地图管理”菜单栏有“地图信息”与“自助导览”两个功能菜单。“地图信息”主要包括对地图文件进行导入、编辑、同步、查看、导出、删除等操作以及同步记录的查看。

图 6–36　CBIS 系统地图管理界面

选中某个地图，单击“编辑”按钮，即可进入地图编辑管理界面，如图 6–37 所示。该系统可以实现位置点添加、虚拟墙与虚拟轨绘制等功能。其中，如图 6–38 所示，在添加位置点时，通过事件管理的方式，可添加图文、视频、描述等内容。

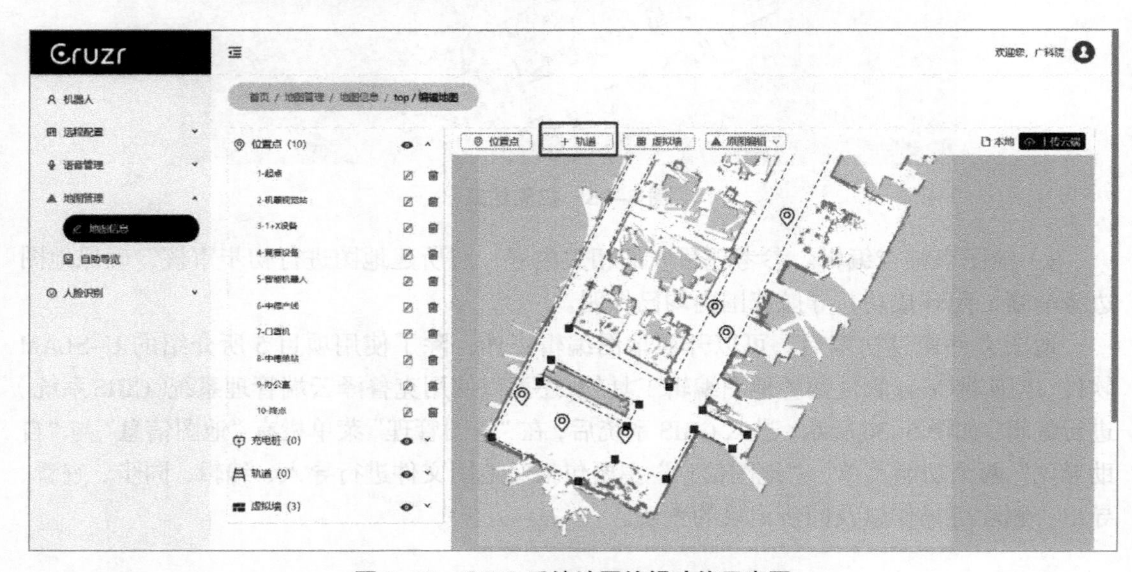

图 6–37　CBIS 系统地图编辑功能示意图

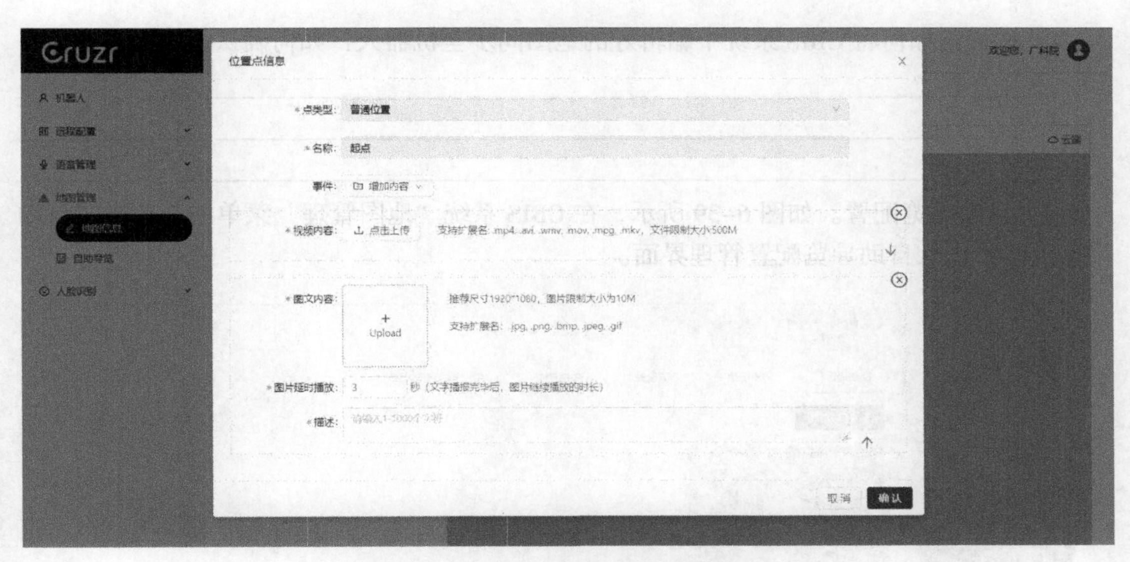

图 6–38 CBIS 系统位置点管理界面

思考与探索：

① 请探索 CBIS 系统“原图编辑”菜单，具体提供了哪些编辑功能？编辑后是否会覆盖原图？若不小心操作失误，该如何纠正？

______

______

______

② 请探索 CBIS 系统位置点编辑时，图文、视频、描述等信息是否为必选项？请思考为何要如此设计？

______

______

______

③ 请探索 CBIS 系统是否可以实现让机器人到达某个位置后调节机器人的脸部（屏幕）朝向某个指定方向？若可以，请阐述如何操作。

______

______

______

④ 请探索 CBIS 系统中添加虚拟轨时，有哪些注意事项？若轨道距离障碍物过近，是否可以成功设置？会有何提示？

______

______

______

⑤ 请探索如何将 CBIS 系统中编辑好的地图同步至机器人？如何确认是否同步成功？

____

____

____

4）自助导览配置。如图 6–39 所示，在 CBIS 系统“地图管理”菜单栏下单击“自助导览”即可进入自助导览配置管理界面。

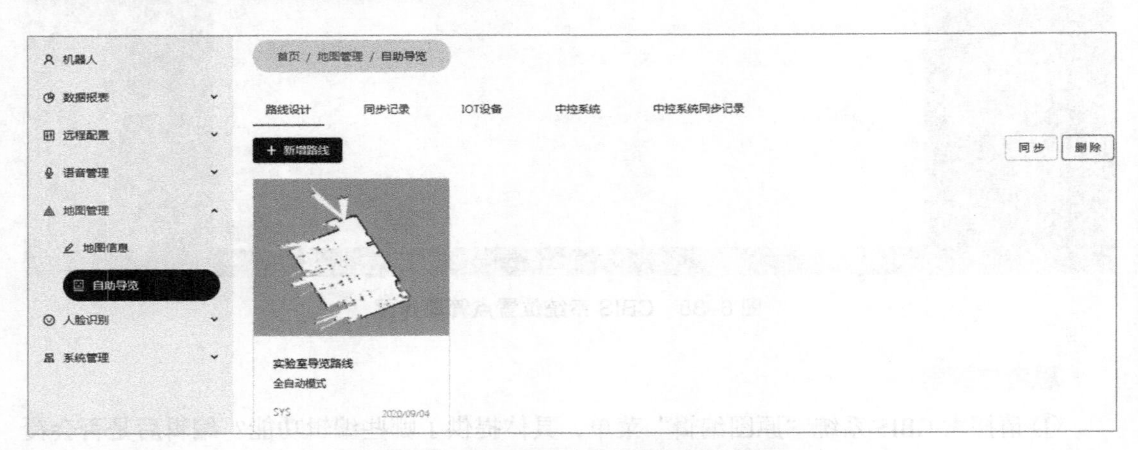

图 6–39　CBIS 系统自助导览管理界面

单击“新增路线”，按照步骤提示，填写或选择相关基本信息后，即可进入路线设计界面，如图 6–40 所示，“起点”和“终点”是必须设置的，导览点则根据需求进行设计。

图 6–40　导览路线设计

路线设计完毕后，将进入导览点讲解事件设计，讲解事件包括文本及表情、过渡语、讲解等待设置，如图 6–41 所示，也包括演讲模式设计，如图 6–42 所示，系统提供全自动模式和辅助模式。

图 6-41 导览点讲解事件设计

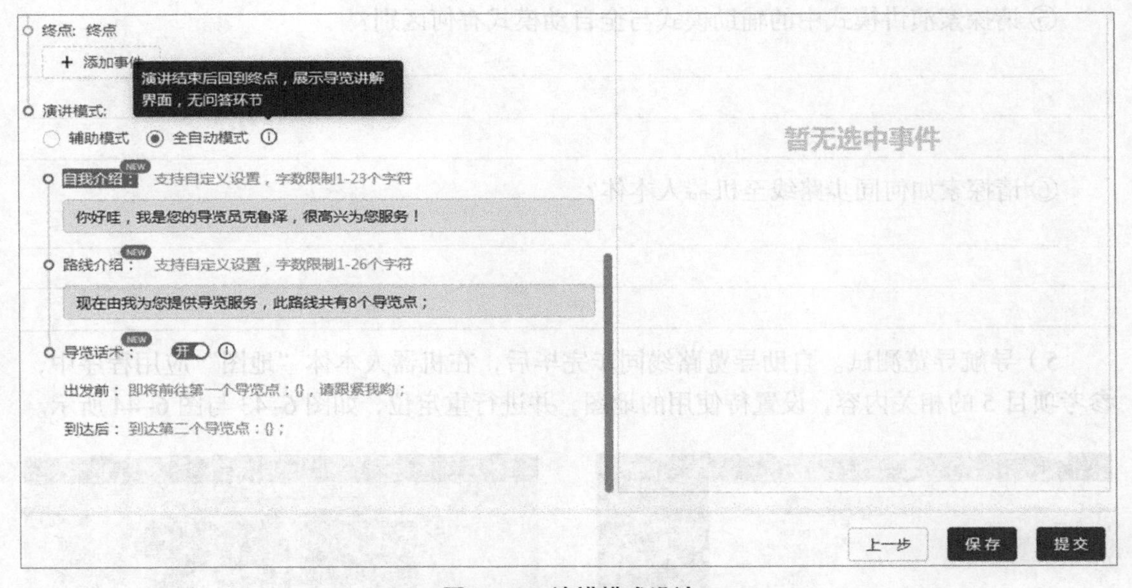

图 6-42 演讲模式设计

思考与探索：

① 请探索自助导览配置中设置的起点、终点、导览点与地图编辑中设置的位置点有何关联？

____

____

② 请探索自助导览配置中导览点讲解事件与地图编辑中位置点的事件设计有何

关联？

③ 请探索导览点讲解事件中的“过渡语”的作用是什么？其与“导览点描述”有何区别？

④ 请探索导览点讲解事件中的“讲解等待”的作用是什么？其与“过渡语”有何区别？

⑤ 请探索演讲模式中的辅助模式与全自动模式有何区别？

⑥ 请探索如何同步路线至机器人本体？

5）导航导览测试。自助导览路线同步完毕后，在机器人本体“地图”应用程序中，参考项目 5 的相关内容，设置待使用的地图，并进行重定位，如图 6-43 与图 6-44 所示。

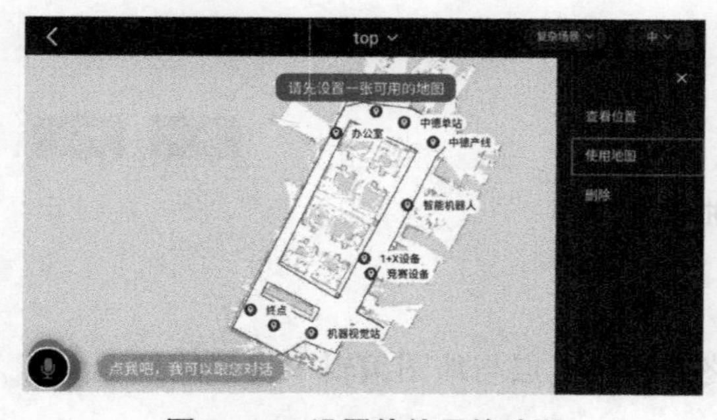

图 6-43　设置待使用的地图

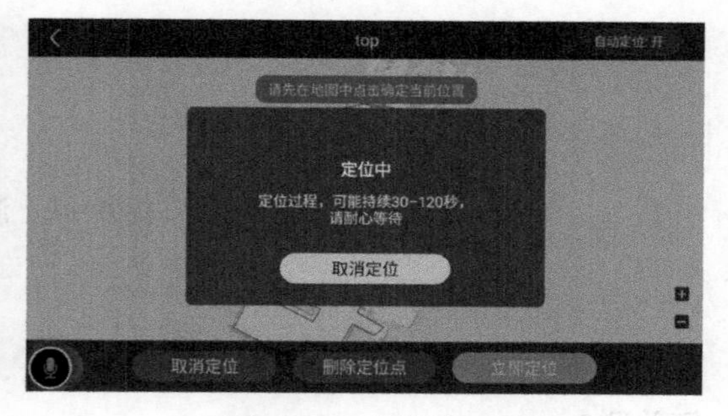

图 6-44　机器人重定位

设置完地图后，进入用户系统模式，打开“导览讲解”应用程序，即可进入自助导览状态，如图 6-45 所示。当出现游客时，机器人人机交互界面将会出现相关提示，按照设定的路线开展导览，如图 6-46 所示。

图 6-45　机器人用户系统模式下导览讲解应用程序

图 6-46　机器人进入人机交互状态界面

单击“开始讲解”，如图 6-47 所示，机器人从起点出发，进入第一个设置的讲解点“机器视觉站”，如图 6-48 所示。

图 6-47　机器人进入自助导览状态界面

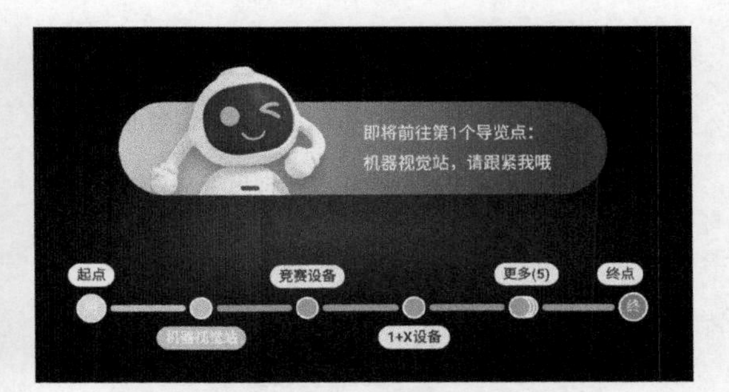

图 6-48　机器人自助导览过程展示

3. 开展培训

为便于客户自主使用，请根据以上任务实施的相关内容，尤其是结合思考与探索的相关经验，对客户开展培训，确保客户在后续相关应用场景中能自行设计综合方案并开展部署。

任务检查与故障排除

序号	检查项目	检查要求	检查结果
1	机器人检查与场景勘察	是否完成机器人的常规检查与操作，包括外观及机器人工作环境检查、开机、电量查看、网络配置等。是否完成对机器人即将工作的业务场所的网络环境、地面、装饰布置等场景的实地勘察，并搜集原始素材	
2	机器人交付部署综合方案设计与实施	是否按照相关步骤完成机器人交付部署综合方案设计与实施，尤其是机器人导览方案设计与实施，确保机器人可以自主完成导览功能	
3	开展用户培训	是否完成了用户培训，且用户能够在个性化的应用场景中能自行设计综合方案并开展部署	

任务评价

实训项目							
小组编号		场地号		实训者			
序号	考核项目	实训要求	参考分值	自评	互评	教师评价	备注
1	任务完成情况（35分）	机器人检查与场景勘察	5				实训所要求的所有内容必须完整地进行执行，根据完成任务的完整性对该部分进行评分
		机器人交付部署综合方案设计与实施	25				
		用户培训	5				
2	实训记录（20分）	分工明确、具体	5				所有记录必须规范、清晰且完整
		数据、配置有清楚的记录	10				
		记录实训思考与总结	5				
3	实训结果（20分）	机器人检查与场景勘察	5				小组的最终实训成果是否符合“任务检查与故障排除”中的具体要求
		机器人交付部署综合方案设计与实施	15				
4	6S及实训纪律（15分）	遵守课堂纪律	5				小组成员在实训期间在纪律方面的表现
		实训期间没有因为错误操作导致事故	5				
		机器人及环境均没有损坏	5				
5	团队合作（10分）	组员是否服从组长安排	5				小组成员是否能够团结协作，共同努力完成任务
		成员是否相互合作	5				
异常情况记录							

实训思考与总结

1. 以思维导图形式描述本项目学过的知识。

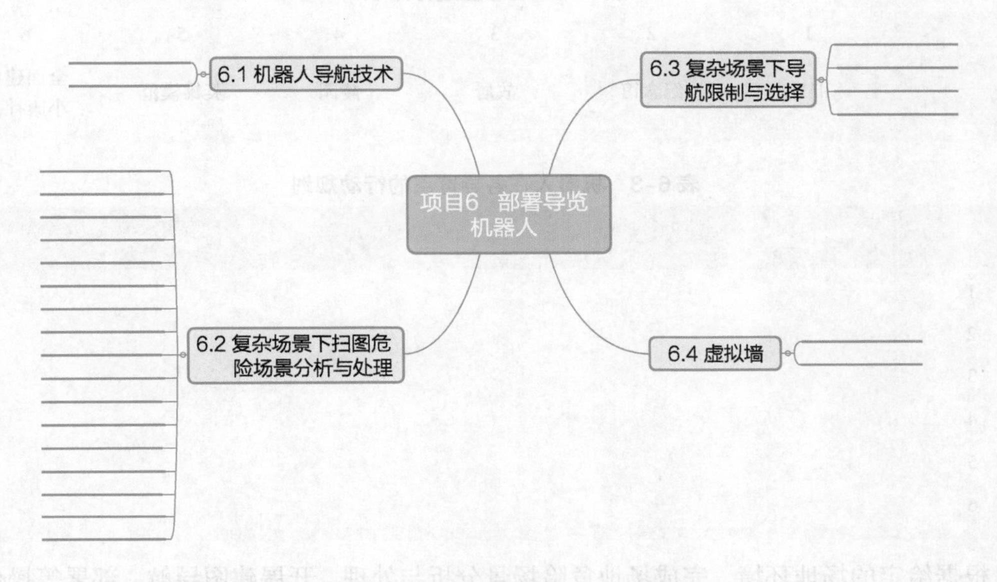

2. 思考在工作过程中可能会遇到什么故障，如何解决？

理论测试

请扫描以下二维码对所学的内容进行巩固测试。

实操巩固

某地红色主题展览馆拟采用服务机器人进行导览，自主引导观众参观。作为交付或售后工程师，需要设置并调试服务机器人的导览功能，让机器人能够更亲切地完成引导来宾的工作。

根据表 6–2 所给定的红色主题，通过网络调研，选取展览馆内设置的位置点及播报内容，并完成机器人行动规划，填写表 6–3。

表 6–2　红色主题分配表

组别	1	2	3	4	5	6
主题	旧址	纪念馆	故居	陵园	英雄模范	全面建成小康社会

表 6–3　机器人在各导览点的行动规划

编号	位置点名称	语音播报详细内容（位置点背后的红色故事）	界面表情	手臂动作
1				
2				
3				
4				
5				
6				

根据给定的场地环境，完成场地危险场景分析与处理，开展建图导航、部署等操作，测试导览讲解及自动回充功能。

知识拓展

物联网机器人是物联网和机器人技术的融合，是一个全新的概念，在这个概念中，自主机器从多个传感器收集数据，并相互通信以执行任务。

6.5 物联网机器人的含义

1999 年，“物联网”的概念被提出，主要是建立在物品编码、RFID 技术和互联网的基础上。物联网曾被称为传感网。中科院早在 1999 年就启动了传感网的研究，并已取得了一些科研成果，建立了一些适用的传感网。同年，移动计算和网络国际会议提出“物联网是下一个世纪人类面临的又一个发展机遇”。

一般意义上，物联网是一个基于互联网、传统电信网等的信息承载体，它让所有能够被独立寻址的普通物理对象形成互联互通的网络。物联网 + 机器人则是指物联网和机器人软硬件技术的融合，是一个智慧工厂下针对工业 4.0 提出的全新概念，在这个概念中，自主机器人从多个传感器收集数据，并相互通信以执行任务。这一概念背后的愿景是赋予机器人智慧，使其能够独自执行关键任务。物联网机器人是物联网数据帮助机器相互交互并采取所需行动的概念。简而言之，物联网机器人指的是与其他机器人交流并自行做出适当决策的机器人。

6.6 物联网机器人的重要性

机器人作为一种具有高度自主能力的智能系统，能够代替人类执行多种高难度的任务，在现代社会得到了越来越广泛的应用。尤其在物联网时代，机器人技术与物联网技术的结合，实现了物联网与机器人的优势互补，为物联网和机器人的发展与应用带来了新的挑战与机遇。

物联网是一种实现万物互联的智能网络，它能将所有物品通过无线或有线的方式连接起来，使其能够组成局域网，甚至接入互联网，使得相互之间交互信息更加方便。作为一种新型的智能网络，物联网具备三个特征：一是多方位探测功能，即利用分布式传感器技术，获取各个位置的环境信息；二是数据传输，通过 WiFi、蓝牙、ZigBee 技术、3G/4G/5G 网络、有线网络等诸多方式，发送传感器所采集并处理的信息；三是终端处理，利用云计算、大数据、人工智能等各种智能化技术，对海量数据和信息进行分析和处理，对被控对象实现智能化控制。

物联网的特征和优势能够解决机器人领域中的部分难点和关键技术，如：借助物联网定位技术，提升多机器人编队控制能力以及机器人室内定位精度；借助农业物联网大量传感器节点信息，提升农业机器人在复杂场景下的运动能力和智能监测与控制能力等。

6.7 物联网机器人用例

对于处理繁重工作或重复性体力劳动的行业来说，物联网机器人是完美的选择。下面介绍几个潜在用例，通过这些用例，行业可以从这个新出现的概念中受益。

仓库中的机器人可以检查产品质量，检查产品是否损坏，还可以帮助物品上架。无需人类干预，机器人就可以利用物联网数据分析周围环境并根据需要对情况做出响应。

机器人可以有效地扮演引导员的角色，帮助顾客获得可用的停车位。通过检查停车场，机器人可以帮助顾客找到合适的停车位。

机器人可以使建筑工地的劳动密集型和危及生命的工作自动化，如图 6-49 所示。从脚手架到重型施工设备的装卸，机器人可以负责任地处理每一项现场任务。在服务机器人的帮助下，建筑工程师和管理人员可以确保工人的健康和安全。

图 6-49　配备传感器体系的涂装机器人

项目 7

“关怀备至”

——照顾好机器人

如同其他设备一样，每台服务机器人除了按照要求规范使用，还需要定期、不定期地维护保养甚至维修，这样才能保证其保持最佳性能。如果机器人没有进行定期的预防性保养检查，可能会导致零部件损坏或故障，致使整机功能故障甚至停机。对机器人定期进行预防性保养可以大大地延长机器人的使用寿命。

近年来，我国服务机器人公司蓬勃发展，大多公司已经建立完备的产品全周期保障体系，设立专门的部门负责售后事宜，百度智能云售后中心如图 7-1 所示。

图 7-1　智能客服机器人示意图

作为服务机器人的售后工程师，应能对服务机器人的故障进行初步检查后，根据不同的故障现象启动不同的处理方案，更好地维护好机器人，满足客户的使用需求。

在该项目中，我们将以机器人的典型故障案例为指引，全面介绍机器人的维护、保养和维修知识及技能。

学习情境

某学校机器人实验室的服务机器人发生了充不上电、机器人导航时路线偏差和机器人动作不到位的故障。如何快速地查找问题并解决问题，使机器人恢复如初。修复后制订出定期维护保养计划，进行预防性维护，减少故障引起的使用异常。

学习目标

知识目标

1. 熟悉服务机器人的内部结构及系统参数；
2. 掌握服务机器人的故障排除方法；
3. 熟悉电气和机械保护措施；
4. 掌握符合环保要求的安全处理坏件的标准；
5. 掌握调试报告和故障记录的撰写标准；
6. 熟练掌握调试机器人的工具使用方法。

技能目标

1. 能够描述服务机器人的总体性能和局部性能并从技术资料中提取相关信息；
2. 能够校正传感器和舵机、核实并校准系统参数和限制误差并排除故障；
3. 能够制定服务机器人调试系统步骤并使用诊断系统填写维修报告；
4. 熟练掌握机器人备件的更换以及调试的一般流程及方法。

职业素养目标

1. 培养环保意识及安全意识；
2. 树立遵守标准和保障质量意识；
3. 培养知行合一的职业精神。

重难点

重　点

1. 机器人常见故障；
2. 机器人软硬件故障的排除。

难　点

1. 机器人坏件的拆卸；

2. 机器人备件的更换和调试。

项目任务

1. 将发生故障的机器人移动到指定场地；
2. 根据故障问题进行检测、配置或更换配件；
3. 进行功能测试，并确认故障已解决；
4. 根据产品故障特点和产品生命周期，制订下一步维护保养及预防计划。

学习准备

表 7–1 学习准备清单

所需软硬件名称	版本号或数量	地址
机器人克鲁泽	教育版	现场
本体 ROM	V3.304	预装
本体 ROS（1S）	V1.4.0	预装
Android	APK V1.0.5	预装
PC 软件	V3.3.20200723.04	/ 工具软件 /PC
机器人克鲁泽手机 APP	V2.02（安卓手机）	/ 工具软件 / 手机 APP
万用表	1 台	
示波器	1 台	
内六角螺钉旋具	1 把	
活扳手	1 个	
螺钉旋具套装	1 套	
静电手环	1 个	
剪钳	1 个	
镊子	1 个	
吸盘	1 个	
橡胶锤	1 把	
鞋套	2 个	
手套	1 副	
502 胶水	1 瓶	

知识链接

服务机器人的维护保养或故障一般分为两类：硬件和软件。硬件如电机与电池、传感器、结构件等，硬件的维护保养周期基于其材质、原理和特点不同，有不同的维护保养要求和检测方法；对于已经损坏的部件则需要及时识别确认并进行更换。软件则由于意外删除或丢失部分组件或配置发生变化，需要恢复出厂设置或版本升级，如图 7–2 所示。

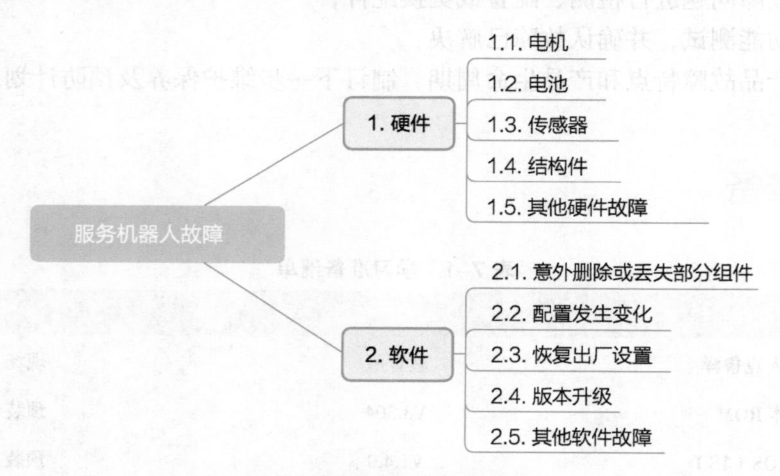

图 7–2 服务机器人故障分类

7.1 服务机器人的故障排查思路及一般原则

7.1.1 服务机器人故障排查流程

服务机器人的故障排查基本流程图如图 7–3 所示。

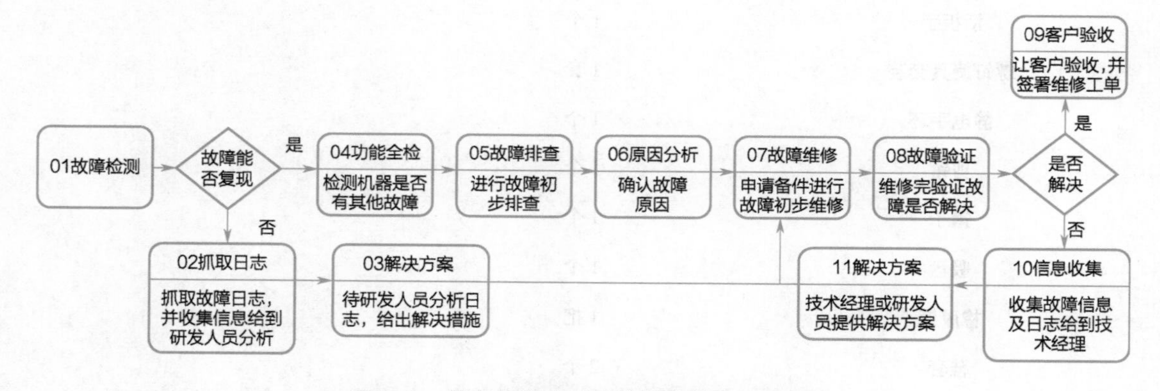

图 7–3 服务机器人的故障排查基本流程图

一般说来，作为服务机器人的维修工程师，应该熟悉技术文档，清楚运维手册与维修手册的相关内容。服务机器人发生故障时，售后服务工程师收到通知，初步预判机器人可能存在的问题。遵循如图 7–3 所示排查流程图，首先验证故障是否属实，进行问题复现，如果可以复现，继续进行功能全检，查找所有问题，对故障进行初步原因分析及确认，如果涉及更换则需要申请备件进行维修，然后验证是否解决故障问题，解决后让顾客签字确认。

在大多情况下，遵循如图 7–3 中的步骤基本可以排查出问题原因，并针对性地进行维修或配件更换，使得故障得到解决。但有时遇到非常复杂的问题，或者一时找不到头绪的问题，则要启动疑难问题处理流程。

7.1.2 服务机器人疑难问题处理流程

服务机器人的问题来自硬件或软件，一般问题可通过查看故障代码或软件恢复及升级来解决。如果遇到比较复杂的无法解决的问题，则要启动疑难问题处理流程，根据问题的情形上报给更高层级的售后部门解决。以克鲁泽为例，启动疑难问题响应处理流程，如图 7–4 所示。

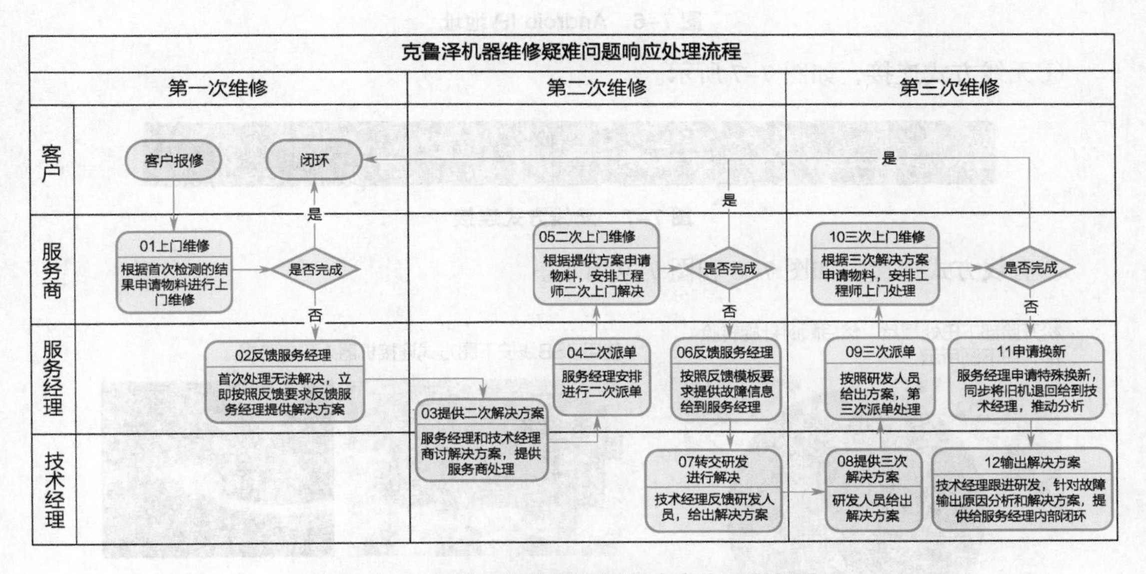

图 7–4 机器人维修疑难问题响应处理流程图

7.2 服务机器人数据及程序的备份与恢复

7.2.1 服务机器人获取日志 log 信息

服务机器人设备的操作和故障信息都会自动记录在日志中，获取日志 log 信息可通过 USB 或者无线的方式连接到电脑上，仅需要在电脑端安装 Android adb 的命令行工具。

1）首先下载Cruzr SDK，在厂家随产品附带的压缩包中拷贝下面的两个文件（如图7–5所示）到下面的目录中。

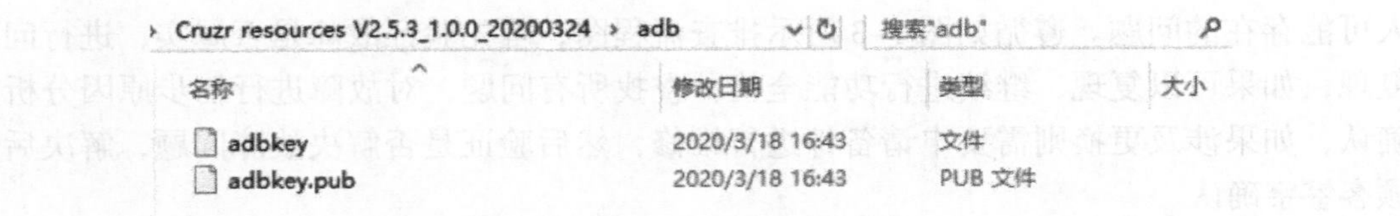

图 7-5　Android adb 安装包文件

2）按照下面步骤获取 IP 地址，如图 7-6 所示。

图 7-6　Android IP 地址

①无线方式连接，如图 7-7 所示。

```
D:\>adb connect 10.10.35.69:5555
already connected to 10.10.35.69:5555
```

图 7-7　无线方式连接

②有线方式连接，如图 7-8 和图 7-9 所示。

松开脸部下巴处螺丝，然后顺时针旋转脸部，如下图所示

图 7-8　打开机器人面部

使用USB线按下图方式连接机器人和电脑端

打开cmd窗口，使用adb devices查看，下图显示表示成功，如其他显示请重启电脑和设备重试

```
C:\Users\Administrator>adb devices
List of devices attached
```

图 7-9　连接后查看设备状态

3）输入代码查看日志状态。

```
// 显示全部日志
adb logcat
// 将日志保存到文件 test.log
adb logcat >c:\test.log
// 通过 tag name 过滤
adb logcat -s TAG_NAME
```

```
adb logcat -s TAG_NAME_1 TAG_NAME_2
#example
adb logcat -s TEST
adb logcat -s TEST MYAPP
```

优先级：

详细（verbose）

最低级别的日志记录。除了在开发过程中，不应该将 verbose 编译成应用程序。

调试（debug）

用于调试目的。是生产中应该达到的最低水平。此处的信息对于开发提供帮助。大多数情况下，将禁用此日志，以便发送较少的信息。一般只有在出现问题时才启用此日志。

信息（info）

有关突出显示应用程序进度的信息性消息，例如，当应用程序的初始化完成时。当用户在活动和片段之间移动时添加信息，记录每个 API 调用，但只记录 URL、状态和响应时间等信息。

警告（warning）

存在潜在的有害情况。使用它的例子通常是多次发生的事情，例如，用户的密码错误超过 3 次。这可能是因为他错误地输入了 3 次密码，也可能是因为我们的系统中没有接受某个字符存在问题。网络连接问题也是如此。

错误（error）

错误事件。错误后应用程序仍可继续运行，例如当得到一个空指针，或者解析服务器的响应时出错，从服务器收到错误。

WTF（多么可怕的失败）

致命是导致应用程序退出的严重错误事件。

```
//清除日志块，使用来清除旧的日志
adb logcat -c
```

7.2.2 服务机器人数据备份

备份（backup），即在机器人领域为了防止数据及应用等因机器人故障而造成的丢失及损坏，而在系统中独立出来单独存储的程序或文件副本。

备份可以分为系统备份和数据备份。

（1）系统备份　指的是用户操作系统因损坏、病毒或人为误删除等原因造成的系统文件丢失，从而造成系统不能正常引导，因此使用系统备份，将操作系统事先存储起来，用于故障后的后备支援。

（2）数据备份　指的是用户将数据包括文件、数据库、应用程序等存储起来，用于数据恢复时使用。

为了防止机器人数据丢失或异常损坏，可以对数据进行备份。命令“adb backup”（简化写法）可以备份整个系统。

这个命令的参数如下：

```
adb backup [-f ] [-apk|-noapk] [-shared|-noshared] [-all]
[-system|nosystem] []
```

基本命令：adb backup –all

7.2.3 服务机器人数据恢复

数据恢复（Data recovery）是指通过技术手段，将保存在系统存储卡或其他存储介质等设备上丢失的电子数据进行抢救和恢复的技术。如果机器人数据错乱或遗失文件，可以通过 Adb 命令或人机界面进入 Recovery 模式：

1）使用 Adb 命令恢复出厂设置。

```
adb reboot recovery
```

Recovery 模式选项：

```
reboot system now
APPly update from ADB
wipe data/factory reset
wipe cache partition
```

选择 wipe data/factory reset 可以清除用户数据，并且恢复出厂设置。

选择 reboot system now 重启机器。

2）使用人机界面恢复出厂设置，操作方法如图 7-10 和图 7-11 所示。

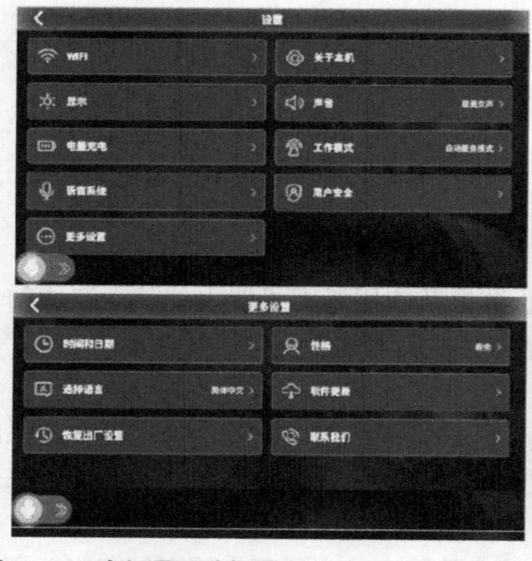

图 7-10 人机界面选择更多 – 恢复出厂设置图

图 7-11 还原所有设置图

7.2.4 服务机器人数据导入

当需要把电脑上的数据导入机器人的 SD 卡时，可输入以下指令：

```
// 导入
adb push
adb push <PC 端文件 ><SD 目录路径 >
把 PC 端的文件拷贝到 SD 卡上
adb push test.txt /sdcard/test
电脑传文件到手机
把当前目录下的 test.tex 文件传到手机 /sdcard/test 目录中
// 导出
db pull < 手机端文件 ><PC 端目录路径 >
把 SD 卡上拷贝到 PC
adb pull . /sdcard/.pfx .
```

7.3 服务机器人的检查与维护

7.3.1 服务机器人维护概念

设备维护是设备维修与保养的结合。为降低设备失效的概率或防止设备性能劣化，按事先规定的计划或相应技术条件的规定进行的技术管理措施。

基本的维护方式有如下几种：

1. 事后维护（BM：Breakdown Maintenance）

这种方法是在设备发生故障之后再维护。

这种方法是早期的设备维护的主要方式，但目前仍适用于当生产设备的停止损失可忽略时，或维护效率可不考虑时，或平均故障间隔（MTBF）不定时，定期地进行部件更换花费高时。

2. 预防维护（PM：Prevention Maintenance）

这种方法是在设备发生故障之前进行维护。

预防维护是为了防止设备的突发故障造成停机而采取的一种方法，是根据经济的时间间隔对部件或某个单元进行更换的维护方式。

预防维护的间隔时间根据设备的规模或寿命等来定，可以一年一次或半年一次或一月一次或一周一次进行定期点检或是修理。

3. 生产维护（PM：Productive Maintenance）

这是确保设备使用效率的最经济的维护方式。主要有以下两种方式和思路：

（1）改良维护（CM：Correct Maintenance） 通过设备改造、更新、改善质量等来减少设备损坏和降低维修所需费用。

（2）维护预防（MP：Maintenance Prevention） 为消除设备失效和生产的计划外中断的原因而策划的措施，称为维护预防。

4. 全面生产维护（TPM：Total Productive Maintenance）

通过全员参与，并以团队工作的方式，创建并维持优良的设备管理系统，提高设备的开机率（利用率），增进安全性及高质量，从而全面提高生产系统的运作效率。

5. 预测维护（PdM：Predictive Maintenance）

预测维护是指对设备的劣化状况或性能状况进行诊断，然后在诊断状况的基础上开展保养、维护活动。因此，要尽量正确并且高精度地把握好设备的劣化状况，这是前提。

对劣化状态进行观测、在真正需要维护的必要时候实施维护，就是状态基准（监视）维护（CBM：Condition-based Maintenance）。

以时间为基准的就叫作时间基准维护（TBM：Time-based Maintenance）或是叫作计划维护。

服务机器人一般全天候陪伴用户，对安全和部件故障的容忍度要求比较严格，因此对于服务机器人的维护就必须是一个需要重视的问题。一般说来，服务机器人的维护主要分为硬件维护和软件维护，硬件维护主要针对结构件、舵机、线路、电池及充电桩、传感器等；软件维护主要包括刷新固件、程序升级等。

7.3.2 服务机器人硬件维护

硬件维护，即对服务机器人本体的结构件、舵机、线路、控制器、电池及充电桩、传感器等，需要定期或不定期地进行维护保养。维护内容主要有以下几种：

1. 清洁维护

按下列步骤进行清洁维护，避免损坏机器人。

1）从克鲁泽上断开充电线。

2）从墙壁插座拔掉充电器插头。

3）按下背部开关按钮 3 秒关闭机器人，并确保机器人完全关闭。

4）按下底盘电源键，确保完全断电。

5）用软湿布清洁机器人。

6）用软干布彻底擦干机器人。

7）检查机器人是否擦干。

注意：

1）不能使用研磨剂、气溶胶或其他液体，因为它们可能包含易燃物质或可能损坏塑料外壳，不能用水或其他液体喷和淋克鲁泽，只能让克鲁泽保持干爽状态。

2）将摄像头及传感器的灰尘清洁干净，灰尘会影响到感应器的正常工作。

2. 点检维护

1）检查是否漏油。

2）检查结构件缝隙是否过大。

3）检查机器人内部电缆是否受损。

3. 舵机轴测试维护

在操作过程中，每个轴舵机制动器都会正常磨损。为确定制动器是否正常工作，必须进行测试。方法如下：

1）运行机械手轴至相应位置。

2）舵机断电。

3）检查所有轴是否维持在原位置。

如舵机断电时机械手仍没有改变位置，则制动力矩足够。若还可手动移动机械手，则检查是否还需要进一步的保护措施。当机器人紧急停止时，制动器会帮助停止，因此可能会产生磨损。所以，在机器使用寿命期间需要反复测试，以检验机器是否维持着原来的能力。

按照以上所述 3 步检查每个轴舵机的制动器。

4. 系统润滑维护

（1）副齿轮和齿轮润滑加油　确保机器人及相关系统关闭并处于锁定状态，每个油嘴中挤入少许（1 克）润滑脂，逐个润滑副齿轮滑脂嘴和各齿轮滑脂嘴，不要注入太多，以免损坏密封。

（2）手腕润滑加油　手腕每个注脂嘴只需几滴润滑剂（1 克），不要注入过量润滑剂，避免损坏腕部密封和内部套筒。

5. 控制板的维护

（1）检查控制器散热情况　严禁控制器覆盖塑料或其他材料；控制器后面和侧面留出足够间隔（>120mm）；严禁控制器的位置靠近热源；避免控制器过脏；避免冷却风扇不工作；避免风扇进口或出口堵塞。

（2）清洁触摸屏　应从实际需要出发按适当的频度清洁触摸屏；尽管面板漆膜能耐受大部分溶剂的腐蚀，但仍应避免接触丙酮等强溶剂。

（3）清洗控制器内部　应根据环境条件按适当间隔清洁控制器内部，如每年一次；须特别注意冷却风扇和进风口 / 出风口清洁。清洁时使用除尘刷，并用吸尘器吸去刷下的灰尘；请勿用吸尘器直接清洁各部件，否则会导致静电放电，进而损坏部件。

6. 各齿轮箱内油位检查维护

各轴加油孔的位置不同，需要有针对性的检查，有的需要旋转后处于垂直状态再开盖进行检查。

7. 电池和充电桩的维护

对磁吸式充电插头、电极触点和充电铜片进行目测检查，如果发现有发黑或氧化痕迹，则需要进行除氧化或更换处理，以免接触不良导致充电故障，如图 7–12 所示。

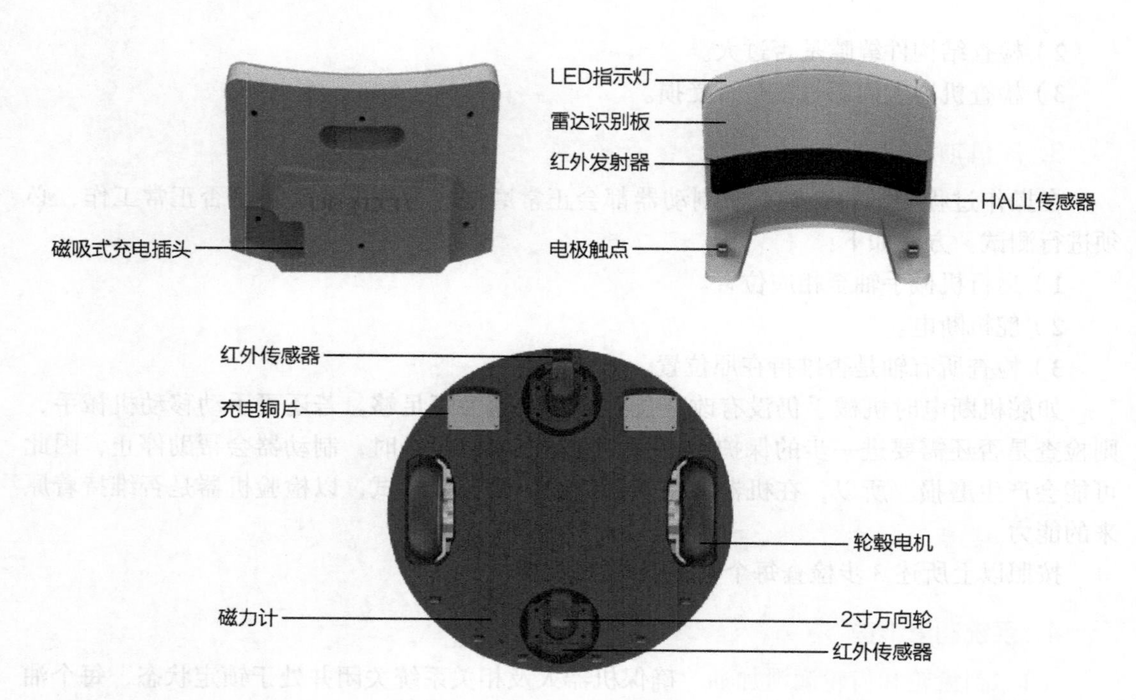

图 7–12 充电组件

一般可以使用万用表对线路进行连通性检查，必要时使用开尔文四线法进行接触电阻的测量以确认是否接触电阻过大。

7.3.3 服务机器人软件维护

1. 软件升级

如图 7–13 所示，可以单击：关于本机→版本号进入系统更新界面，检查是否有新版本更新，并在有新版本时进行系统更新。

2. Cruzr 线刷固件

（1）安装 rockusb 驱动 打开 Cruzr 线刷固件完整说明 \ 驱动 \DriverAssitant_v4.2 文件夹中 DriverInstall.exe 程序，单击“驱动安装”，提示安装驱动成功即可，如图 7–14 所示。

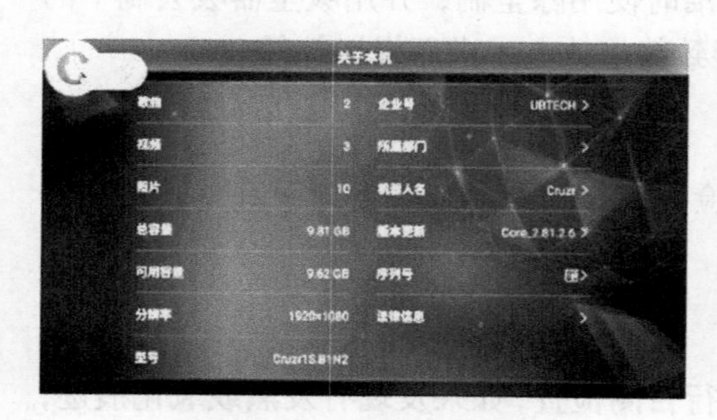

图 7–13 软件升级界面

图 7–14 瑞芯微驱动助手安装

备注：首次成功安装完驱动后，以后不必再执行此步骤。

（2）进入 Loader 模式

1）方式一。打开 cmd，执行命令 reboot loader。

2）方式二。如图7-15的克鲁泽Android主板图，找到Recovery和Reset按键，先按下Recovery按键不松开，然后按一下Reset按键并松开，等2s左右，再松开Recovery按键。

（3）加载固件并烧写

Step 1：打开Cruzr线刷固件完整说明\工具\AndroidTool\AndroidTool_Release_v2.35文件夹中AndroidTool.exe程序，成功执行3.2步骤进入Loader模式后，显示如图7-16所示。

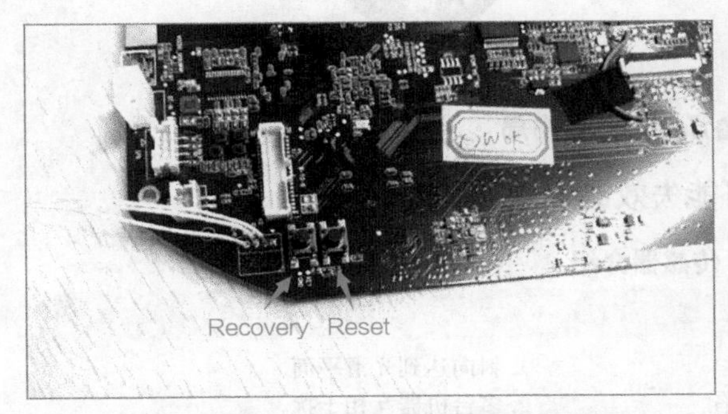

图 7-15　reboot loader 模式操作图

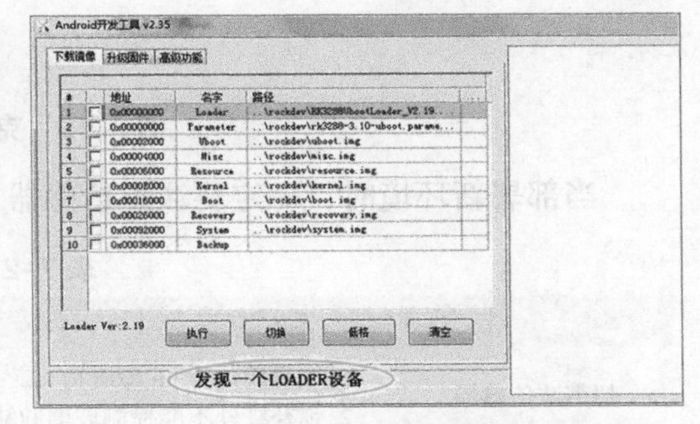

图 7-16　操作示意图

Step 2：单击软件上的“升级固件”按钮，然后单击固件，选择要烧写的目标版本固件 update.img 文件，等待一会，软件加载固件成功，如图 7-17 所示。

Step 3：单击软件上的“升级”按钮，开始烧写固件到 Cruzr 主板中，最终烧写成功时，显示如图 7-18 所示。

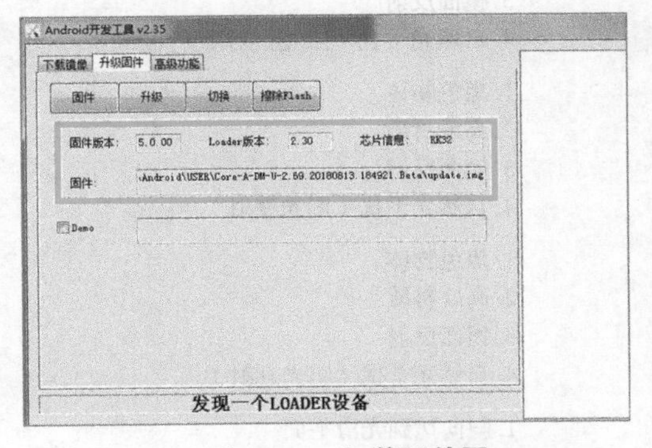

图 7-17　加载固件图

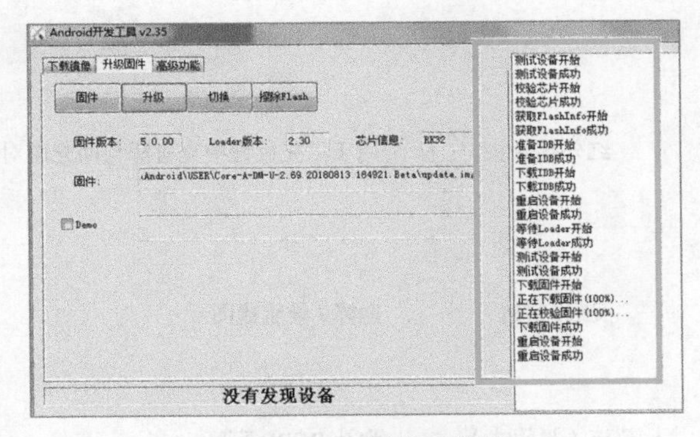

图 7-18　下载固件图

7.3.4　服务机器人环境变更安全巡检与维护

服务机器人的导航主要靠传感器和导航软件实现，如图 7-19 所示为克鲁泽的传感器布局。

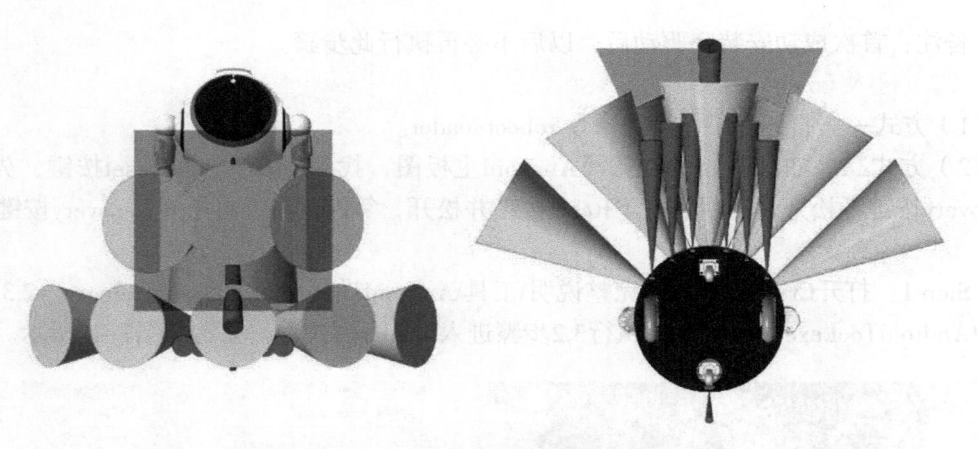

图 7-19 克鲁泽的传感器布局

当部署新环境时，一定要注意传感器可能失效的场景，见表 7-2。

表 7-2 传感器介绍

类型	作用	失效场景
超声波传感器	1. 检测周边 1.5m 障碍物 2. 弥补红外不能检测玻璃的缺陷	1. 斜向达到光滑平面 2. 多台机器互相干扰
红外（PSD）	弥补地面到雷达扫描区域高度的检测盲区	1. 黑色物体 2. 高反材质 3. 镜面反射 4. 自然光干扰（阳光直射）
红外	用于回充避障	1. 黑色物体 2. 高反材质 3. 镜面反射 4. 自然光干扰（阳光直射）
红外接收头	用于回充过程中克鲁泽与回充座对位	1. 黑色物体 2. 高反材质 3. 镜面反射 4. 自然光干扰（阳光直射）
激光雷达	避障 / 导航建图	1. 黑色物体 2. 高反材质 3. 镜面反射 4. 自然光干扰（阳光直射）
超声（封闭式）	弥补 RGBD 盲区	1. 斜向达到光滑平面 2. 多台机器互相干扰
红外（ToF）	弥补 RGBD 盲区	1. 黑色物体 2. 高反材质 3. 镜面反射 4. 自然光干扰（阳光直射）

以下以雷达为例，介绍环境变更方法。

1. 雷达工作原理及示例

三角法的技术原理限制了激光雷达探测到较远的距离，同时在近距离有个探测盲区，探测距离一般是 0.2~16m，如图 7-20 所示。

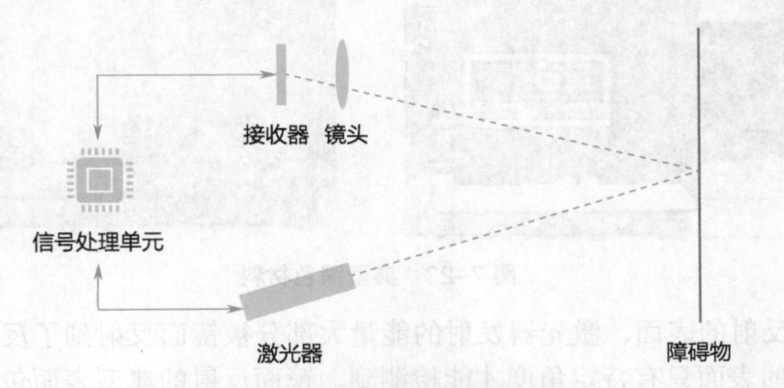

图 7-20 雷达工作原理示意图

距离测量依赖于时间的测量，如图 7-21 所示。但是光速太快了，因此要获得精确的距离，对计时系统的要求也就变得很高，这个也限制了 ToF 方案在近距离的测量精度。

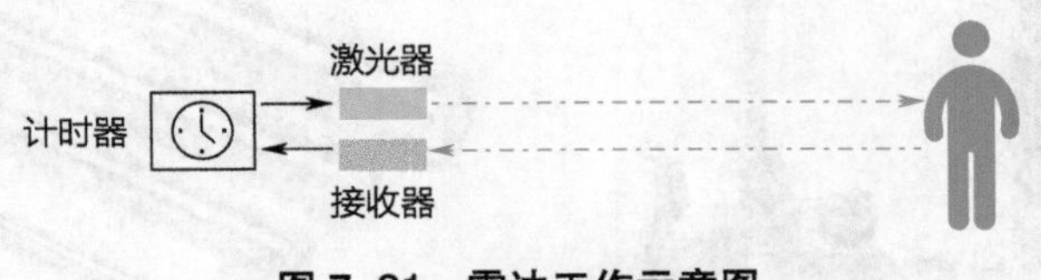

图 7-21 雷达工作示意图

白色漫反射表面是最理想的材质，典型的例子是白色乳胶漆墙面、白纸等，如图 7-22 所示。

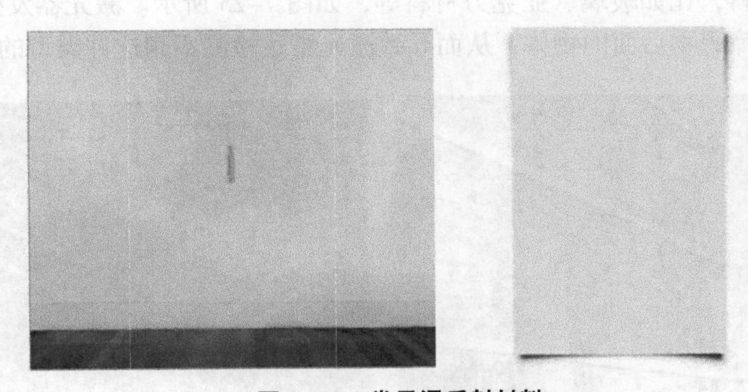

图 7-22 常见漫反射材料

针对这一类的材质，由于表面材质反射率高，同时漫反射使得激光器发射的光线能很好地被反射，从而被接收镜组合接收器很好地接收到。

对于深色的表面，特别是某些对红外吸收能力比较强的材料（如黑色材质），由于激光器发射的光能量的大部分都被材料吸收，只有非常少的能量被接收组件收到，从而导致雷达成像异常，造成了检出率低、分辨率降低等一系列的问题。

典型的材质有深灰色的墙面、深色布艺沙发、黑色的衣物等，如图 7–23 所示。

图 7–23　典型深色材料

对于镜面反射的表面，激光器发射的能量大部分被镜面反射到了反射的方向，从而导致这种类型的表面只有特定角度才能检测到。镜面反射的典型表面包括镜子、镀铬不锈钢、钢琴烤漆表面等，如图 7–24 所示。

图 7–24　典型镜面反射材料

对于透明材料，比如玻璃、亚克力材料等，如图 7–25 所示。激光器发生的光会直接穿过对象，打到障碍物后面的物体，从而导致激光雷达检测不到这种类型的表面。

图 7–25　典型透明材料

2. 解决思路

1）对机器人增加地磁传感器，在危险（机器人禁行）区域，如电梯口、楼梯口、危险物品周边铺设地磁条。

2）将镂空区域用适当的挡板遮挡起来，使激光能有效建图。

3）如无镂空区域但是有玻璃，需要将玻璃进行贴条部署。

4）在电梯等危险区域贴磁条，部署磁条防跌落方案。

5）借助视觉或软件虚拟墙技术，辅助机器人进行定位，避免危险。

由于在现场部署时，情况会比较复杂，以上只是以典型情况为例介绍。具体实施时，要综合现场情况，根据机器人扫图、建图和实际效果进行调整。

7.4 服务机器人的故障维修

机器人使用中，难免会出现一些故障，排查思路见 7.1 服务机器人的故障排查思路及一般原则。服务机器人常见的故障类型分为零点位置标定、软件诊断与故障定位、硬件拆装与模块故障检测三类，以下将分别针对这三类问题的维修方式进行一一介绍。

7.4.1 服务机器人零点位置标定

在机器人使用过程中，如果发生手臂的机械位置与电气位置不一致，则需要对机器人手臂进行零点位置标定。零点位置标定主要思路为硬件先归到物理零位，软件再进行零点标志。零点标定工作主要步骤如下。

1. 零点标定前的准备工作

1）找两块零点夹具替代物，如图 7-26 所示用的是两包抽纸盒，厚度大概是 6cm。

2）按下急停开关，如图 7-27 所示。

3）打开底部电源开关，如图 7-28 所示。

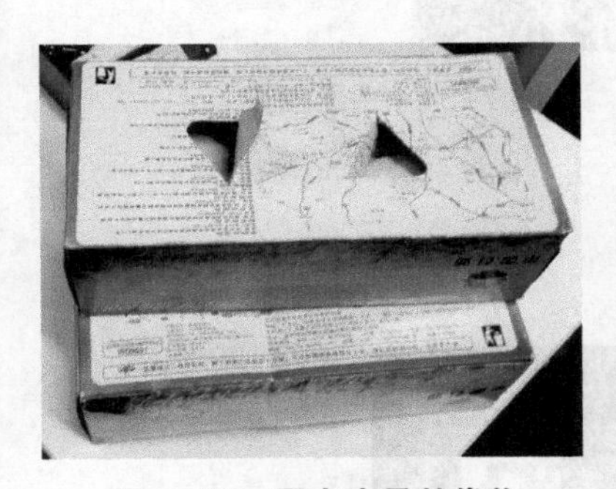

图 7-26 零点夹具替代物

图 7-27 按下急停开关

图 7-28 打开底部电源开关

4）开机，如图 7-29 所示，按下开机键。

2. 调整机器人头和手臂的位置

1）抬头，把头抬到最高，如图 7-30 所示。

2）对齐腰部，如图 7-31 所示红圈中部分。

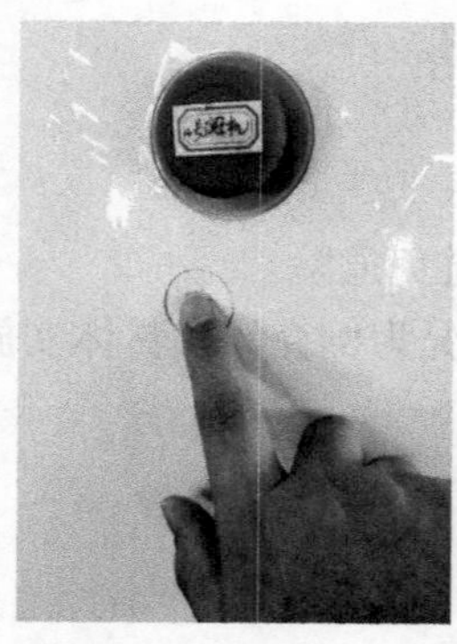

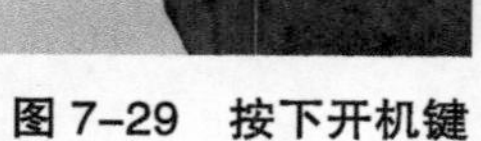

图 7-29　按下开机键

图 7-30　头抬到最高

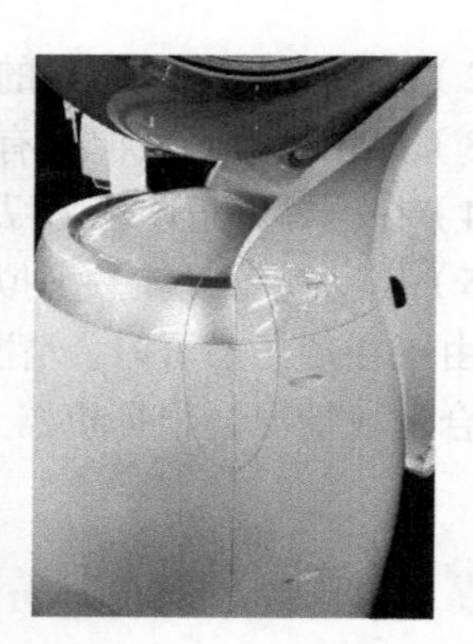

图 7-31　对齐腰部

3）把抽纸盒放在两手臂之间，手臂要垂直，如图 7-32 所示。

4）对齐各个关节，如图 7-33 所示。

5）手要摆正，如图 7-34 所示。

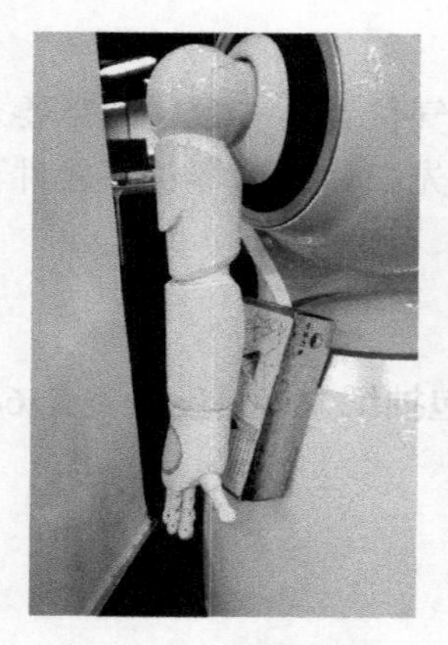

图 7-32　手臂垂直

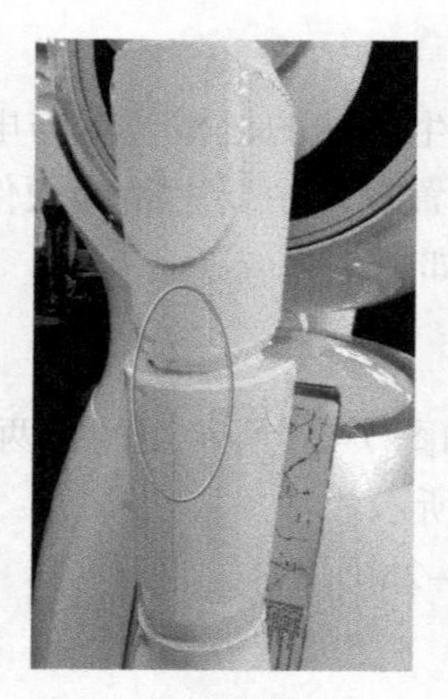

图 7-33　关节对齐

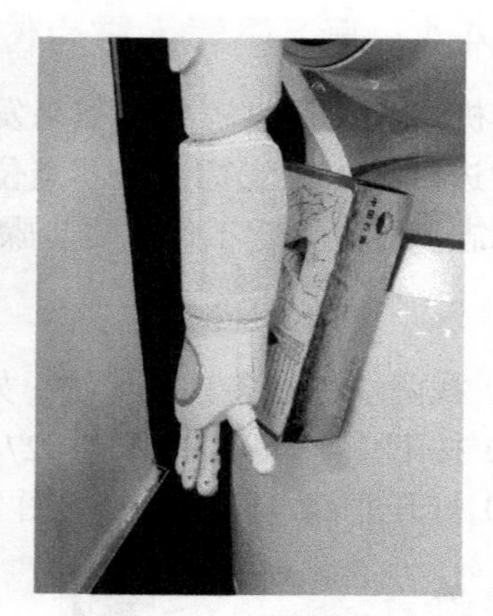

图 7-34　手要摆正

3. 设置零点

1）在头部屏幕上，单击设置，如图 7-35 所示。

图 7-35　单击设置

2）单击软件更新，如图 7–36 所示。

3）快速单击版本号，直到有页面切换，如图 7–37 所示。

图 7–36　单击软件更新入口

图 7–37　快速单击版本号

4）单击 ApiRunner，如图 7–38 所示。

图 7–38　单击 ApiRunner

5）单击复位相关图标，如图 7–39 所示。

6）单击释能钮，返回框中返回状态释能成功，否则继续单击，如图 7–40 所示。

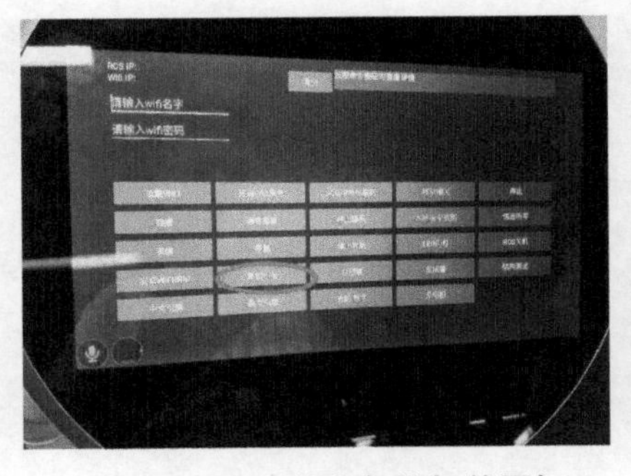

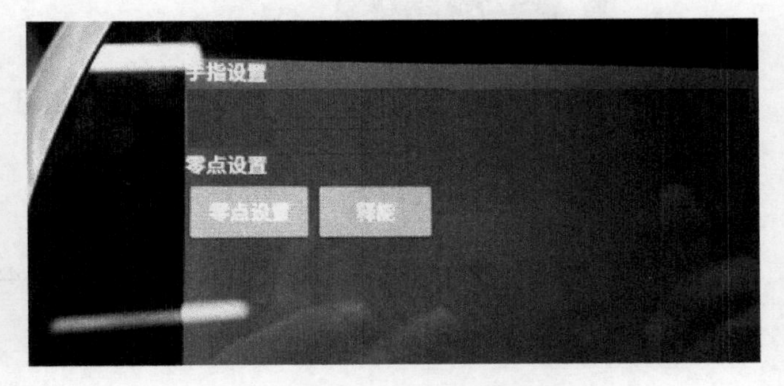

图 7–39　单击复位相关图标

图 7–40　单击释能钮

7）再次确认机器人头和手臂的位置。

8）确认急停开关是否按下，腰部和手背的灯为红灯闪烁，否则按下急停钮。

9）单击零点设置钮，返回框中返回状态设置零点成功，否则继续单击，如图7–41 所示。

4. 测试

1）释放急停钮，腰部和手背的灯会停止闪烁。

2）单击拥抱钮，手臂会有一个拥抱的动作，如图 7-42 所示。

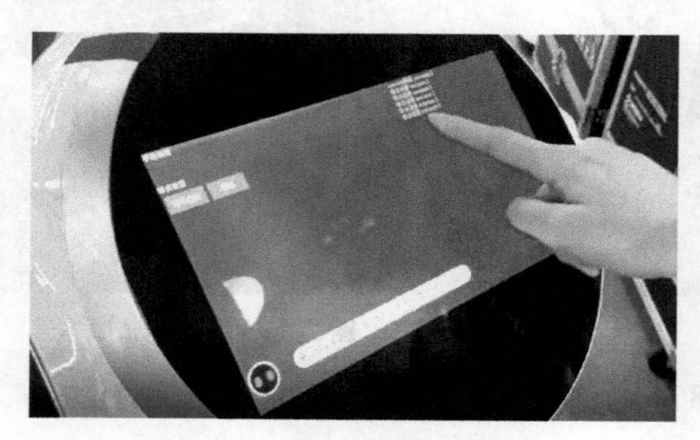

图 7-41 零点设置成功界面

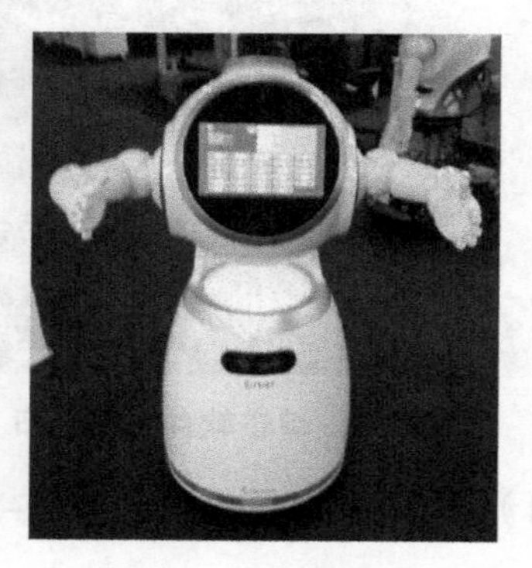

图 7-42 手臂拥抱动作

3）至此零点设置完成。

特别说明：

零点设置中，如遇屏幕显示“急停按钮”报警提示，如图 7-43 所示。请在该界面，连续单击屏幕 10 次以上，即可跳过提示，完成后续设置操作。

7.4.2 服务机器人软件诊断与故障定位

软件出现故障时，经常要查看源代码，进行故障定位和分析。以下以程序出错案例（ANR 问题，如图 7-44 所示）介绍软件诊断问题。

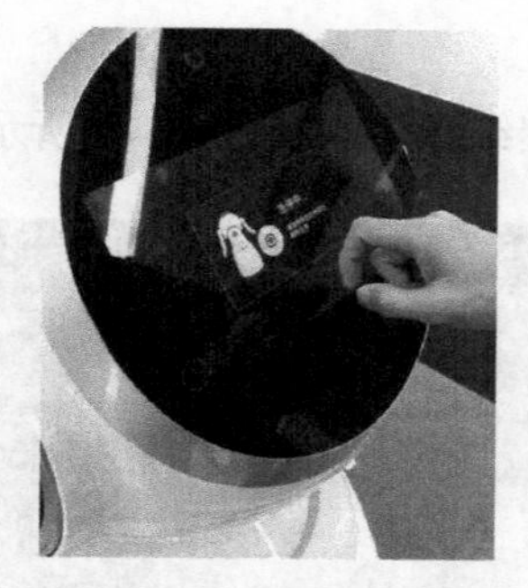

图 7-43 急停按钮报警

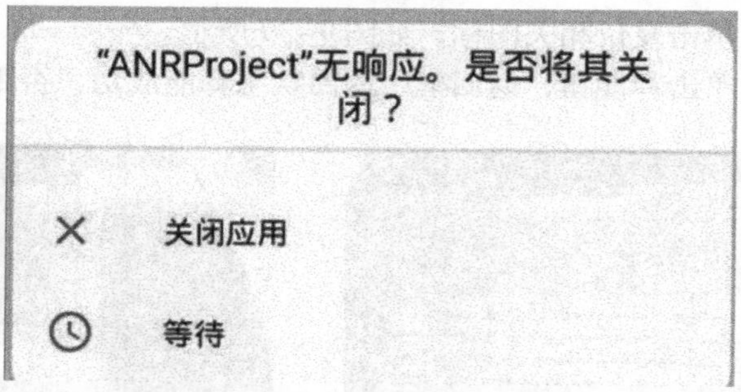

“ANRProject”无响应。是否将其关闭？

关闭应用

等待

图 7-44 ANRProject 无响应

1. ANR 产生原理

关于 ANR 的触发原因，Android 官方开发者文档中“What Triggers ANR?”有介绍，即，常见的有如下两种情况会产生 ANR：

1）输入事件（例如按键或屏幕轻触事件等）在 5s 内没有响应；

2）BroadcastReceiver 在 10s 内没有执行完成。

结合 Android 相关源码分析可知，输入事件的 ANR 检测是基于输入事件本身驱动的，系统要求在 APP 进程中处理完成每个输入事件后，通知系统进程事件处理完毕，以此判断 APP 是否无响应。

要产生 ANR，至少得有两个输入事件，场景如下：

第一个输入事件产生，系统将其发送给用户当前操作的 APP。系统收到第二个事件，发现当前距第一个输入事件发送时间超过 0.5s 仍未处理完毕，则设置一个定时器，5s 后触发；5s 之后，若系统发现第一个输入事件仍然没有回应时，则触发 ANR，激活 APP 中的 Signal Cather 线程生成 traces.txt，然后弹出 ANR 对话框，告知用户 APP 无响应。也就是说，要产生 ANR，第一个输入事件必须在 5.5s 以上没有被处理完成并反馈回系统，并且要有第二个输入事件产生。如果没有第二个输入事件，即便第一个输入事件执行了 60s 或更长时间，也是不会产生 ANR。

2. ANR 日志生成原理

系统的 system_server 进程在检测到 APP 出现 ANR 后，会向出现 ANR 的进程发送 SIGQUIT （signal 3）信号。正常情况下，系统的 libart.so 会收到该信号，并调用 Java 虚拟机的 dump 方法生成 traces 文件。

3. ANR 概要

ANR 概要信息如图 7-45 所示。

```
1  ----- pid 23346 at 2017-11-07 11:33:57 -----   ----> 进程id和ANR产生时间
2  Cmd line: com.sky.myjavatest
3  Build fingerprint: 'google/marlin/marlin:8.0.0/OPR3.170623.007/4286350:user/release-keys'
4  ABI: 'arm64'
5  Build type: optimized
6  Zygote loaded classes=4681 post zygote classes=106
7  Intern table: 42675 strong; 137 weak
8  JNI: CheckJNI is on; globals=526 (plus 22 weak)
9  Libraries: /system/lib64/libandroid.so /system/lib64/libcompiler_rt.so
10 /system/lib64/libjavacrypto.so
11 /system/lib64/libjnigraphics.so /system/lib64/libmedia_jni.so /system/lib64/libsoundpool.so
12 /system/lib64/libwebviewchromium_loader.so libjavacore.so libopenjdk.so (9)
13 Heap: 22% free, 1478KB/1896KB; 21881 objects    ----> 内存使用情况
14
15 ...
16
17 "main" prio=5 tid=1 Sleeping    ----> 原因为Sleeping
18   | group="main" sCount=1 dsCount=0 flags=1 obj=0x733d0670 self=0x74a4abea00
19   | sysTid=23346 nice=-10 cgrp=default sched=0/0 handle=0x74a91ab9b0
20   | state=S schedstat=( 391462128 82838177 354 ) utm=33 stm=4 core=3 HZ=100
21   | stack=0x7fe6fac000-0x7fe6fae000 stackSize=8MB
22   | held mutexes=
23   at java.lang.Thread.sleep(Native method)
24   - sleeping on <0x053fd2c2> (a java.lang.Object)
25   at java.lang.Thread.sleep(Thread.java:373)
26   - locked <0x053fd2c2> (a java.lang.Object)
27   at java.lang.Thread.sleep(Thread.java:314)
28   at android.os.SystemClock.sleep(SystemClock.java:122)
29   at com.sky.myjavatest.ANRTestActivity.onCreate(ANRTestActivity.java:20) ----> 产生ANR的包名以
30   at android.app.Activity.performCreate(Activity.java:6975)
31   at android.app.Instrumentation.callActivityOnCreate(Instrumentation.java:1213)
32   at android.app.ActivityThread.performLaunchActivity(ActivityThread.java:2770)
33   at android.app.ActivityThread.handleLaunchActivity(ActivityThread.java:2892)
34   at android.app.ActivityThread.-wrap11(ActivityThread.java:-1)
35   at android.app.ActivityThread$H.handleMessage(ActivityThread.java:1593)
36   at android.os.Handler.dispatchMessage(Handler.java:105)
37   at android.os.Looper.loop(Looper.java:164)
38   at android.app.ActivityThread.main(ActivityThread.java:6541)
```

图 7-45　概要信息

ANR 概要信息主要从系统获取，其包含了 ANR 的进程名、ANR 产生的时间、ANR 的原因、ANR 前后几秒内系统 TOP 进程的 CPU 使用率等。其中，通过 ANR 原因可以得知是输入事件处理超时，还是 BroadcastReceiver 等其他消息处理时间过长；通过 CPU 使用率可以得知是哪个进程占用 CPU 资源过多。

7.4.3 服务机器人硬件拆装与模块故障检测

1. 设备拆卸的一般原则与要求如下

（1）坚持“按需拆卸”原则　在保证质量的前提下，应尽量少拆卸零部件，尤其是工作性能良好的部件与机构，一般不要轻易拆卸，因为任何拆卸和随之进行的装配，都可能有损于他们的工作状态，如果必须进行分解，也应尽量缩小拆卸的范围，对于非拆卸不可的，则一定要拆，切不可因图省事，致使检修质量得不到保证。

（2）选择合理拆卸顺序　拆卸顺序一般由整体→总成→部件→零件；或由附件→主机、由外部→内部。

（3）正确使用拆卸工具和设备

拆卸时应合理选用工具和设备，严禁乱敲乱打。所用工具一定要与被拆卸的零件相适应。

（4）加工面保护

加工面：不应敲打或碰撞，安放时应用木方或其他物件垫好，必免损坏其加工面。

精密加工面：不宜用砂布打磨，若有毛刺可用细油石研磨，清扫干净后应涂以防锈油，用毛毯或其他物体遮盖，以防损伤。

精密结合面或螺栓孔：通常用汽油、无水乙醇或甲苯仔细清扫。

（5）拆卸时注意事项

1）作业前需戴好静电环。

2）拆前标记：作好校对工作或做好标记，以便于回装时恢复原位。拆下的螺钉、螺栓等应存放在布包或木箱内，并有记载；拆开的管口法兰应打上木塞或用布包上，防止掉进异物。

3）分类存放零件：原则是同一总成或同一部件的零件尽量放在一起，根据零件大小数额分别存放，不能互换的零件分组存放，精密零部件单独拆卸与存放，易丢失的零部件应放在专门容器内，螺栓应装上螺母存放。

4）放置时加工面保护：凡是放置于水磨石地面的部件，均应垫上木板、草垫、橡胶垫、塑料布等，以避免对设备部件的磕碰和损坏，防止对地面的污染。

5）注意插线方向，线要压到槽位。

6）音箱铁网左右的装配位置不能混淆，注意底座上的字母 R 和 L。

7）麦克风上盖铁网较软，装配时注意力度。

8）舵机线必须插好，不能松脱。

9）腰部装饰五金盖不能碰挂压伤，注意保护。

10）装配镜片支架时注意不能夹到后面的保护膜。

11）拆卸时先拔销钉后卸螺栓，同时，应随时对部件进行检查，发现异常现象和设备缺陷应做详细记录，以便于及时处理和准备备品备件或者重新加工。

2. 拆卸左右手臂组件，遵循以上原则

1）从肩部右下方扣位孔处撬起肩部装饰环，如图 7–46 所示。

2）从手臂正上方扣位孔处撬起肩部装饰盖，如图 7–47 所示。

3）用螺丝刀将肩部前盖上的三颗螺钉旋下，如图 7–48 所示。

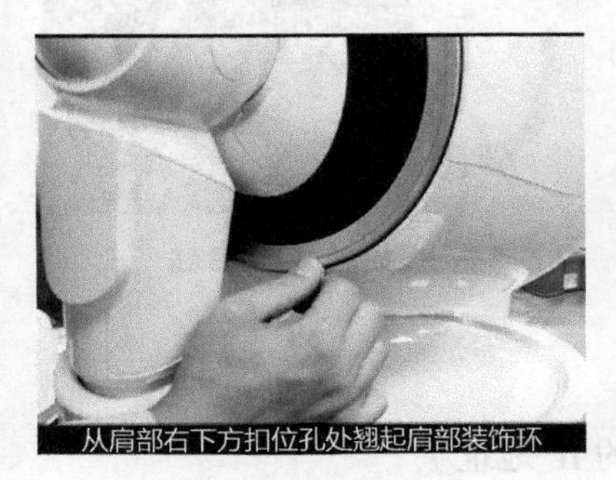

图 7–46 拆装饰环

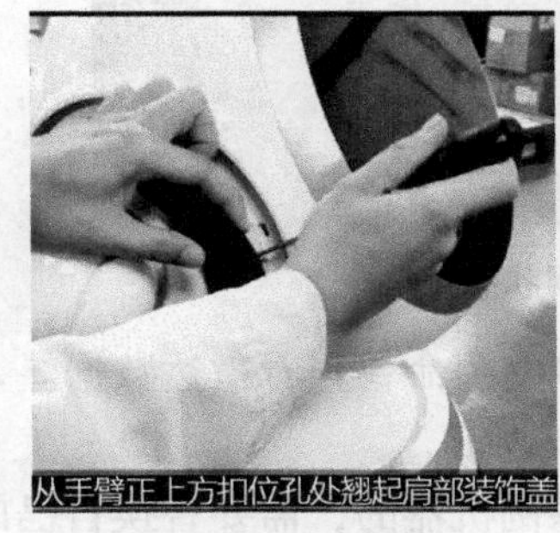

图 7–47 拆装饰盖

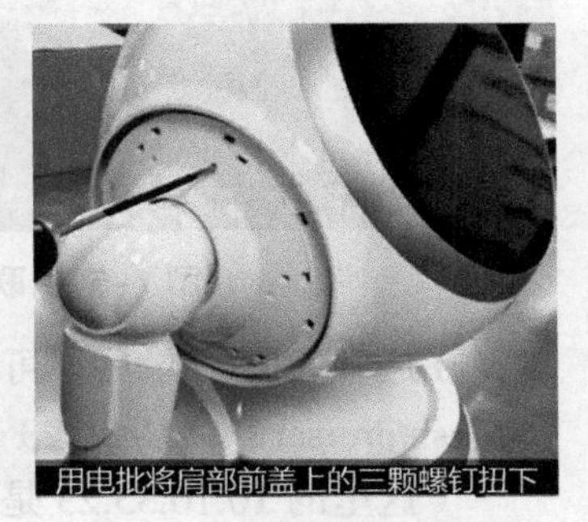

图 7–48 拆肩部前盖螺钉

4）用螺丝刀将肩部后盖上的三颗螺钉旋下，如图 7–49 所示。

5）用螺丝刀将肩部前后壳上的八颗螺钉旋下，如图 7–50 所示。

6）用剪钳剪掉肩部舵机连接线的扎带，然后拔掉舵机连接线，如图 7–51 所示。

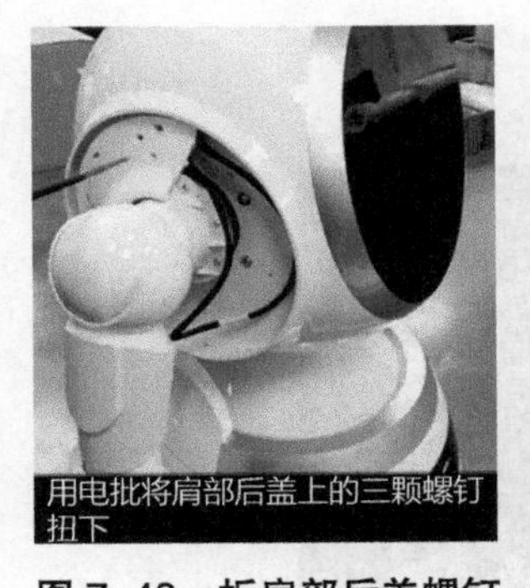

图 7–49 拆肩部后盖螺钉

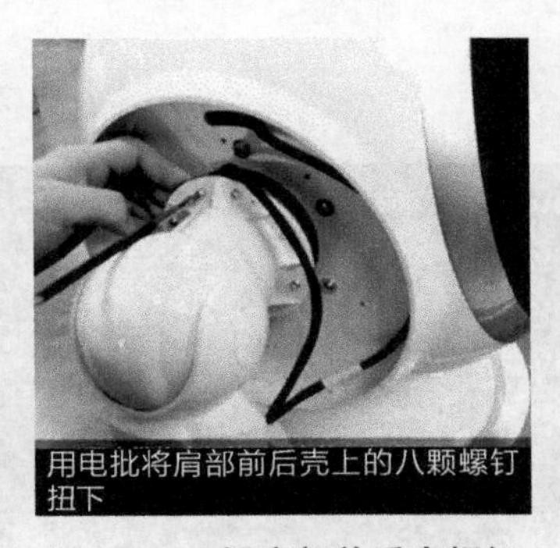

图 7–50 拆肩部前后壳螺钉

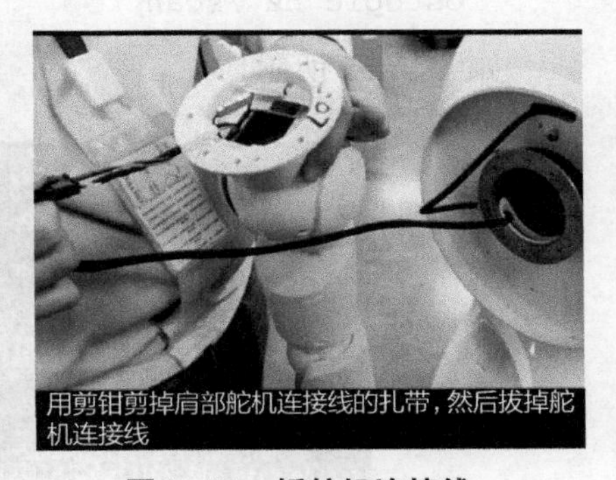

图 7–51 拆舵机连接线

7）左右手臂组件拆卸完成，如图 7–52 所示。

其他部件的具体拆卸步骤见维修手册。

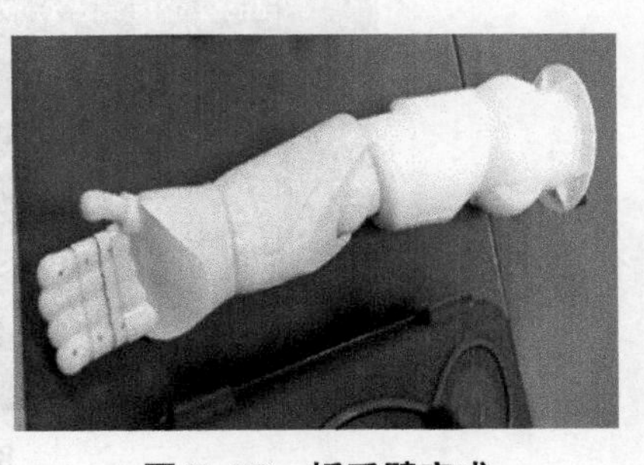

图 7–52 拆手臂完成

3. 模块故障检测

以机器人雷达 USB 接触不良，导致导航无法使用为例。连接机器人，联网状态如图 7–53 所示。

为了模拟问题，可以把雷达的 USB 线拔掉，如图 7–54 所示，重启机器，然后登录，使用下面的命令查看，就可以分析出具体的问题（雷达没有数据，一

个方面是接触不好，另外一个方面就是雷达器件问题，不过雷达器件损坏的概率低，因此又回到了接触上，检查连接，定位问题成功）。

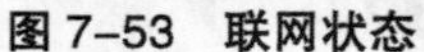
图 7–53　联网状态

图 7–54　插拔雷达 USB 线

在远程 SSH 登录后，可以使用命令查看雷达数据。

ssh cruiser@10.10.35.23

（这里的 10.10.35.23 是举例机器的，需要替换自己的 IP 地址）

```
password:aa
```

下面是正常情况的日志信息，如果雷达的数据线没有连接，那么用下面的命令获取不到数据。

```
rostopic hz /scan
```

如图 7–55 所示。

```
average rate: 12.320
        min: 0.071s max: 0.092s std dev: 0.00274s window: 862
average rate: 12.320
        min: 0.071s max: 0.092s std dev: 0.00274s window: 875
average rate: 12.321
        min: 0.071s max: 0.092s std dev: 0.00273s window: 887
average rate: 12.321
        min: 0.071s max: 0.092s std dev: 0.00273s window: 899
average rate: 12.321
        min: 0.071s max: 0.092s std dev: 0.00273s window: 912
average rate: 12.321
        min: 0.071s max: 0.092s std dev: 0.00275s window: 924
average rate: 12.321
        min: 0.071s max: 0.092s std dev: 0.00274s window: 936
average rate: 12.321
        min: 0.071s max: 0.092s std dev: 0.00274s window: 949
average rate: 12.322
        min: 0.071s max: 0.092s std dev: 0.00274s window: 961
average rate: 12.321
        min: 0.071s max: 0.092s std dev: 0.00274s window: 973
average rate: 12.320
        min: 0.071s max: 0.092s std dev: 0.00274s window: 986
average rate: 12.321
        min: 0.071s max: 0.092s std dev: 0.00274s window: 998
average rate: 12.320
        min: 0.071s max: 0.092s std dev: 0.00273s window: 1010
average rate: 12.321
        min: 0.071s max: 0.092s std dev: 0.00274s window: 1023
average rate: 12.321
        min: 0.071s max: 0.092s std dev: 0.00274s window: 1035
average rate: 12.320
        min: 0.071s max: 0.092s std dev: 0.00274s window: 1047
average rate: 12.320
        min: 0.071s max: 0.092s std dev: 0.00274s window: 1060
```

图 7–55　无法获得雷达数据

下面是正常情况下节点信息，如图 7–56 所示。

```
rosnode list
```

图 7–56 正常可读取雷达信息

通过以上操作，可以验证某些硬件故障，并通过读数据换取相关信息。

计划与决策

1. 小组分工研讨

请根据项目内容及小组成员数量，讨论小组分工，包括但不限于项目管理员、部署实施员、记录员、监督员、检查复核员等。

2. 工作流程决策

● 作为售后工程师，面对服务机器人出现的无法充电故障，你会如何检查机器人，排查问题，找到故障点并解决问题。

● 作为售后工程师，面对服务机器人定位不准和动作不到位的问题，你会如何和客户沟通？如何帮客户解决问题，提高客户对服务机器人的满意度？

____

____

任务实施

1. 功能检查和预判

根据项目所提到的现象，预判可能出现的故障。

（1）发生了充不上电的现象

1）首先检测供电电源（墙上插座或供电排插）是否有电，电压是否正常。如何使用电笔或万用表测量？如图 7–57 所示，检测电压是否正常。

请记录排查过程和过程数据：

____

2）观察电源适配器（如图 7–58 所示）是否正常。

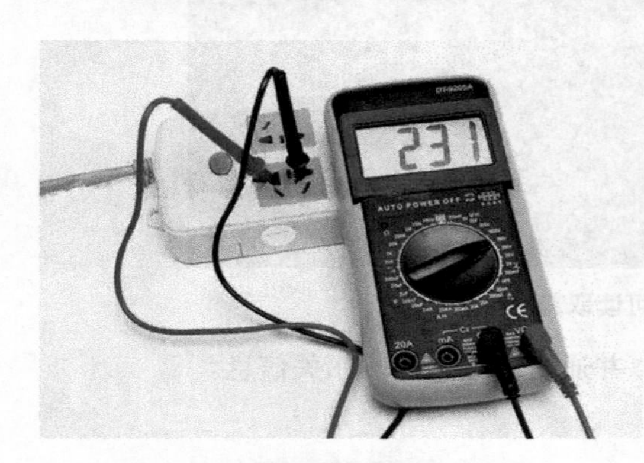

图 7–57 用万用表检测供电电压

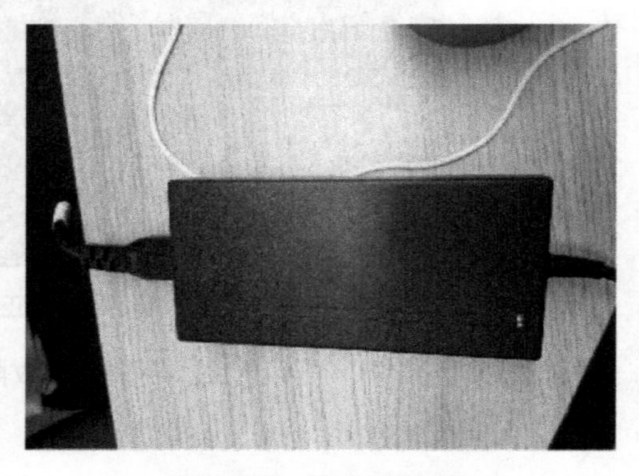

图 7–58 电源适配器

电源适配器的指示灯亮吗？如果不亮，用单件互换的方式更换一个适配器，观察指示灯状态，直到指示灯绿灯常亮。

请记录排查过程和过程数据：

____

3）充电桩触点是否氧化？

观察机器人充电铜片和电极触点（见图 7–12）是否氧化？如有发黑或氧化物，请使用橡皮进行擦拭干净后再次尝试充电。

请记录排查过程和过程数据：

____

4）电池组电压是否不足？

电池组电压正常值是29V，如果测试电压不足，可先行充电两个小时，再次测量电压。如果还是电压较低，考虑X86板、电源板或电池出现问题。首先进行接口松动排查，重新拔插看看是否改善，如果仍无改善，拆出相应模块进行单件互换验证。

X86板和底部电源板，拆解方法如下：

① 分别拔掉X86和底部电源板上的端子线，注意拆解所有的主板时必须佩带静电手环，如图7–59所示。

② 取下电源板和X86板，如图7–60所示。

图7–59　拔掉X86和电源板的端子线

图7–60　取下电源板和X86板

③ 注意取下的电源板和X86板要放在静电皮上，如图7–61所示。

请记录排查过程和过程数据：

____

5）如果是电池老化，则需要对电池进行更换，拆解如下：

① 先将电池固定支架上的螺丝扭下，如图7–62所示。

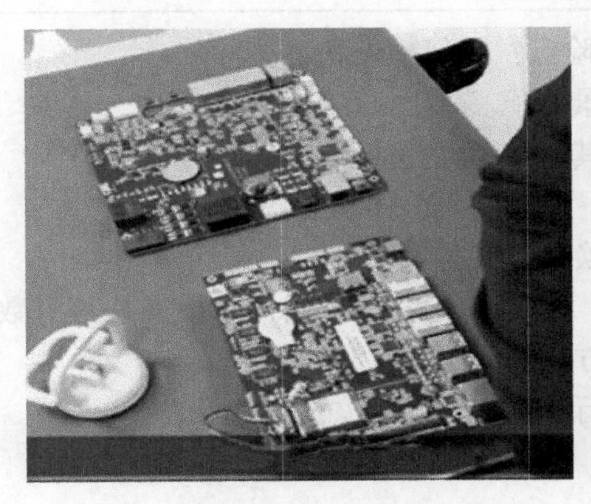

图7–61　电源板和X86板放在静电皮上

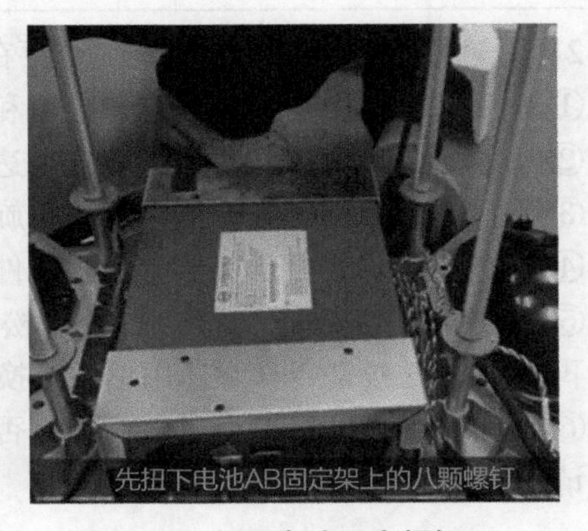

图7–62　拆下电池固定螺钉

② 将两个电池固定架取下，粘有胶布的要先取下胶布，如图7–63所示。

③ 将电池向上抬起取下，如图7–64所示。

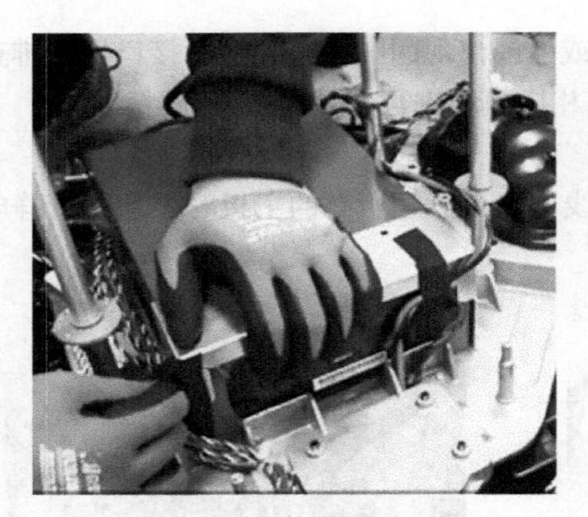

图 7-63 取下电池固定胶布

图 7-64 取下电池

请记录排查过程和过程数据：

____

6）还可能是什么原因？

____

（2）机器人导航时路线偏差

1）扫图传感器是否有问题？如何判断？

扫图用到的传感器有超声传感器、墙检传感器、地检传感器等，排查步骤如下：

① 进入后台传感器检测界面检查超声、墙检和地检传感器是否异常。

② 用手或者遮挡物逐一遮挡检查超声、墙检和地检传感器是否有数据变化，无数据变化或数据不稳定则为不良。

请记录排查过程和过程数据：

____

2）周边环境是否影响建图？是否存在危险点？如何排查和解决？

① 先确认地图中的迎宾点位置是否和实景匹配。

② 进入后台传感器检测界面检查雷达和其他传感器是否异常。

③ 若雷达无数据，先确认雷达是否旋转，不旋转则为不良。

④ 检查雷达与底板是否异常（用单件互换的方式排查）。

⑤ 接着检查底板 USB 接口是否有松动，更换 X86 端 USB 插口，检查是否有数据，最后再检查 X86 板是否异常（用单件互换的方式排查）

⑥ 对台阶、强反射地面或墙面等是否进行处理，注意观察机器人状态

请记录排查过程：

____

3）如何在地图上设置虚拟墙或对环境贴防反射膜，是否设置地磁？

请记录排查过程和过程数据：

____

4）还有可能是什么原因？

请记录排查过程和过程数据：

（3）机器人动作不到位

1）是否动作编辑本来就不合理？

观察机器人的动作是否达到极限位置，如果有，更改程序对动作重新编辑。

请记录排查过程和过程数据：

2）机器人零点发生变化，无法归零？

如果零点不准，参考服务机器人零点位置标定相关内容进行归零。

请记录排查过程和过程数据：

3）如何对机器人进行零点设定？

如果要设定零点，参考服务机器人零点位置标定相关内容进行零点设定。

请记录排查过程和过程数据：

4）还可能存在什么原因？

请记录排查过程和过程数据：

---

2. 现象复现

再次按照客户描述进行问题复现，对预判原因初步排查。

原因从可能性大到可能性小，逐一排查验证，验证是否找到问题根本原因。

3. 更换或维修

核实问题的部件或软件后，进行更换、升级或恢复出厂设置，检验问题是否解决。

4. 再次验证功能

再次验证问题是否已经妥善解决，再查看是否还存在其他问题，重复上述 1~3 步，直到所有问题解决。

作为服务机器人的维修工程师，维修过程中更换下来的塑料外壳、电路板、锂电池等该如何处理呢？

不可以随意丢弃，必须按垃圾分类处理。

1. 塑料外壳属于可回收垃圾，每回收 1 吨废塑料可回炼 600 千克无铅汽油和柴油。塑料在自然界中自然降解需要几十年甚至上百年。
2. 废旧电路板属于可回收垃圾，电路板中含有许多稀有金属，如：铜、金、银、铅、锡等。电路板中含有的非金属有环氧树脂、酚醛树脂、固化剂、玻璃纤维等。
3. 锂电池属于有毒有害垃圾，电池中含有汞、镉、铅、锌等重金属有毒物质，对人体健康和自然环境会造成危害。

任务检查与故障排除

序号	检查项目	检查要求	检查结果
1	机器人检查	是否完成机器人的常规检查与操作，包括外观及机器人工作环境检查、开机、电量查看、网络配置等	
2	机器人充电故障检查	是否按照相关步骤对可能的充电故障进行检查和验证，尤其是接触不良和电池电压不足问题	
3	机器人导航故障检查	是否按照相关步骤完成机器人导航故障原因排查，尤其是可能存在的硬件或软件故障，以及存在的危险隐患排查和解决	
4	机器人动作不到位问题	是否按照相关步骤完成机器人校零和动作编辑检查，特别是规范校零	
5	机器人存在的其他问题	是否按照相关步骤完成机器人的功能和其他故障排查	

任务评价

实训项目							
小组编号		场地号		实训者			
序号	考核项目	实训要求	参考分值	自评	互评	教师评价	备注
1	任务完成情况（35分）	克鲁泽机器人开机检查及连接	5				实训所要求的所有内容必须完整地进行执行，根据完成任务的完整性对该部分进行评分
		复现故障现象	5				
		排查故障原因	10				
		解决故障问题	10				
		整理现场，告知保养要求	5				
2	实训记录（20分）	分工明确、具体	5				所有记录必须规范、清晰且完整
		数据、配置有清楚的记录	10				
		记录实训思考与总结	5				
3	实训结果（20分）	克鲁泽机器人开机检查及连接	2				小组的最终实训成果是否符合“任务检查与故障排除”中的具体要求
		复现故障现象	5				
		排查故障原因	5				
		解决故障问题	5				
		整理现场，告知保养要求	3				

（续）

序号	考核项目	实训要求	参考分值	自评	互评	教师评价	备注
4	6S 及实训纪律（15分）	遵守课堂纪律	5				小组成员在实训期间在纪律方面的表现
		实训期间没有因为错误操作导致事故	5				
		机器人及环境均没有损坏	5				
5	团队合作（10分）	组员是否服从组长安排	5				小组成员是否能够团结协作，共同努力完成任务
		成员是否相互合作	5				
异常情况记录							

实训思考与总结

1. 以思维导图形式描述本项目学过的知识。

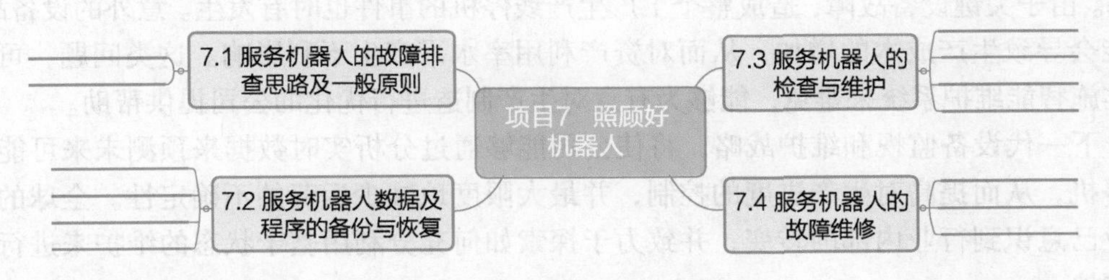

2. 思考在工作过程中可能会遇到什么故障，如何解决？

____

____

____

____

____

理论测试

请扫描以下二维码对所学内容进行巩固测试。

实操巩固

接到党史纪念馆请求维修服务机器人电话，据工作人员描述，故障为服务机器人无法导航且跳舞时动作不到位，作为维修工程师完成以下工作：

1）制订故障排查流程。

2）抓取运行日志。

3）确认故障并记录原因，解决故障。

4）根据产品故障特点和产品生命周期，制订下一步维护保养及预防计划。

知识拓展

7.5 基于状态的维护

用人工智能（大数据）做预防性维护，又称为智能维护，通常使用基于状态的维护来优化智能制造运营。

7.5.1 基于状态维护的出现

使用传统的监视和维护方法需要进行繁重的数据分析，对工人来说很耗时。由于工厂设备变得越来越复杂，过时的监视和维护技术会导致工厂整体生产能力降低 5% 到 20%。由于关键设备故障，造成整个工厂生产线停机的事件也时有发生。意外的设备故障，可能会导致生产成本的增加，从而对资产利用率水平产生不利影响。这类问题，可以通过实施智能维护系统来避免，能够为有意对生产制造进行优化的公司提供帮助。

下一代设备监视和维护战略，将使公司能够通过分析实时数据来预测未来可能的设备停机，从而提高对生产进度的控制，并最大限度地减少运营的不确定性。全球的制造企业已意识到行业内部的转变，并致力于探索如何充分利用基于状态的维护来进行预测性维护。

7.5.2 实施基于状态维护的优势

在运营管理方面，生产制造公司面临着许多挑战，如生产开工不足、利润率低以及工厂运营活动中缺乏可见度等。实施预测性维护策略，如基于状态的维护（CBM），是一种积极的可以防止设备故障、解决上述运营难题的方法。

维护策略对于制造企业的运营管理至关重要。通常，制造商 40% 的运营开支都用于维修。尽管这数额很大，但传统的维护方法，如走查、随机检查和年度停机检修计划都很耗费时间，而且容易引起人因故障。这种方法产生的数据，往往也无法提供关于设备质量、工厂车间操作、生产缺陷和故障的有用信息。

解决这些问题的紧迫性正在推动整个制造业向数字化转型。数字化使制造商能够改变商业模式，提高运营效率和整体设备效率。智能预测维护解决方案使制造商可以在生产制造过程中采用有效方法，提高设备的正常运行时间。

基于状态的维护是基于实时数据优先、优化维修资源的一种高级设备维护方法。基于状态的维护融合了人工智能和物联网等最新技术，使制造商能够及时做出明智决策。从预测维护解决方案中获利的制造商，将从很多方面受益，并可以在实现卓越运营方面取得进展。

7.5.3 基于状态维护的实施阶段

基于状态的维护可以分 3 个阶段实施，如图 7–65 所示。数字化咨询有助于实现更智能的监控和维护；通过数据采集和智能收集以实现安全的部署；通过传感器进行有效的数据收集可以增强决策能力。

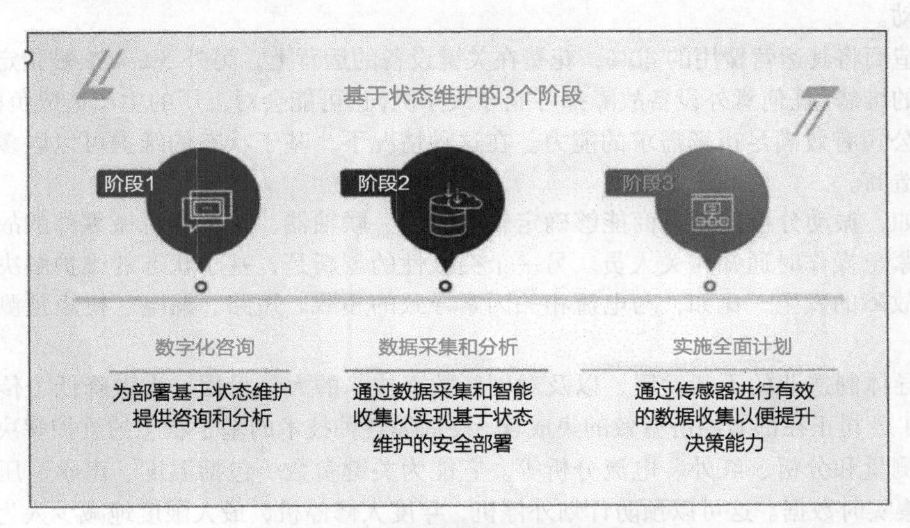

图 7–65 基于状态维护的 3 个阶段

1）数字化咨询：第一阶段的典型活动包括评估当前的维护方法，确定制造商是否采集到任何数据，以及如何使用这些数据，评估基于状态维护的部署和设备对IT技术的要求。

2）数据采集和分析：第二阶段，与供应商一起制定基于状态维护的战略规划，通过使用传感器、振动测量、产品取样和其他方法来捕获数据。分析这些数据，并据此自定义基于状态维护的解决方案。

3）实施全面计划：在最后阶段，解决方案的所有模块相互连接，并监视各种关键设备参数。这些数据可以在手持设备上以报告的形式可视化呈现出来，帮助制造商及时做出设备维护决策。

7.5.4 基于状态维护的收益

基于状态的维护解决方案的主要目的是预测设备故障。根据经常使用的“故障和修复”策略以确保机器的可靠性，对于采用最新技术、也更复杂的数字化设备工厂来讲，不是衡量设备健康的最有效方法。基于状态的维护技术具有很大的灵活性，这就是为什么进行基于状态的维护的频率需要保持最佳的原因。例如，在对轴承进行振动分析时，基于状态监测任务的频率主要决定因素是平均故障时间、失效时间或潜在功能故障间隔。为了确保在功能故障之前检测到问题，必须在小于平均故障时间间隔的频率下对轴承进行监测。

基于状态的维护也提高了资产的有效性。任何企业都需要盈利，都需要确保投资回报率。同样，对于制造商来说，要实现最大化的资产利用率，降低设备故障至关重要。基于状态的维护允许制造商建立趋势，预测故障，并计算资产的剩余寿命。制造商将获得更多的智能信息，使他们能够为维护计划、备件 / 库存计划等进行数据驱动的决策。数据也将提供关于资产历史和相关过程历史的有用信息，如热量循环、压力循环、以及高振动、停机时间等信息。根据所收集的数据，可以确定一个组件的平均寿命，并采取适当的行动。

制造商将其运营费用的 40%，花费在关键设备的运营上，另外 5%~8% 被指定用于关键设备的维修。任何意外设备故障都可能导致停机，这可能会对工厂的生产造成负面影响，并妨碍公司有效满足市场需求的能力。在这种情况下，基于状态的维护可以以多种方式帮助制造商。

例如，振动分析使制造商能够确定轴承、轴、联轴器、转子等机械零件的故障，并在需要紧急操作时通知相关人员。另一个突破性的创新是，基于状态的维护解决方案能够预测故障的发生，比如，与电流相关因素导致的超载、短路、漏电、扭矩预测和缺乏润滑等。

半导体制造业的不断发展，以及对创新数字技术的大量采用，大大降低了传感器的成本。IT 公司正在部署经济有效的集成软、硬件等各种技术的基于状态的维护解决方案，如振动测量和分析、红外、电流分析等。它能为关键参数（包括温度、声学、压力和振动）收集实时数据。这可以预防计划外停机，年度大修停机，最大限度地减少人为错误，并消除用于评估设备条件的人工成本。

7.5.5 基于状态维护的成本分析

基于状态维护所产生的成本受到机器类型、运营性质的影响，需要考虑各种因素，例如，防止在每小时生产价值 1 万美元产品的机器上发生轴承故障。如果发生了 5 个小时的停机，就可能会造成 5 万美元的生产损失。

一般来说，基于状态的维护在第一年就可以帮助降低 12% 的维修成本，并将机器可用性大幅提高至 92%。基于状态的维护还可以减少约 25% 的意外故障；修理和检修时间降低几乎一半。大量备件的库存也可以减少 20%，在第一年就可以将每年的维护成本降低 15%。除了资产性能方面的收益之外，基于状态的维护还带来了诸多收益，包括：

- 确保运营顺利进行；
- 优化生产，尽量减少因机械相关延误而造成的工厂生产中断；

- 更高的客户满意度；
- 卓越的生产力管理；
- 更好的供应链关系。

例如，让我们来看看工厂压缩机故障。压缩机的维修和更换费用可能高达 20 万美元。除此之外，还会导致产量损失和生产时间的减少。这将影响交货日期和服务可用性，还会进一步打乱生产计划。

基于状态的维护解决方案，可以预测故障并提醒工人，在故障发生之前解决问题。维修费用仅为 3.5 万美元，为制造商节约了 16.5 万美元。对持续监控方面的投资，可为生产制造商带来高达 11 倍的投资回报率。

再举一个例子，生产制造过程中会出现传送带电动机故障，造成包装生产线计划外停机，导致产量和收入减少。为克服这一问题，制造商决定部署端到端的基于状态的维护解决方案。该解决方案开发了一种工业边缘网关模块，用于在不同负载条件下持续采集数据。

该模块还解决了数据采集和存储问题，导致网络流量的增加和基础设施成本的提高。该模块采用集成的机器学习和人工学习算法，收集并分析传送机器电机振动、温度和电流等关键数据，并仅将处理后的数据发送到云服务器。

此外，通过基于云的分析获得的宝贵信息，可以触发预定义事件的警报和通知，以便在潜在设备故障发生之前发送警告。该解决方案还使用企业资源规划（ERP）服务器，实现自动化的工作订单，将数据整合到报告中，并在手持设备上实现可视化，从而在故障发生前采取数据驱动的维护操作。基于状态的维护解决方案使制造商能够将设备的正常运行时间增加约 93%，并将维护成本降低约 14%。解决方案还确定了平均故障时间、资产健康指数和下次维护时间等方面的信息。

领先的全球制造商们已经开始采取足以改变游戏规则的方法，战略性的将维护解决方案转变为智能服务和资产管理解决方案。随着先进技术不断推动行业发展，那些采取措施实施高级分析维护的制造商，将提高整体性能，减少浪费，并有效解决计划外的销售需求。

参考文献

[1] 谢志坚，熊邦宏，庞春 . AI+ 智能服务机器人应用基础［M］. 北京：机械工业出版社，2020.

[2] 关景新，高健，张中洲 . 人工智能控制技术［M］. 北京：机械工业出版社，2020.

[3] 谷明信，赵华君，董天平 . 服务机器人技术及应用［M］. 成都：西南交通大学出版社，2019.

[4] 陈雯柏 . 智能机器人原理与实践［M］. 北京：清华大学出版社，2016.

[5] 郭彤颖，安冬 . 机器人学及其智能控制［M］. 北京：人民邮电出版社，2014.

[6] 朱小燕，李晶，郝宇等 . 人工智能知识图谱前沿技术［M］. 北京：电子工业出版社，2020.

[7] 张春芝，石志国 . 智能机器人技术基础［M］. 北京：机械工业出版社，2020.

[8] 刘映群，解相吾 . 机器人创新与实践教程：基于 MT-U 智能机器人［M］. 北京：机械工业出版社，2016.

[9] 陈继欣，邓立 . 传感网应用开发（中级）［M］. 北京：机械工业出版社，2019.

[10] 李宏胜 . 机器人控制技术［M］. 北京：机械工业出版社，2020.

[11] 蔡跃 . 职业教育活页式教材开发指导手册［M］. 上海：华东师范大学出版社，2020.

[12] 张明文，王璐欢 . 智能制造与机器人应用技术［M］. 北京：机械工业出版社，2020.

[13] 李宪华，谈士力，张军 . 服务机器人模块化双臂的协调操作［M］. 北京：国防工业出版社，2016.

[14] 特龙，比加尔，福克斯 . 概率机器人［M］. 曹红玉，谭志，史晓霞，等译 . 北京：机械工业出版社，2017.